MEMORIZE ANSWERS

'답'만 외우는

미용사
일반 필기
CBT

기출문제 + 모의고사 14회

시대에듀

답만 외우는 **미용사 일반** 필기

Always with you

사람이 길에서 우연하게 만나거나 함께 살아가는 것만이 인연은 아니라고 생각합니다.
책을 펴내는 출판사와 그 책을 읽는 독자의 만남도 소중한 인연입니다.
시대에듀는 항상 독자의 마음을 헤아리기 위해 노력하고 있습니다.
늘 독자와 함께하겠습니다.

사회의 변화와 함께 다양한 헤어스타일과 트렌드가 등장하고, 사람들의 외모에 대한 관심과 요구도 더욱 증가하고 있습니다.

현대 사회에서 로봇이 대체할 수 없으며 AI가 진행할 수 없는 대표적인 분야라면 창의력과 감성이 요구되는 헤어디자인 분야가 아닌가 싶습니다. 미래에는 헤어디자이너의 역할과 필요성이 더욱 커질 것으로 예상되며, 전문적인 헤어디자이너가 되기 위해 미용사(일반) 자격증은 필수가 되고 있습니다.

이에 헤어디자이너를 꿈꾸는 수험생들이 미용사(일반) 필기 자격시험에 효과적으로 대비할 수 있도록 본 교재는 한국산업인력공단의 최신 출제기준을 완벽하게 반영하여 출간하였습니다.

> ― 본 도서의 특징 ―
>
> 1. 최다 빈출 키워드만 모아 놓은 핵심요약집 빨간키를 통해 이론을 확실하게 정리할 수 있습니다.
> 2. 기출복원문제 7회, 모의고사 7회로 구성하여 필기시험을 준비하는 데 부족함이 없습니다.
> 3. 상세하고 꼼꼼한 해설로 문제의 핵심을 파악할 수 있습니다.

이 책이 헤어디자이너를 꿈꾸는 수험생들에게 미용사(일반) 자격증에 합격할 수 있는 시발점이 되기를 기원합니다.

편저자 이진영

시험안내

개 요

미용 업무는 국민의 건강과 직결되어 있는 중요한 공중위생 분야로 향후 국가의 산업구조가 제조업에서 서비스업 중심으로 전환되는 차원에서 수요가 증대되고 있다. 머리, 피부미용, 화장 등 분야별로 세분화 및 전문화되고 있는 미용의 세계적인 추세에 맞추어 헤어미용 분야 전문인력을 양성하여 국민의 보건과 건강을 보호하기 위하여 자격제도를 제정하였다.

시행처   한국산업인력공단(www.q-net.or.kr)

자격 취득 절차

필기 원서접수
- **접수방법** : 큐넷 홈페이지(www.q-net.or.kr) 인터넷 접수
- **시행일정** : 상시 시행(월별 세부 시행계획은 전월에 큐넷 홈페이지를 통해 공고)
- **접수시간** : 회별 원서접수 첫날 10:00 ~ 마지막 날 18:00
- **응시 수수료** : 14,500원
- **응시자격** : 제한 없음

필기시험
- **시험과목** : 헤어스타일 연출 및 두피·모발관리
- **검정방법** : 객관식 4지 택일형, 60문항(60분)

필기 합격자 발표
- **발표방법** : CBT 필기시험은 시험 종료 즉시 합격 여부 확인 가능
- **합격기준** : 100점 만점에 60점 이상

실기 원서접수
- **접수방법** : 큐넷 홈페이지 인터넷 접수
- **응시 수수료** : 24,900원
- **응시자격** : 필기시험 합격자

실기시험
- **시험과목** : 미용 실무
- **검정방법** : 작업형(2시간 45분 정도)
- **채점** : 채점기준(비공개)에 의거 현장에서 채점

최종 합격자 발표
- **발표일자** : 회별 발표일 별도 지정
- **발표방법** : 큐넷 홈페이지 또는 전화 ARS(1666-0100)를 통해 확인

자격증 발급
- **상장형 자격증** : 수험자가 직접 인터넷을 통해 발급·출력
- **수첩형 자격증** : 인터넷 신청 후 우편배송만 가능
  ※ 방문 발급 및 인터넷 신청 후 방문 수령 불가

검정현황

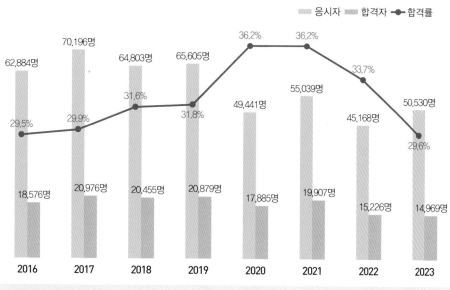

응시자 **합격자** **─●─ 합격률**

- 2016: 62,884명 / 18,576명 / 29.5%
- 2017: 70,196명 / 20,976명 / 29.9%
- 2018: 64,803명 / 20,455명 / 31.6%
- 2019: 65,605명 / 20,879명 / 31.8%
- 2020: 49,441명 / 17,885명 / 36.2%
- 2021: 55,039명 / 19,907명 / 36.2%
- 2022: 45,168명 / 15,226명 / 33.7%
- 2023: 50,530명 / 14,969명 / 29.6%

필기시험

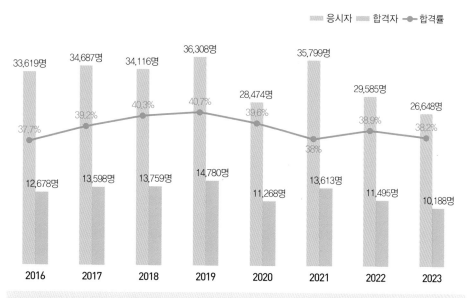

응시자 **합격자** **─●─ 합격률**

- 2016: 33,619명 / 12,678명 / 37.7%
- 2017: 34,687명 / 13,598명 / 39.2%
- 2018: 34,116명 / 13,759명 / 40.3%
- 2019: 36,308명 / 14,780명 / 40.7%
- 2020: 28,474명 / 11,268명 / 39.6%
- 2021: 35,799명 / 13,613명 / 38%
- 2022: 29,585명 / 11,495명 / 38.9%
- 2023: 26,648명 / 10,188명 / 38.2%

실기시험

시험안내

출제기준(필기)

필기 과목명	주요항목	세부항목	
헤어스타일 연출 및 두피 · 모발관리	미용업 안전위생 관리	• 미용의 이해 • 화장품 분류 • 미용업소 위생관리	• 피부의 이해 • 미용사 위생관리 • 미용업 안전사고 예방
	고객응대 서비스	• 고객 안내 업무	
	헤어 샴푸	• 헤어 샴푸	• 헤어 트리트먼트
	두피 · 모발관리	• 두피 · 모발관리 준비 • 모발관리	• 두피관리 • 두피 · 모발관리 마무리
	원랭스 헤어커트	• 원랭스 커트	• 원랭스 커트 마무리
	그래쥬에이션 헤어커트	• 그래쥬에이션 커트	• 그래쥬에이션 커트 마무리
	레이어 헤어커트	• 레이어 헤어커트	• 레이어 헤어커트 마무리
	쇼트 헤어커트	• 장가위 헤어커트 • 쇼트 헤어커트 마무리	• 클리퍼 헤어커트
	베이직 헤어펌	• 베이직 헤어펌 준비 • 베이직 헤어펌 마무리	• 베이직 헤어펌
	매직 스트레이트 헤어펌	• 매직 스트레이트 헤어펌	• 매직 스트레이트 헤어펌 마무리
	기초 드라이	• 스트레이트 드라이	• C컬 드라이
	베이직 헤어컬러	• 베이직 헤어컬러	• 베이직 헤어컬러 마무리
	헤어미용 전문제품 사용	• 제품 사용	
	베이직 업스타일	• 베이직 업스타일 준비 • 베이직 업스타일 마무리	• 베이직 업스타일 진행
	가발 헤어스타일 연출	• 가발 헤어스타일	• 헤어 익스텐션
	공중위생관리	• 공중보건 • 공중위생관리법규(법, 시행령, 시행규칙)	• 소독

실기시험 과제 구성 안내

>> 실기과제 선정 내용

각 과제에서 비고란의 세부 과제 중 1과제가 선정된다.

구분	과제명	시간	비고(선정 세부 과제)
1	두피 스케일링 및 백 샴푸	25분	백 샴푸(back shampoo)
2	헤어커트	30분	이사도라, 스파니엘, 그래쥬에이션, 레이어드
3	블로 드라이 및 롤 세팅	30분	인컬(스파니엘), 아웃컬(이사도라), 인컬(그래쥬에이션), 롤컬(레이어드)
	재커트	15분	레이어형은 재커트 없음
4	헤어 퍼머넌트 웨이브	35분	기본형(9등분), 혼합형
5	헤어 컬러링	25분	주황, 초록, 보라

※ 과제별 배점은 각 20점이다.

>> 과제 조별 집행 안내

과제 순서는 조별 순환을 원칙으로 하며, 시험장의 샴푸대 개수에 따라 수용인원을 고려하여 과제를 수행한다.

>> 실기시험 과제 집행(예시)

구분	1교시	2교시	3교시	4교시	5교시
1조	두피 스케일링&샴푸	헤어커트(이사도라)	블로 드라이(아웃컬)	헤어 컬러링(주황)	[재커트 15분 후] 헤어 퍼머넌트 (기본형)
2조	헤어커트(이사도라)	두피 스케일링&샴푸	블로 드라이(아웃컬)	헤어 컬러링(주황)	
⋮	⋮	⋮	두피 스케일링&샴푸	⋮	

※ 1~5교시 세부 과제 내용 및 순서는 시행 장소, 조별 인원 등에 따라 변경될 수 있다.

CBT 응시 요령

기능사 종목 전면 CBT 시행에 따른

CBT 완전 정복!

01 수험자 정보 확인

시험장 감독위원이 컴퓨터에 나온 수험자 정보와 신분증이 일치하는지를 확인하는 단계입니다. 수험번호, 성명, 생년월일, 응시종목, 좌석번호를 확인합니다.

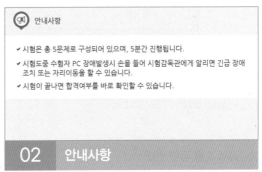

02 안내사항

시험에 관한 안내사항을 확인합니다.

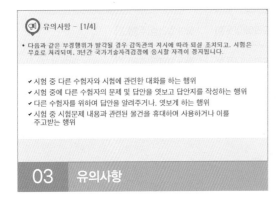

03 유의사항

부정행위에 관한 유의사항이므로 꼼꼼히 확인합니다.

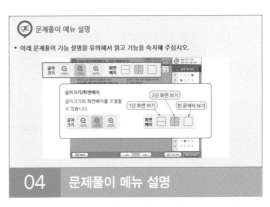

04 문제풀이 메뉴 설명

문제풀이 메뉴의 기능에 관한 설명을 유의해서 읽고 기능을 숙지해 주세요.

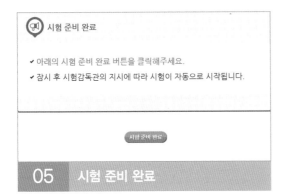

05 시험 준비 완료

시험 안내사항 및 문제풀이 연습까지 모두 마친 수험자는 시험 준비 완료 버튼을 클릭한 후 잠시 대기합니다.

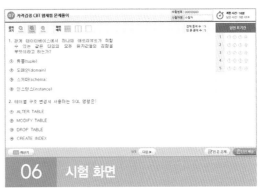

06 시험 화면

시험 화면이 뜨면 수험번호와 수험자명을 확인하고, 글자크기 및 화면배치를 조절한 후 시험을 시작합니다.

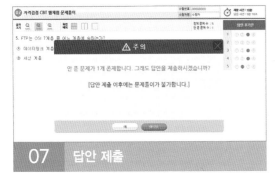

07 답안 제출

[답안 제출] 버튼을 클릭하면 답안 제출 승인 알림창이 나옵니다. 시험을 마치려면 [예] 버튼을 클릭하고 시험을 계속 진행하려면 [아니오] 버튼을 클릭하면 됩니다. 답안 제출은 실수 방지를 위해 두 번의 확인 과정을 거칩니다. [예] 버튼을 누르면 답안 제출이 완료되며 득점 및 합격여부 등을 확인할 수 있습니다.

CBT 완전 정복 Tip

내 시험에만 집중할 것
CBT 시험은 같은 고사장이라도 각기 다른 시험이 진행되고 있으니 자신의 시험에만 집중하면 됩니다.

이상이 있을 경우 조용히 손을 들 것
컴퓨터로 진행되는 시험이기 때문에 프로그램상의 문제가 있을 수 있습니다. 이때 조용히 손을 들어 감독관에게 문제점을 알리며, 큰 소리를 내는 등 다른 사람에게 피해를 주는 일이 없도록 합니다.

연습 용지를 요청할 것
응시자의 요청에 한해 연습 용지를 제공하고 있습니다. 필요시 연습 용지를 요청하며 미리 시험에 관련된 내용을 적어놓지 않도록 합니다. 연습 용지는 시험이 종료되면 회수되므로 들고 나가지 않도록 유의합니다.

답안 제출은 신중하게 할 것
답안은 제한 시간 내에 언제든 제출할 수 있지만 한 번 제출하게 되면 더 이상의 문제풀이가 불가합니다. 안 푼 문제가 있는지 또는 맞게 표기하였는지 다시 한 번 확인합니다.

이 책의 100% 활용법

STEP 1
답이 한눈에 보이는 문제를 보고 정답을 외운다.

기출문제 풀이는 합격으로 가는 지름길입니다. 기출복원문제의 정답을 외워 최신 경향을 파악하고, 상세한 해설로 이론 학습을 대신합니다.

STEP 2
부족한 내용은 빨간키로 보충 학습한다.

시험에 꼭 나오는 핵심 포인트만 정리하였습니다. 시험장에서 마지막으로 보는 요약집으로도 활용할 수 있습니다.

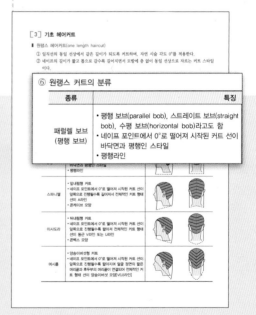

제1회 기출복원문제

03 1940년대에 유행했던 스타일로, 네이프 선까지 가지런히 정돈하여 묶어 청순한 이미지를 부각시킨 스타일이며 아르헨티나의 영부인이었던 에바 페론의 헤어스타일로 유명한 업스타일은?

① 링고 스타일
② 시뇽 스타일
③ 킨키 스타일
④ 퐁파두르 스타일

[3] 기초 헤어커트

■ 원랭스 헤어커트(one length haircut)
① 일직선의 동일 선상에서 같은 길이가 되도록 커트하며, 자연 시술 각도 0°를 적용한다.
② 네이프의 길이가 짧고 톱으로 갈수록 길어지면서 모발에 층 없이 동일 선상으로 자르는 커트 스타일이다.

⑥ 원랭스 커트의 분류

종류	특징
패럴렐 보브 (평행 보브)	• 평행 보브(parallel bob), 스트레이트 보브(straight bob), 수평 보브(horizontal bob)라고 함 • 네이프 포인트에서 0°로 떨어져 시작된 커트 선이 바닥면과 평행인 스타일 • 평행라인

STEP 3
실전처럼 모의고사를 풀어본다.

해설의 도움 없이 시간을 재며 실제 시험처럼 모의고사 문제를 풀어봅니다.

STEP 4
어려운 문제는 반복 학습한다.

어려운 내용이 있다면 상세한 해설을 참고합니다. 14회분 문제 풀이를 최소 3회독 합니다.

STEP 5
시대에듀 CBT 모의고사로 최종 마무리한다.

시험 전날 시대에듀에서 제공하는 온라인 모의고사로 자신의 실력을 최종 점검합니다. (쿠폰번호 뒤표지 안쪽 참고)

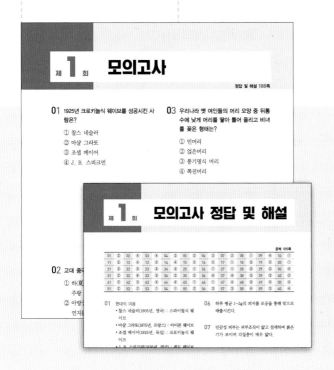

목 차

빨리보는 간단한 키워드

PART 01 | 기출복원문제

제1회 기출복원문제 ·········· 003

제2회 기출복원문제 ·········· 017

제3회 기출복원문제 ·········· 032

제4회 기출복원문제 ·········· 046

제5회 기출복원문제 ·········· 060

제6회 기출복원문제 ·········· 073

제7회 기출복원문제 ·········· 088

PART 02 | 모의고사

제1회 모의고사 ·········· 105

제2회 모의고사 ·········· 117

제3회 모의고사 ·········· 129

제4회 모의고사 ·········· 141

제5회 모의고사 ·········· 154

제6회 모의고사 ·········· 165

제7회 모의고사 ·········· 176

정답 및 해설 ·········· 188

빨 간 키

빨리보는 간단한 키워드

당신의 시험에 빨간불이 들어왔다면!
최다빈출키워드만 모아놓은 합격비법 핵심 요약집 빨간키와 함께하세요!
그대의 합격을 기원합니다.

CHAPTER

01 미용업 안전위생관리

제1절 미용의 이해

[1] 미용의 개요

▌ 미용의 정의

일반적 정의	복식 이외의 여러 방법으로 용모에 물리적, 화학적 기교를 가하여 외모를 아름답게 꾸미는 것
공중위생관리법 정의	손님의 얼굴, 머리, 피부 및 손톱·발톱 등을 손질하여 손님의 외모를 아름답게 꾸미는 일
국가직무능력표준 (NCS)의 정의	고객상담과 분석을 통하여 안정감 있고 위생적인 환경에서 얼굴과 몸매의 피부 및 헤어·네일에 미용기기와 기구 및 화장품을 이용하여 서비스를 제공하고 미용에 대한 업무수행을 기획 및 관리하는 일

▌ 미용의 목적

① 인간의 미적 욕구를 만족시켜 준다.
② 심리적 욕구를 만족시켜 생산의욕을 향상시킨다.
③ 단정한 용모로 타인에게 좋은 인상을 남긴다.
④ 노화를 예방하여 아름다움을 오랫동안 지속시킨다.

▌ 미용의 특수성

의사표현의 제한	고객의 의사를 먼저 존중하고 반영해야 하므로 자신의 의사표현이 제한된다.
소재 선정의 제한	고객의 신체 일부가 미용의 소재이므로 자유롭게 선택하거나 새로 바꿀 수는 없다.
시간적 제한	정해진 시간 내에 미용작품을 완성해야 한다.
미적 효과의 고려	고객의 나이, 직업, 의복, 장소, 표정 등에 따라 미적 효과가 다르게 나타날 수 있다.
부용예술로서의 제한	미용이나 건축은 여러 가지 조건에 제한을 받는 조형예술 같은 정적인 예술이므로 부용예술에 속한다. 미용사의 소질과 우수한 기술이 요구된다.

▌ 미용의 과정

① 소재 : 미용의 소재는 고객의 신체 일부로 제한적이다.
② 구상 : 고객 각자의 개성을 충분히 표현해 낼 수 있는 생각과 계획을 하는 단계이다.
③ 제작 : 구상의 구체적인 표현이므로 제작과정은 미용인에게 가장 중요하다.
④ 보정 : 제작 후 전체적인 스타일과 조화를 살펴보고 수정·보완하는 단계이다.

미용 작업 시 유의사항

① **직업** : 고객의 직업에 적절한 스타일을 연출해야 한다.
② **연령** : 고객의 나이에 적합한 스타일을 연출해야 한다.
③ **계절** : 계절에 어울리는 스타일을 연출해야 한다.
④ **체형** : 고객의 얼굴형이나 신체의 형태를 고려한 스타일을 연출해야 한다.
⑤ **T.P.O** : 시간(Time), 장소(Place), 상황(Occasion) 등에 알맞은 스타일을 연출해야 한다.

미용사의 사명

① **미적 측면** : 고객이 만족할 수 있는 개성미를 연출해야 한다.
② **문화적 측면** : 미용의 유행과 문화를 건전하게 유도해야 한다.
③ **위생적 측면** : 공중위생상 위생관리 및 안전유지에 소홀해서는 안 된다.
④ **지적 측면** : 손님에 대한 예절과 적절한 대인관계를 위해 기본 교양을 갖추어야 한다.

미용사의 교양

① 공중위생 지식의 습득
② 미적 감각의 함양
③ 인격 도야
④ 건전한 지식의 배양
⑤ 전문적인 미용기술의 습득

미용사의 올바른 작업 자세

일반적 자세 (서서 작업 시)	• 서서 작업을 하므로 근육의 부담이 적게 각 부분의 밸런스를 고려한다. • 시술할 작업 대상의 위치는 미용사의 심장 높이 정도가 적당하다. • 다리는 어깨 넓이로 벌린다. • 정상 시력을 가진 사람의 명시거리는 안구에서 약 25~30cm이다. • 실내 조도는 75럭스(Lux, lx) 이상을 유지한다.
의자에 앉은 자세	위자 뒤에 엉덩이를 밀착시키고 등을 곧게 편다.

■ 두부의 명칭

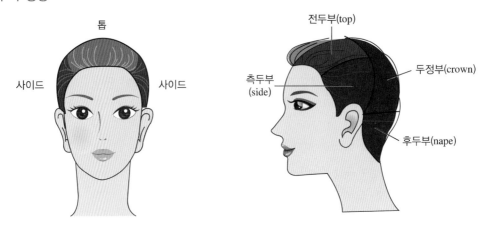

■ 두부 포인트 명칭

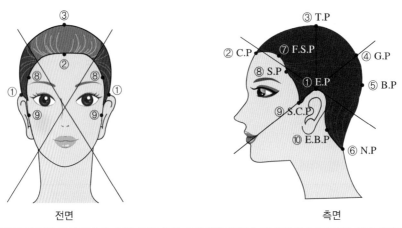

명칭	위치
① E.P	이어 포인트(좌우)
② C.P	센터 포인트
③ T.P	톱 포인트
④ G.P	골든 포인트
⑤ B.P	백 포인트
⑥ N.P	네이프 포인트
⑦ F.S.P	프론트 사이드 포인트(좌우)
⑧ S.P	사이드 포인트(좌우)
⑨ S.C.P	사이드 코너 포인트(좌우)
⑩ E.B.P	이어 백 포인트(좌우)

[2] 미용의 역사

▌ 한국의 미용

① 삼한시대
- 머리 형태로 신분의 차이를 나타낸 최초의 시대이다.
- 수장급은 관모를 쓰고, 노예는 머리를 깎아서 계급을 표시하였다.
- 마한의 남성은 결혼 후 상투를 틀었으며, 마한과 변한에서는 글씨를 새기는 문신을 하여 신분과 계급을 나타내었다.
- 진한인들은 눈썹을 진하게 그리고 머리털을 뽑아서 단장하였다.

② 삼국시대 : 고분벽화를 통해 그 당시 머리 모양을 알 수 있다.

고구려	• 남성 : 상투를 틀었고 신분에 따라 비단, 금, 천으로 만들거나 장식한 책(幘, 관모), 관(冠), 건(巾), 절풍 등을 착용했으며, 관모에 새의 깃털을 꽂은 조우관도 있었다. • 여성 : 얹은머리, 쪽(쪽진)머리, 풍기명식 머리, 중발머리 등이 있다.
백제	• 남성 : 모발을 길고 아름답게 가꾼 마한인들의 전통을 계승하여 상투를 틀었다. • 여성 : 혼인하면 두 갈래로 땋아 올린 쪽머리를, 미혼인은 두 갈래로 땋은 댕기머리를 하였다. • 상류층에서는 가체를 사용하였다. • 일본에 화장기술과 화장품 제조기술을 전해 주었고 옅고 은은한 화장을 하였다.
신라	• 남성 : 상투를 틀었고, 검은색 두건을 썼다. • 여성 : 가체를 사용하여 장발의 처리기술이 뛰어났다. • 얼굴 화장에서 백분과 연지, 눈썹먹 등이 사용되었다. 남녀 모두 화장을 하였으며 향수와 향료가 제조되었다. • 모발형으로 신분을 나타냈다.

③ 통일신라 시대
- 중국의 영향을 받아 화장이 다소 화려해졌다.
- 빗은 사용 용도 외에 머리에 장식용으로 꽂고 다녔다.
- 신분에 따라 슬슬전대모빗(자라등껍질 자재를 장식한 것), 자개장식빗, 장식이 없는 대모빗, 소아빗(상아빗) 등을 사용했으며, 평민 여성은 뿔빗과 나무빗 등을 사용하였다.
- 화장품 제조기술이 발달하여 화장함이나 토기분합, 향유병 등이 만들어졌다.

④ 고려시대
- 분대화장 : 기생 중심의 짙은 화장, 분을 하얗게 바르고 눈썹을 가늘고 또렷하게 그림
- 비분대화장 : 일반 여염집 여성들의 옅은 화장
- 신분에 따라 치장이 달랐다.
- 면약(안면용 화장품)의 사용과 모발 염색이 행해졌다.
- 서민층의 미혼 여성은 무늬 없는 붉은 끈으로 머리를 묶고 그 나머지를 아래로 늘어뜨렸다.
- 미혼 남성은 검은 끈으로 머리를 묶었으며 일부는 개체변발을 하였다.

⑤ 조선시대
- 유교사상의 영향으로 내면의 미를 중시하여 화장도 옅어지고, 피부 손질 위주로 화장을 하였다.
- 모발 형태로는 쪽진(쪽)머리, 큰머리, 조짐머리, 얹은머리, 첩지머리, 둘레머리 등이 있다.
  ※ 첩지 : 조선시대 사대부의 예장 때 머리 위 정수리 부분에 꽂던 장식품이다. 내명부나 외명부의 신분을 밝혀주는 중요한 표시로 왕비는 도금한 용첩지를 사용하였으며, 신분에 따라 비와 빈은 봉첩지를, 내외명부는 개구리첩지를 썼다.
- 조선 중엽 분화장은 신부화장에 사용되었다. 이는 상분을 물에 개어서 얼굴에 바르는 것인데, 밑화장으로 참기름을 바른 후 닦아냈고 연지곤지를 찍었으며 눈썹은 밀어내고 따로 그렸다.
  ※ 장식품(비녀)
    - 모양에 따른 분류 : 봉잠, 용잠, 호두잠, 석류잠, 국잠, 각잠 등
    - 재료에 따른 분류 : 금잠, 옥잠, 산호잠

| 쪽머리 | 얹은머리 | 큰머리 | 첩지머리 |

[조선시대 머리 모양]

⑥ 현대사회 : 우리나라 현대 미용의 시초는 한일합방 이후부터이다.

1920년대	이숙종의 높은머리(다까머리)와 김활란의 단발머리가 유행
1930년대	오엽주가 일본 유학 후 서울에 화신미용실을 개원(1933년)
1940년대	김상진이 현대 미용학원을 설립
1950년대	6·25전쟁 이후 권정희가 정화미용고등기술학교를 설립

▌ 중국의 미용

B.C. 2200년경	하(夏)나라 시대에 분을 사용
B.C. 1150년경	은(殷)나라 주왕 때 연지화장이 사용
B.C. 246~210년경	진(秦)나라 시황제는 3천 명 아방궁 미희에게 백분과 연지를 바르고 눈썹을 그리게 함
당나라 시대	• 액황을 이마에 발라 입체감을 냄(수하미인도 속의 여인) • 백분을 바른 후 연지를 바름(홍장) • 현종 때 열 가지의 눈썹 모양을 나타낸 십미도를 소개 • 희종, 소종 때 입술화장을 붉게 함(붉은 입술을 미인이라고 평가)

▌이집트의 미용

고대 문명의 발상지로, 약 5000년 이전 서양 최초로 화장을 시작하였다.

메이크업	• 눈꺼풀에 흑색과 녹색을 사용(아이섀도) • 눈가에 코올(kohl)을 발라 흑색 아이라인을 넣음 • 샤프란으로 뺨을 붉게 하고 입술연지로 사용
염색	B.C. 1500년경 헤나를 진흙에 개어 모발에 발라 흑색 모발을 다양하게 보이게 사용
가발	• 덥고 태양이 강해서 모발을 밀고 가발을 만들어 착용 • 인모, 종려나무의 잎, 양모 등으로 만든 통풍이 잘되는 가발 착용
퍼머넌트	• 모발에 진흙을 발라 나뭇가지로 말고 태양열로 건조시켜 웨이브를 만듦 • 퍼머넌트 웨이브 시초

▌그리스 · 로마의 미용

그리스	• 모발을 자연스럽게 묶은 고전적인 스타일 • 키프로스풍의 모발형이 유행(나선형의 컬을 쌓아 겹친 것 같은 모발형) • 전문 결발사가 생기면서 이용원이 처음 생겨남
로마	• 웨이브나 컬을 내는 손질방법이 발달 • 탈색(블리치)과 염색(컬러)을 같이 함 • 향수와 화장품 제조(화장품과 오일을 몸에도 사용함)

▌중세의 미용

비잔틴 (4~15세기)	• 터번을 머리에 감거나 머리에 쓰는 관이나 장식 등이 발전 • 자연스러운 머리의 컬과 웨이브의 미를 중요시
로마네스크 (11~12세기)	• 신분에 따라 관이나 베일을 써서 신분을 과시함 • 남성 : 주로 짧은 단발 • 여성 : 가르마를 타서 머리를 두 가닥 혹은 세 가닥으로 길게 늘어뜨린 형태
고딕 (12~15세기)	• 남성 : 머리의 중앙을 갈라 컬을 넣어 길게 늘어뜨렸으며 그 위에 관을 착용 • 여성 : 머리카락을 높이 위로 올려 머리띠로 단단하게 고정 • 미혼 여성은 느슨하게 늘어뜨렸고, 기혼 여성은 중앙에서 나누어 땋아 양 귀를 덮은 뒤 정돈함 • 에넹(hennin) : 고딕 건축의 뾰족함을 반영한 가장 특징적인 모자

▌근세의 미용

르네상스 (14~16세기)	• 남성 : 단발형이거나 짧은 머리형, 보닛이나 캡 형태의 모자를 즐겨 착용 • 여성 : 염색과 머리분을 사용, 후드로 머리를 가리거나 보닛을 착용
바로크 (17세기)	• 남성 : 여성스럽고 풍성한 가발 착용 • 여성 : 컬을 만들어 머리를 부풀리거나 어깨로 늘어뜨리는 헤어스타일, 퐁탕주 헤어스타일 유행 • 프랑스의 캐서린 오브 메디시 여왕에 의해 근대 미용의 기반을 마련 • 전문 미용사들이 출현하였으며, 17세기 초 파리에서 최초의 남성 결발사(샴페인) 등장
로코코 (18세기)	• 남성 : 남성의 가발형은 웨이브나 컬이 있는 형과 머리를 땋아서 리본으로 묶거나 주머니에 넣는 형으로 분류 • 여성 : 퐁파두르형이라는 낮은 머리형에서 점차 머리 모양이 높아지고 거대해져 갔으며, 높은 트레머리로 생화, 깃털, 보석 장식과 모형선까지 얹어 머리 형태가 사치스러웠던 시대 • 18세기에 오드콜로뉴(향수)가 발명

▌ 근대의 미용

① 무슈 끄로샤트(프랑스) : 1830년 프랑스 일류 미용사
② 마샬 그라또(프랑스) : 1875년에 마샬 웨이브 창시자로 아이론의 열을 이용하여 웨이브를 만드는 기술을 개발하였다.
③ 찰스 네슬러(영국) : 1905년 퍼머넌트 웨이브와 스파이럴식 퍼머넌트를 개발하였다.
④ 조셉 메이어(독일) : 1925년 크로키놀식 히트 퍼머넌트를 개발하였다.
⑤ J. B. 스피크먼(영국) : 1936년에 콜드 웨이브 퍼머넌트(화학약품을 이용한 파마)를 창시하였다.

제 2 절 피부의 이해

[1] 피부와 피부 부속기관

▌ 피부의 기능

보호기능	세균, 물리·화학적 자극, 자외선으로부터 피부를 보호
체온 조절	혈관의 확장과 수축작용을 통해 체온 조절기능 수행
감각(지각)	열, 통증, 촉각, 한기 등을 지각
비타민 D 합성	자외선을 받으면 비타민 D를 형성
호흡	이산화탄소를 피부 밖으로 배출하면서 산소와 교환
흡수	이물질의 침투를 막고 선택적으로 투과
분비 및 배설	땀과 피지를 분비하고 노폐물을 배설
저장	수분, 에너지와 영양분, 혈액의 저장고 역할
면역	표피에 랑게르한스 세포(면역세포)가 존재하여 면역에 관여

▌ 피부의 pH

① 4.5~6.5의 약산성이다.
② 피지선, 한선에서 나오는 저급지방산, 젖산염, 아미노산 등의 분비물에 의해 형성된다.
③ 피부 겉면의 얇은 산성막은 피부를 외부의 물리적, 화학적 손상으로부터 보호한다.

▌ 피부의 구조

피부는 표피, 진피, 피하조직으로 이루어져 있다.

❚ 표피

① 피부의 가장 외부층으로 자외선, 세균, 먼지, 유해물질 등으로부터 피부를 보호한다.

② 표피의 구성세포

각질형성 세포	새로운 각질세포 형성
멜라닌 세포	피부색 결정, 색소 형성
랑게르한스 세포	면역기능
머켈세포	촉각을 감지

③ 표피의 구조

각질층	• 표피의 가장 바깥층 • 각화가 완전히 된 세포로 구성 • 납작한 무핵세포로 구성되며 10~20%의 수분을 함유 • 케라틴, 천연보습인자(NMF), 지질이 존재 • 외부 자극으로부터 피부를 보호하고 이물질의 침투를 막음
투명층	• 2~3층의 무핵세포로 구성 • 손바닥과 발바닥에만 존재 • 엘라이딘이라는 단백질이 존재하는 투명한 세포층 • 수분 침투를 막는 방어막 역할
과립층	• 케라토하이알린이 과립 모양으로 존재 • 수분 방어막 및 외부로부터의 이물질 침투에 대한 방어막 역할 • 각질화가 시작되는 층(무핵층) • 해로운 자외선 침투를 막는 작용
유극층	• 표피 중 가장 두꺼운 유핵세포로 구성 • 림프액이 흐르고 있어 혈액순환이나 영양공급의 물질대사 • 표면에는 가시 모양의 돌기가 있어 인접세포와 다리 모양으로 연결 • 면역기능이 있는 랑게르한스 세포가 존재
기저층	• 단층의 원주형 세포로 유핵세포 • 새로운 세포들을 생성 • 멜라닌 세포가 존재하여 피부의 색을 결정 • 물결 모양의 요철이 깊고 많을수록 탄력 있는 피부

❚ 진피

① 표피와 피하지방층 사이에 위치하며 피부의 90% 이상을 차지하는 실질적인 피부이다.

② 진피의 구조

유두층	• 표피의 경계 부위에 유두 모양의 돌기를 형성하고 있는 진피의 상단 부분 • 다량의 수분을 함유 • 혈관을 통해 기저층에 영양분을 공급 • 혈관과 신경이 존재
망상층	• 유두층의 아래에 위치하며 피하조직과 연결되는 층 • 진피층에서 가장 두꺼운 층으로 그물 형태로 구성 • 교원섬유와 탄력섬유 사이를 채우고 있는 간충물질과 섬유아세포로 구성 • 피부의 탄력과 긴장을 유지

③ 진피의 구성

교원섬유(콜라겐)	• 피부에 탄력성, 신축성, 보습성을 부여 • 진피의 70~90%를 차지(콜라겐으로 구성) • 피부장력 제공 및 상처 치유에 도움
탄력섬유(엘라스틴)	• 피부 탄력에 기여하는 중요한 요소 • 탄력섬유가 파괴되면 피부가 이완되고 주름이 발생
기질(ground substance)	진피 내 섬유성분과 세포 사이를 채우는 무정형의 물질(gel 상태)

④ 진피의 구성세포
- 섬유아세포 : 콜라겐, 엘라스틴 합성
- 비만세포 : 염증매개 물질을 생성하거나 분비하는 작용
- 대식세포 : 신체방어 작용, 면역을 담당

▌ 피하지방층

① 진피에서 내려온 섬유가 결합된 조직이며, 벌집 모양으로 많은 수의 지방세포들을 형성한다.
② 몸을 따뜻하게 하고 수분을 조절하는 기능을 한다.
③ 수분과 영양소를 저장하여 외부의 충격으로부터 몸을 보호하는 기능을 한다.
④ 탄력성을 유지한다.

▌ 피부 부속기관

피부의 부속기관은 한선, 피지선, 모발, 손발톱, 유선으로 이루어져 있다.

▌ 한선(땀샘)

① 땀을 만들어내는 피부의 외분비선이다.
② 에크린선(소한선)과 아포크린선(대한선)으로 구분된다.

에크린선(소한선)	아포크린선(대한선)
• 손바닥, 발바닥, 겨드랑이, 등, 앞가슴, 코 부위에 분포 • 약산성의 무색·무취 • 노폐물 배출 • 체온 조절기능	• 겨드랑이, 유두 주위, 배꼽 주위, 성기 주위, 항문 주위 등 특정한 부위에 분포 • 사춘기 이후 주로 분비 • 단백질 함유량이 많은 땀을 생산 • 세균에 의해 부패되어 불쾌한 냄새

③ 우리 몸의 노폐물과 수분을 땀의 형태로 배설하는 기능을 한다.
④ 기능 : 체온 유지, 분비물 배출, 피부습도 유지 및 산성막 형성
⑤ 땀의 이상분비
- 다한증 : 필요 이상으로 땀을 분비하는 증상, 자율신경계 이상
- 소한증 : 갑상선 기능 저하, 금속성 중독, 신경계통의 질환으로 땀의 분비가 감소
- 무한증 : 땀의 분비가 되지 않는 증상
- 액취증 : 암내, 한선의 내용물이 세균으로 인하여 부패되면서 악취가 발생
- 한진(땀띠) : 한선의 입구가 폐쇄되어 배출되지 못해 발생하는 증상

▌ 피지선

① 진피의 망상층에 위치한다.

② 하루 평균 1~2g의 피지를 모공을 통해 밖으로 배출시킨다.

  ※ 피지

    • 구성 성분 : 트라이글리세라이드, 왁스, 스콸렌, 콜레스테롤, 지방산 등

    • 기능 : 수분 증발 억제, 피부 표면 보호기능, 세균활동 억제, 이물질 침투 방지

③ 모공이 각질이나 먼지에 의해 막혀 피지가 외부로 분출되지 않으면 여드름이 발생한다.

④ 남성호르몬 안드로겐은 피지 분비를 활성화시키며, 여성호르몬 에스트로겐은 피지 분비를 억제한다.

⑤ 손바닥, 발바닥을 제외한 전신에 분포한다.

▌ 모발

① 모발의 특징

  • 모발의 성분 : 단백질 70~80%, 수분 10~15%, 색소 1%, 지질 3~6% 등

  • 모주기 : 여성 4~6년, 남성 3~5년

  • 수분 함량 : 약 10~15%(건강모)

  • 모발의 성장속도 : 하루 0.2~0.5mm, 한 달 1~1.5cm 정도

  • 건강 모발의 pH : 4.5~5.5 정도

② 모발의 구조

모간 (모발의 줄기 : 피부 위로 나와 있는 털)	모표피	• 모발의 가장 바깥쪽으로 10~15% 차지 • 외부 물리적·화학적 자극으로부터 모발 보호 • 수분 증발을 억제시킴
	모피질	• 모발의 85~90%를 차지 • 모발의 화학적·물리적 성질을 좌우 • 멜라닌 색소를 함유
	모수질	• 모발의 중심으로 공기를 함유 • 연모나 가는 모발에는 없는 경우도 있음
모근 (모발의 뿌리 : 피부 아래 모발 성장의 근원)	모낭	모근을 싸고 있는 조직으로 피지선과 연결되어 있음
	모구	• 모세포와 멜라닌 세포가 존재 • 세포분열이 일어남
	모유두	• 모모세포에 영양분을 전달하여 모발을 형성 • 혈관과 림프관이 분포되어 있음 • 모발 성장의 근원
	모모세포	• 모유두에 접하고 세포분열과 증식작용 • 새로운 머리카락을 형성

③ 모발의 성장주기

성장기	• 세포분열이 활발한 시기 • 기간 : 남성 3~5년, 여성 4~6년 • 전체 모발의 80~90% 정도
퇴행기	• 모구부의 점차적인 수축현상 • 세포분열의 점차적 둔화 후 정지 • 기간 : 3~4주(약 1개월) • 전체 모발의 1% 정도
휴지기	• 모유두와 분리 : 자연탈모 – 곤봉 형태 • 기간 : 3~4개월 • 전체 모발의 15% 정도

④ 모발의 결합

주쇄 결합 (세로 결합)	폴리펩타이드 결합	• 세로 방향의 결합으로 주쇄 결합이라 하며, 모발의 결합 중 가장 강한 결합 • 모발 내부에서는 나선형 모양
측쇄 결합 (가로 결합)	염 결합	• 염 : 산성 물질과 알칼리성 물질이 결합해서 생긴 중성물질 • 산과 알칼리의 밸런스가 무너지면 염 결합은 끊어지고 열리게 됨
	시스틴 결합	• 두 개의 황(S) 원자 사이에서 형성되는 일종의 공유결합 • 물리적으로는 강한 결합이나, 알칼리에 약함(물, 알코올, 약산성, 소금류에 강함) • 화학적으로 반응시켜 절단시키고 다시 재결합시킬 수도 있음 • 퍼머넌트 웨이브 시술 시 이용
	수소 결합	• 모발의 결합 중 세트 및 드라이에 관여하는 결합 • 수분에 의해 절단되었다가 건조하면 재결합됨

⑤ 멜라닌 : 피부와 모발의 색을 결정하는 색소 분자
  • 유멜라닌 : 흑색–적갈색의 어두운 입자형 색소
  • 페오멜라닌 : 적색–황색의 분사형 색소

▌ 손발톱

① 손끝과 발끝을 보호한다.
② 물건을 잡을 때 받침대의 역할을 한다.
③ 손과 발의 장식적인 역할을 한다(미적 차원).
④ 손톱은 평균 1일에 0.1mm, 1개월에 3mm 정도로 성장한다.
⑤ 손톱의 완전한 교체는 약 6개월이 걸린다.
⑥ 건강한 손톱
  • 반투명색의 분홍색을 띠며 윤기가 있어야 한다.
  • 둥근 모양의 아치형이어야 한다.
  • 세균에 감염되지 않아야 한다.
  • 탄력이 있고 단단해야 한다.

▮ 유선

땀샘이 변형된 피부선으로, 포유류의 유즙을 분비하는 기관이다.

⌈2⌋ 피부 유형 분석

▮ 피부 상태 분석

클렌징 후에 유·수분 함유량, 각질화 상태, 모공 크기, 탄력 상태, 색소침착, 혈액순환 상태 등에 따라 피부를 분석한다.

▮ 피부 분석방법

기준	피부 유형
피지 분비 상태	건성 피부, 중성 피부, 지성 피부, 지루성 피부, 여드름 피부
수분량	표피 수분부족 건성 피부, 진피 수분부족 건성 피부
피부조직	얇은 피부, 두꺼운 피부, 정상 피부
색소침착	과색소 침착 피부, 저색소 침착 피부
혈액순환	모세혈관 확장증, 홍반, 주사

▮ 정상 피부의 특징 및 관리방법

특징	• 피부의 수분과 유분의 밸런스가 이상적인 상태이다. • 각질층의 수분 함유량이 10~20%로 정상이다. • 세안 후 피부 당김이 별로 느껴지지 않는다. • 모공이 섬세하고 매끄럽고 부드러우며, 윤기가 있다. • 혈색이 좋고 피부가 촉촉하다.
관리방법	계절이나 건강과 생활습관에 따라 피부 타입이 변화될 수 있으므로 유분과 수분을 적절히 공급하는 관리가 필요하다.

▮ 건성 피부의 특징 및 관리방법

특징	• 피부와 땀의 분비가 적어 건조하고 윤기가 없다(모공이 작음). • 피부가 거칠어 보이고 잔주름이 많이 나타난다. • 세안 후 당김이 심하다. • 화장이 잘 받지 않고 들뜨기 쉽다. • 관리가 소홀해지면 피부 노화현상이 빠르게 나타난다. • 각질층의 수분 함량이 10% 이하로 부족하다.
관리방법	• 수분과 유분이 매우 부족하고 피부의 저항력이 많이 떨어져 있으므로 수분과 유분 위주로 관리하며 영양크림을 도포하여 유분막(피지막)을 강하게 만든다. • 유효성분 : 콜라겐, 엘라스틴, 아보카도, 호호바, 캐모마일, 세라마이드, 숙주 추출물, 카렌듈라 등

█ 지성 피부의 특징 및 관리방법

특징	• 모공이 넓고 피지가 과다 분비되어 항상 번들거린다. • 피부결이 거칠고 두껍다. • 다른 피부에 비해 외부 자극에 대한 저항력이 강하다. • 피지 분비가 많아서 면포나 여드름이 생기기 쉽다. • 피부가 맑거나 투명해 보이지 않고 탁해 보인다. • 화장이 쉽게 지워지고 오래 지속되지 못한다.
관리방법	• 피지를 제거하는 제품을 사용한다. → 유·수분 밸런스 유지 • 주기적으로 딥클렌징을 해 주는 것이 중요하다(각질 제거). • 유효성분 : 피지흡착과 소독·살균효과가 있는 캠퍼, 카렌듈라, 녹차 추출물, 레몬 추출물, 유황, 로즈마리, 살리실산, 티트리 등

█ 민감성 피부의 특징 및 관리방법

특징	• 피부조직이 얇고 섬세하며, 모공이 작다. • 화장품이나 약품 등의 자극에 피부 부작용을 일으키기 쉽다. • 정상 피부에 비해 환경 변화에 쉽게 반응을 일으킨다. • 피부 건조화로 당김이 심하다. • 모세혈관이 피부 표면에 잘 드러나 보인다.
관리방법	• 진정 위주로 관리하며 저자극성 민감성 제품을 사용하고 무알코올 화장수로 관리한다. • 피부가 예민하고 외부에 대한 저항력이 약하므로 혈관을 튼튼히 하는 비타민 P, 비타민 K를 섭취하며 진정 관리한다. • 유효성분 : 아줄렌, 비타민 P, 호호바, 캐모마일, 카렌듈라, 클로로필, 비타민 K, 판테놀, 위치하젤 등

█ 복합성 피부의 특징 및 관리방법

특징	• 한 얼굴에 두 가지 이상의 타입이 공존한다. • 피부 톤이 전체적으로 일정하지 않다. • 화장품 성분에 민감하여, 피부에 맞는 화장품의 선택이 어렵다. • T-Zone은 지성 피부나 여드름 피부의 형태를 띠며, U-Zone은 건성이나 민감성의 형태를 나타낸다. • 볼과 눈 주위는 피지 분비가 적어 잔주름이 나타난다.
관리방법	• 지성 피부, 건성 피부, 정상 피부 등 유형에 따라 차별화된 관리를 한다. • T-Zone은 모공·피지 조절을 위한 관리, U-Zone은 유·수분 관리(보습)를 한다.

█ 노화 피부의 특징 및 관리방법

특징	• 콜라겐과 엘라스틴의 변화로 탄력이 없고, 잔주름이 많다. • 피지 및 수분의 감소로 피부가 건조하고 당김이 심하다. • 자외선에 대한 방어력이 떨어져 색소침착이 일어난다. • 각질 형성과정의 주기가 길어져 표피가 거칠다.
관리방법	• 자외선에 의한 노화를 예방하기 위해 자외선 차단제 제품을 사용하고 탄력과 재생 위주로 관리한다. • 콜라겐, 비타민, 고농축 영양크림·보습제를 함유한 제품을 사용한다.

▌여드름 피부의 특징 및 관리방법

특징	• 피지 분비가 많고 피부가 두껍고 거칠다. • 여드름균이 증식하여 모공 내 염증이 생긴다. • 피부가 번들거리고, 피부 표면의 유분기에 먼지가 잘 붙어 지저분해지기 쉽다.
관리방법	• 약산성으로 세안 후 모공수축과 피지 조절, 소독을 하고 항염증 효과가 있는 제품을 선택하여 피부를 진정시킨다. • 지방성 음식, 단 음식, 알코올 섭취를 피한다. • 유효성분 　– 피지흡착 : 카올린, 규산염, 탤크 　– 피지조절 : 비타민 B_6, 백자작나무 　– 소독살균 : 티트리, 설파, 프로폴리스, 꿀, 라벤더, 효모, 멘톨 　– 수렴 : 레몬 추출물, 캠퍼

▌모세혈관 확장피부(쿠퍼로즈)의 특징 및 관리방법

특징	• 피부의 표피나 진피층의 모세혈관 약화로 모세혈관이 확장되어 실핏줄이 보이는 피부이다. • 추위, 더위, 바람, 자외선 등 날씨에 따른 온도의 변화가 원인이다.
관리방법	림프드레나지를 통해 혈관의 탄력성을 회복하며 모세혈관 벽을 튼튼하게 해 주고 진정관리에 중점을 두어 피부의 건강 상태를 개선할 수 있다.

[3] 피부와 영양

▌영양소

① 영양소의 구성

구성영양소	• 신체조직을 구성 • 단백질, 지방, 무기질, 물
열량영양소	• 에너지로 사용 • 탄수화물, 지방, 단백질
조절영양소	• 대사조절과 생리기능 조절 • 비타민, 무기질, 물

② 3대 영양소 : 탄수화물, 단백질, 지방

▌ 탄수화물

① 1g당 4kcal 열량을 공급
② 인체의 주된 에너지원
③ 피부세포에 활력 및 보습효과를 줌
④ 혈당을 공급하며 핵산을 만드는 데 필요
⑤ 글리코겐 저장
⑥ **과잉** : 피부 면역력 저하 및 피지 분비 증가
⑦ **결핍** : 저혈당, 피로 등을 야기

▌ 단백질

① 1g당 4kcal 열량을 공급
② 피부의 재생작용, 우리 몸의 구성 성분, pH 평형 유지, 면역세포와 항체 형성 등
③ 필수 아미노산인 트립토판으로부터 나이아신(비타민 B_3) 생성
④ **분류**
  • 필수 아미노산 : 우리 몸에서 만들어질 수 없어 반드시 외부에서 공급되어야 하는 아미노산(류신, 아이소류신, 라이신, 메티오닌, 페닐알라닌, 트레오닌, 트립토판, 발린, 히스티딘, 아르지닌)
  • 비필수 아미노산 : 우리 몸에서 생성되는 아미노산
⑤ **과잉** : 색소침착의 원인
⑥ **결핍** : 잔주름 형성, 탄력 상실, 여드름 유발

▌ 지방

① 1g당 9kcal 열량을 공급
② 인체의 에너지원으로 가장 중요한 영양소
③ 체온을 일정하게 유지하는 역할
④ 장기를 외부의 충격으로부터 보호
⑤ 피부에 윤기가 나게 함(피부 건조 방지)
⑥ 지용성 비타민의 흡수를 돕는 역할
⑦ **필수지방산** : 신체의 성장과 여러 가지 생리적 정상 기능 유지에 필요(리놀레산, 리놀렌산, 아라키돈산)
⑧ **과잉** : 비만을 초래
⑨ **결핍** : 피부노화 촉진

❚ 비타민

① 비타민의 기능
- 생리기능을 조절, 세포 성장을 촉진
- 면역기능
- 인체 내에서 합성 불가(반드시 식품을 통해 섭취)

② 수용성 비타민 : 물에 용해, 체내에 저장되지 않음

비타민 B$_1$ (티아민)	• 탄수화물 대사, 민감성 피부와 상처 치유에 좋음, 정상적 심장기능 유지 • 결핍 시 : 각기병, 피로감, 식욕부진, 피부 윤기 감소 • 식품 : 돼지고기, 내장육, 콩류 등
비타민 B$_2$ (리보플라빈)	• 피부보습 및 피지 분비 조절 • 결핍 시 : 피부염, 구각염, 구순염, 각막건조, 설염 등 • 식품 : 녹색 채소류, 밀의 배아, 달걀, 우유 등
비타민 B$_3$ (나이아신)	• 필수 아미노산인 트립토판에서 합성 • 결핍 시 : 펠라그라(피부염, 설사, 구강점막 염증 등 증상)
비타민 B$_6$ (피리독신)	• 여드름, 피부염에 효과적 • 결핍 시 : 피부염 • 식품 : 육류, 연어, 바나나, 견과류 등
비타민 B$_{12}$ (코발라민)	• 적혈구를 생성하고 빈혈을 예방(조혈작용) • 결핍 시 : 빈혈 • 식품 : 육류, 어패류 등
비타민 C (아스코르브산)	• 미백작용, 모세혈관벽 강화, 콜라겐 합성에 관여, 항산화제 • 결핍 시 : 괴혈병, 빈혈 • 식품 : 감귤류, 오렌지, 자몽, 토마토, 레몬, 사과, 아스파라거스 등
비타민 P	• 모세혈관 저항력 강화 • 피부병 치료에 도움 • 피지 분비 조절

③ 지용성 비타민 : 지방에 녹으며 과다 섭취 시 체내에 축적

비타민 A (레티놀)	• 노화예방, 상피세포 건강유지 • 결핍 시 : 야맹증, 피부건조, 안구건조 • 과잉 시 : 탈모 • 식품 : 동물의 간, 생선, 달걀, 귤, 당근, 시금치 등
비타민 D (칼시페롤)	• 칼슘과 인의 흡수 촉진, 뼈의 성장 촉진, 자외선에 의해 체내에 공급 • 결핍 시 : 구루병, 골다공증 • 식품 : 생선간유, 달걀, 우유 등
비타민 E (토코페롤)	• 항산화제 역할, 호르몬 생성, 노화방지 • 결핍 시 : 불임, 피부노화, 빈혈 등 • 식품 : 식물성 기름, 견과류, 녹황색 채소 등
비타민 K	• 골격 성장을 촉진, 모세혈관 강화 • 결핍 시 : 출혈, 코피 등 • 식품 : 녹황색 채소, 간, 곡류, 과일 등

▌ 무기질

① 인체 내의 대사과정을 조절하는 중요 성분
② 신체의 골격과 치아조직의 형성에 관여
③ 신경자극 전달, 체액의 산과 알칼리 평형 조절에 관여

다량 무기질	칼슘(Ca)	• 치아와 골격 구성, 생리기능 조절, 근육이완 및 수축작용 • 결핍 시 : 골다공증, 구루병, 충치 • 식품 : 새우, 멸치, 치즈, 순두부 등
	인(P)	• 골격 구성, 에너지의 저장 및 이용 • 식품 : 어육류, 난류, 유제품에 풍부
	칼륨(K)	삼투압 조절, 노폐물 배출, 알레르기 완화
	나트륨(Na)	• 피부와 혈액의 수분 균형 유지 • 근육수축 및 심장기능 유지 조절
	마그네슘(Mg)	삼투압 조절, 근육 활성조절
미량 무기질	철분(Fe)	• 산소를 운반, 헤모글로빈 구성물질 • 결핍 시 : 빈혈, 면역 저하 • 식품 : 육류, 어패류, 콩류, 진한 녹색 채소 등
	아이오딘(I) (요오드)	• 갑상선 부신기능 향상 • 결핍 시 : 갑상선 기능 장애 • 식품 : 미역, 김 등의 해조류나 해산물
	아연(Zn)	면역, 성장, 상처 치유, 단백질 합성

▌ 물

① 인체의 약 70% 정도가 수분으로 구성된다.
② 영양소와 노폐물의 이동에 관여한다.
③ 노폐물 제거와 피부보습에 효과를 준다.
④ 정상 피부의 수분량은 10~20% 정도이다.
⑤ 결핍 시 잔주름을 유발하고 보습력을 저하시킨다.

[4] 피부와 광선

▌ 자외선의 종류

종류	UV-A(장파장)	UV-B(중파장)	UV-C(단파장)
파장	320~400nm	290~320nm	200~290nm
특징	• 진피층까지 침투 • 즉각 색소침착 • 광노화 유발 • 피부탄력 감소	• 표피의 기저층까지 침투 • 홍반 발생, 일광화상 • 색소침착(기미)	• 오존층에서 흡수 • 강력한 살균작용 • 피부암 원인

▌ 자외선의 영향

① **긍정적 영향** : 비타민 D 합성, 살균 및 소독, 강장효과 및 혈액순환 촉진
② **부정적 영향** : 홍반, 색소침착, 노화, 일광화상, 피부암

▌ 적외선의 종류

① **근적외선** : 진피 침투, 자극효과
② **원적외선** : 표피 전층 침투, 진정효과

▌ 적외선의 효과

① 혈액순환 촉진
② 신진대사 촉진
③ 근육이완 및 수축
④ 통증완화 및 진정효과
⑤ 피부에 영양분 침투

[5] 피부면역

▌ 면역

생체의 내부 환경이 외부 인자인 항원에 대하여 예방하고 방어하는 현상이다.

▌ 특이성 면역(후천면역)

병원체에 노출된 후 활성화되어 침입한 병원체에 대한 방어작용

B 림프구	• 체액성 면역 • 특정 면역체에 대해 면역글로불린이라는 항체 생성
T 림프구	• 세포성 면역 • 혈액 내 림프구 70~80% 정도 차지 • 항체 생성 • 세포 접촉을 통해 직접 항원을 공격

▌ 비특이성 면역(선천면역)

태어날 때부터 선천적으로 가지고 있는 병원체에 대한 방어작용

1차 방어계	• 기계적 방어벽 : 피부 각질층, 점막, 코털 • 화학적 방어벽 : 위산, 소화효소 • 반사작용 : 섬모운동, 재채기
2차 방어계	• 식세포 작용 : 단핵구, 대식세포 • 염증 및 발열 : 히스타민 • 방어 단백질 : 인터페론, 보체 • 자연살해 세포 : 종양세포나 바이러스에 감염된 세포를 자발적으로 죽이는 세포

[6] 피부노화

▌ 피부노화의 원인

① 호르몬 : 산소를 감소시키는 호르몬에 의해 신경세포가 소실
② 자가면역 : 질병과 맞서 싸우는 항체를 생성하는 면역계의 능력이 감소
③ 텔로미어 단축 : 텔로미어는 점점 짧아져 노화와 관련된 세포손상과 사망을 초래
④ 활성산소 : 불안정한 활성산소가 형성되고 세포의 기능을 저하시켜 노화가 진행
⑤ 노폐물 축적 : 노폐물이 세포 내에 축적되며 나이가 들수록 커져 노화가 진행
⑥ 유전자 : 유전자에 의해 수명이 결정

▌ 피부노화 현상

내인성 노화(자연노화)	외인성 노화(광노화)
• 나이가 들면서 자연스럽게 발생하는 노화 • 피지선의 기능 저하로 피부가 건조하고 윤기가 없음 • 진피층의 콜라겐과 엘라스틴 감소로 탄력 저하, 주름 발생 • 표피와 진피 두께는 얇아지고, 각질층의 두께는 두꺼워짐 • 랑게르한스 세포 수 감소(피부 면역기능 감소) • 멜라닌 세포 감소로 자외선 방어기능이 저하되어 색소침착 불균형이 나타남(피부색 변함)	• 자외선 노출, 환경적 요인에 의해 발생하는 노화 • 표피의 각질층 두께가 두꺼워짐 • 자연노화가 아니기 때문에 진피의 두께가 얇아지지는 않음 • 피부탄력 저하 및 모세혈관 확장 • 콜라겐의 변성 • 멜라닌 세포 증가로 자외선에 의한 색소침착

[7] 피부장애와 질환

▌원발진

1차적 피부장애로 피부질환의 초기 단계이다.

반점	• 융기나 함몰 없이 색깔만 변하는 현상 • 기미, 주근깨, 노인성 반점, 오타모반 등
구진	• 1cm 미만 크기, 속이 단단하게 튀어나온 융기물 • 피지선이나 땀샘 입구에 생김 • 염증성 여드름 1단계
농포	• 고름이 있는 소수포 크기의 융기성 병변 • 염증성 여드름 2단계
팽진	가려움과 함께 피부 일부가 일시적으로 부풀어 오른 상태
대수포	직경 1cm 이상의 혈액성 물집
소수포	직경 1cm 미만 투명한 액체 물집
결절	• 구진보다 크며 종양보다 작고 단단함 • 기저층 아래에 형성(섬유종, 지방종)
종양	직경 2cm 이상의 큰 피부의 증식물
낭종	• 액체나 반고형 물질로 진피층에 있으며 통증을 유발 • 치료 후에도 흉터가 남음
면포	• 모공 내 표피세포의 과각질화로 빠져나와야 할 피지가 모공 내부에 갇혀서 얼굴, 이마, 콧등에 발생 • 각질이 덮여 있으면 흰 면포(화이트헤드), 공기와 접촉하여 산화된 면포는 검은 면포(블랙헤드)

▌속발진

2차적 피부장애로 피부질환의 후기 단계이다.

인설	피부 표면의 각질세포가 병적으로 하얗게 떨어지는 부스러기(비듬)
찰상	물리적 자극에 의해 피부 표피가 벗겨지는 증상, 흉터 없이 치료 가능
가피	딱지를 말하며 혈액과 고름 등이 말라붙은 증상
미란	수포가 터진 후 표피만 떨어진 증상
균열	외상이나 질병으로 표피가 진피층까지 갈라진 상태
궤양	진피나 피하조직까지 결손으로 분비물과 고름 출혈, 흉터 생김
반흔	병변의 치유 흔적, 흉터
위축	피부의 생리적 기능 저하로 피부가 얇게 되는 현상
태선화	표피 전체가 가죽처럼 두꺼워지며 딱딱해지는 현상

■ 여드름

① 피지 분비가 많은 부위에 나타나며, 피부가 두껍고 거칠다.
② 모공 입구의 폐쇄로 피지 배출이 잘 안 된다.
③ **비염증성 여드름** : 블랙헤드, 화이트헤드
④ **염증성 여드름** : 구진, 농포, 결절, 낭종
⑤ **요인**
- 내적 요인 : 호르몬 변화, 세균 감염, 유전성, 스트레스, 잘못된 식습관
- 외적 요인 : 화장품과 의약품의 부작용, 자외선, 기후와 계절

■ 온도 및 열에 의한 피부질환

화상	뜨거운 물, 불 또는 강산이나 강알칼리 등의 화학물질에 피부 손상을 입는 것	
	1도 화상	• 피부의 가장 겉 부분인 표피만 손상된 단계 • 빨갛게 붓고 달아오르는 증상과 통증
	2도 화상	• 진피도 어느 정도 손상된 단계 • 수포를 생성 • 피하조직의 부종과 통증
	3도 화상	• 피부의 전 층 모두 화상으로 손상된 단계 • 체액 손상 및 감염
동상	한랭에 의하여 혈관의 기능이 침해되어 세포가 질식 상태에 빠짐	
한진(땀띠)	한선이 막혀 땀이 배출되지 못해 발생	

■ 기계적 손상에 의한 피부질환

① **티눈** : 피부에 생기는 특수하게 단단해진 각질층으로 중심부에 핵을 포함
② **굳은살** : 잦은 마찰로 압력이 가해지면서 발가락이나 발바닥 등의 부위가 두껍고 단단하게 된 살
③ **욕창** : 피부 및 피부의 밑조직이 계속 눌려서 혈액순환이 제대로 되지 않아 생기는 궤양

■ 습진에 의한 피부질환

① **아토피성 피부염**
- 팔꿈치 안쪽이나 목 등의 피부가 거칠어지고 심한 가려움증을 동반
- 만성적인 염증성 피부질환
- 강한 유전 경향
② **접촉성 피부염** : 외부 물질과의 접촉에 의하여 생기는 모든 피부염
③ **건성습진** : 피부가 건조해져서 생기는 습진으로, 각질과 가려움증을 유발
④ **지루성 피부염** : 피지의 과다 분비와 정신적 스트레스 등으로 홍반과 인설 등이 발생

바이러스성 피부질환

① 대상포진
- 피로나 스트레스로 몸의 상태가 나빠지면서 몸속에 잠복해 있던 바이러스가 활성화되는 질병
- 피부발진이 생기기 전 통증이 선행되며 주로 몸통에서 발생

② 단순포진
- 피곤하고 저항력이 저하되어 자주 발생
- 입술, 코, 눈, 생식기, 항문 주위에 주로 발생
- 신경을 따라 물집을 형성하고 감염
- 인간에게 면역력이 없으므로 재발 가능

③ 사마귀 : 파필로마 바이러스에 의해 발생하며 감염성이 있음

④ 풍진
- 귀 뒤나 목 뒤의 림프절 비대 증상으로 통증을 동반
- 얼굴과 몸에 발진

⑤ 홍역 : 파라믹소 바이러스에 의해 발생하는 급성발진성 질환

⑥ 수두 : 가려움증을 동반한 발진성 수포 발생

진균성 피부질환

① 조갑백선 : 손톱과 발톱이 백선균에 감염되어 일어나는 질환
② 족부백선(무좀) : 피부사상균이 발 피부의 각질층에 감염을 일으켜 발생하는 표재성 곰팡이 질환
③ 두부백선 : 머리의 뿌리에 곰팡이균이 기생하는 질환
④ 칸디다증 : 진균의 일종인 칸디다에 의해 신체의 일부 또는 여러 부위가 감염되어 발생하는 감염질환

세균성 피부질환

① 농가진 : 세균감염으로 물집, 고름과 딱지가 생기며 감염성이 강한 질환
② 봉소염 : 피하조직에 세균이 침범하는 화농성 염증질환
③ 절종 : 모낭에서 발생한 염증성 결절

색소성 피부질환

저색소 침착(멜라닌 색소 감소로 발생)	• 백반증 : 백색 반점이 피부에 나타나는 후천적 탈색소성 질환 • 백색증 : 멜라닌 합성의 결핍으로 인해 눈, 피부, 털 등에 색소 감소를 나타내는 선천성 유전질환
과색소 침착(멜라닌 색소 증가로 발생)	• 기미 : 안면, 특히 눈 밑이나 이마에 발생하는 갈색의 색소침착 현상으로, 임신, 자외선 과다 노출, 내분비 장애 등이 원인 • 검버섯 : 주로 노인의 살갗에 생기는 거무스름한 얼룩 • 주근깨 : 얼굴의 군데군데에 생기는 잘고 검은 점 • 악성 흑색종 : 멜라닌 세포의 악성화로 생긴 종양 • 오타모반 : 청갈색 또는 청회색의 진피성 색소반점

제 3 절 화장품 분류

[1] 화장품 기초

▌ 화장품의 정의(화장품법 제2조 제1호)

① 인체를 청결·미화하여 매력을 더하고 용모를 밝게 변화시킨다.
② 피부·모발의 건강을 유지 또는 증진하기 위하여 인체에 바르고 문지르거나 뿌리는 등 이와 유사한 방법으로 사용되는 물품으로서 인체에 대한 작용이 경미한 것을 말한다.
③ 다만, 「약사법」의 의약품에 해당하는 물품은 제외한다.

▌ 기능성 화장품(화장품법 제2조 제2호)

① 피부의 미백에 도움을 주는 제품
② 피부의 주름 개선에 도움을 주는 제품
③ 피부를 곱게 태워주거나 자외선으로부터 피부를 보호하는 데에 도움을 주는 제품
④ 모발의 색상 변화·제거 또는 영양공급에 도움을 주는 제품
⑤ 피부나 모발의 기능 약화로 인한 건조함, 갈라짐, 빠짐, 각질화 등을 방지하거나 개선하는 데에 도움을 주는 제품

▌ 일반 화장품과 기능성 화장품의 차이

① **일반 화장품** : 주름, 미백, 자외선 차단 등 기능성 효능에 대한 광고 불가
② **기능성 화장품** : 총리령이 정하는 화장품으로 주성분표시 의무

▌ 미백에 도움을 주는 제품

① 기능 : 미백 화장품은 멜라닌 색소로 인해 피부에 침착되는 것을 방지하고, 침착된 색소를 관리하는 제품으로 멜라닌의 생성을 억제한다.
② 성분
  • 알부틴, 코직산, 감초, 닥나무 추출물 : 타이로신의 산화를 촉매하는 타이로시나제의 작용을 억제시킨다.
  • 비타민 C : 도파의 산화를 억제시킨다.
  • 하이드로퀴논 : 멜라닌 세포를 사멸한다.
  • AHA : 각질층을 녹여 멜라닌 색소를 제거한다.

▌ 주름 개선에 도움을 주는 제품

① 기능 : 피부의 결합조직과 섬유아세포의 증식과 분화를 촉진시켜 콜라겐과 엘라스틴을 회복, 합성하여 피부에 탄력을 주어 주름 개선에 도움을 준다.

② 성분 : 레티놀, 아데노신, 베타카로틴

▌ 자외선 차단제

① 자외선(UV-B)으로부터 피부를 보호하며, 자외선 산란제와 자외선 흡수제로 나뉜다.

분류	자외선 산란제(물리적 차단제)	자외선 흡수제(화학적 차단제)
특징	• 피부 표면에서 자외선을 반사, 산란시켜 차단 • 도포 후 불투명	• 자외선을 흡수시킨 후 화학작용 후 배출 • 도포 후 투명
성분	산화아연(징크옥사이드), 이산화타이타늄(타이타늄다이옥사이드)	옥틸다이메틸파바, 옥틸메톡시신나메이트, 벤조페논유도체, 캄퍼유도체, 다이벤조일메탄유도체, 갈릭산유도체, 파라아미노벤조산
장점	자외선 차단효과가 높고 비교적 안전하여 예민한 피부도 사용 가능	발림성과 사용감이 우수
단점	백탁현상과 메이크업의 밀림현상	피부에 자극, 트러블 발생

② 자외선 차단지수(SPF ; Sun Protection Factor) : 자외선 차단제가 UV-B를 차단하는 정도를 나타내는 지수

$$SPF = \frac{제품을\ 바른\ 피부의\ 최소홍반량(MED)}{제품을\ 바르지\ 않은\ 피부의\ 최소홍반량(MED)}$$

③ 최소홍반량(MED) : UV-B를 피부에 조사한 후 16~24시간 정도 지나 피부 대부분이 홍반을 나타낼 수 있는 최소한의 자외선 조사량

▌ 화장품의 4대 요건

① 안전성 : 피부에 바를 때 자극과 알레르기, 독성이 없어야 한다.

② 안정성 : 보관에 따른 화장품의 변질이 없어야 한다.

③ 사용성 : 피부에 대한 사용감과 제품의 편리성을 말한다.

④ 유효성 : 사용 목적에 따른 효과와 기능을 말한다.

▌ 화장품 · 의약부외품 · 의약품의 비교

구분	대상	사용 목적	기간	부작용
화장품	정상인	청결, 미용	장기간	없어야 한다.
의약부외품	정상인	위생, 청결	장기간	없어야 한다.
의약품	환자	질병의 진단, 치료, 예방	일정 기간	있을 수 있다.

[2] 화장품 제조

▌ 수성원료

① 정제수
- 화장품에서 물은 화장수, 로션, 크림 등의 기초 물질로 사용된다.
- 현재는 정제수, 해양 심층수 등 물에도 다양한 변화를 주고 있다.

② 에탄올
- 에탄올은 에틸알코올(ethyl alcohol)이라고도 한다.
- 수렴·살균·소독작용을 한다.
- 수렴화장수(아스트린젠트), 여드름성 제품 등에 사용된다.
- 건성·예민성 피부에는 자극이 될 수 있다.

▌ 유성원료

분류		종류	특징
오일	식물성 오일	동백 오일, 로즈힙 오일, 아보카도 오일, 올리브 오일, 포도씨 오일 등	• 식물의 잎이나 열매에서 추출한다. • 피부 친화성이 우수하다. • 냄새가 좋은 편이다. • 피부 흡수가 늦고 부패하기 쉬운 단점이 있다. • 보습, 유연효과가 있다.
	동물성 오일	난황유(달걀), 밍크 오일, 스콸렌(상어의 간) 등	• 동물의 피하조직이나 장기에서 추출한다. • 피부 친화성이 좋고 흡수가 빠른 장점이 있다. • 냄새가 좋지 않기 때문에 정제한 것을 사용해야 한다. • 보습, 유연, 보호효과가 있다.
	광물성 오일	미네랄 오일, 바셀린 등	• 석유 등 광물질에서 추출한다. • 무색, 무취, 투명하고 피부 흡수력이 좋다. • 보습, 유연, 피막 형성효과가 있다.
	합성 오일	실리콘 오일	• 화학적 합성 오일로 안정성이 높다. • 사용감이 좋고 촉촉함과 광택성이 우수하다. • 보습, 유연효과가 있다.
왁스	식물성 왁스	카나우바, 칸데릴라	식물에서 추출하며 스틱제품에 광택을 향상시킨다.
	동물성 왁스	라놀린(양모), 밀납(꿀벌)	꿀벌과 양모에서 채취한 원료로 보습력과 수분 흡수력을 가진 유화제이다.

▌ 보습제

① 피부에 보습을 주는 물질로 수분을 흡수하거나 결합하여 피부의 건조를 막아 촉촉하게 한다.
② 종류
  - 폴리올 : 글리세린, 폴리에틸렌글리콜, 프로필렌글리콜, 부틸렌글리콜, 소비톨 등
  - 천연보습인자(NMF) : 아미노산, 소듐PCA, 요소(urea), 젖산염 등
  - 고분자 보습제 : 하이알루론산염, 콘드로이틴 황산염, 가수분해 콜라겐 등
③ 보습제가 갖추어야 할 조건
  - 적절한 보습력이 있을 것
  - 환경 변화에 흡습력이 영향을 받지 않을 것
  - 피부 친화성이 높을 것
  - 응고점이 낮고 휘발성이 없을 것
  - 다른 성분과 잘 섞일 것

▌ 방부제

① 기능 : 화장품의 미생물 성장을 억제하고, 부패방지와 변질을 막고 살균작용을 한다.
② 종류 : 파라벤류(파라옥시안식향산메틸, 파라옥시안식향산프로필), 이미다졸리디닐우레아, 페녹시에 탄올, 이소티아졸리논

▌ 산화방지제

① 기능 : 산소를 흡수하여 산화되는 것을 방지한다.
② 종류 : 토코페롤아세테이트(비타민 E), BHT(부틸하이드록시톨루엔), BHA(부틸하이드록시아니솔)

▌ 색소

① 염료 : 물이나 오일에 잘 녹고, 기초 화장품(화장수, 로션 등)에 색상을 부여하기 위해 사용
② 안료 : 물과 오일에 모두 녹지 않는 색소, 빛 반사, 차단효과 우수

③ 염료와 안료의 특징

분류		특징	
염료	수용성 염료	• 물에 녹는 색소 • 화장수, 로션, 샴푸 등의 착색에 사용	화장품의 색상을 부여하기 위해 사용
	유용성 염료	• 오일에 녹는 색소 • 유성화장품 착색에 사용	
안료	무기 안료	• 체질안료 : 탤크, 카올린, 마이카 • 백색안료 : 산화아연, 이산화타이타늄 • 착색안료 : 산화철류	• 색상은 화려하지 않지만 커버력이 우수함 • 빛, 산, 알칼리에 강함 • 마스카라에 사용
	유기 안료	• 타르 색소(유기합성 색소) • 종류가 많고 화려함 • 대량생산 가능	• 색상이 선명하고 풍부하여 색조 화장품에 사용 • 빛, 산, 알칼리에 약함
	레이크 (lake)	수용성인 염료에 알루미늄(Al), 칼슘(Ca), 마그네슘(Ma), 지르코늄(Zr) 등 금속염을 가해 물과 오일에 녹지 않게 만든 불용성 색소	립스틱, 블러셔, 네일 에나멜 등 색조 화장품에 사용

■ 가용화(solubilization)

① 물에 소량의 오일을 넣으면 계면활성제(가용화제)에 의해 용해된다.
② 미셀입자가 작아 가시광선이 통과되므로 투명하게 보인다.
③ 화장수, 향수, 헤어 토닉, 네일 에나멜 등이 있다.

■ 유화(emulsion)

① 다량의 오일과 물이 계면활성제에 의해 균일하게 섞이는 것이다.
② 미셀입자가 가용화의 미셀입자보다 크기 때문에 가시광선이 통과하지 못하므로 불투명하게 보인다.
③ 에멀션, 영양크림, 수분크림 등이 있다.

종류	특징
O/W형(수중유형)	• 물 베이스에 오일 성분이 분산되어 있는 상태 • 로션, 에센스, 크림
W/O형(유중수형)	• 오일 베이스에 물이 분산되어 있는 상태 • 영양크림, 클렌징크림, 자외선 차단제
O/W/O형, W/O/W형	분산되어 있는 입자가 영양물질과 활성물질의 안정된 상태

■ 분산(dispersion)

① 물 또는 오일 성분에 안료 등 미세한 고체입자가 계면활성제에 의해 균일하게 혼합되는 것으로 이때 계면활성제를 분산제라고 한다.
② 파운데이션, 아이섀도, 마스카라, 아이라이너, 립스틱 등이 있다.

[3] 화장품의 종류와 기능

▌ 화장품의 종류

구분		종류
기초 화장품	세안·청결	클렌징 제품, 딥클렌징(각질제거와 모공청소용) 제품
	피부정돈	화장수, 팩(마스크)
	피부보호·영양공급	로션, 에센스, 크림류, 마사지크림
메이크업 화장품	베이스 메이크업	메이크업 베이스, 파운데이션, 컨실러, 파우더류 등
	포인트 메이크업	아이섀도, 아이라이너, 마스카라, 아이브로, 블러셔(치크), 립스틱 등
보디 화장품	세정효과	보디클렌저, 보디스크럽, 입욕제
	신체 보호·보습효과	보디로션, 보디오일
	체취 억제	데오도란트, 샤워 코롱
	제모제	제모왁스, 제모젤, 탈모제
모발 화장품	세정용	샴푸, 헤어 린스
	트리트먼트	헤어 트리트먼트, 헤어 로션, 헤어 팩
	염모제, 탈색제	염색약, 헤어 블리치
	양모제	헤어 토닉, 모발촉진제, 육모제
네일 화장품	네일 영양, 색채 화장품	네일 강화제, 큐티클 오일, 에센스, 베이스 코트, 탑코트, 네일 폴리시, 네일 리무버 등
방향용 화장품	향수류	퍼퓸, 오드 퍼퓸, 오드 토일렛, 오드 코롱, 샤워 코롱 ※ 부향률(농도)의 순서 : 퍼퓸 > 오드 퍼퓸 > 오드 토일렛 > 오드 코롱 > 샤워 코롱

▌ 에센셜(아로마) 오일

① 식물의 꽃, 잎, 줄기, 뿌리, 열매 등에서 추출한 휘발성 천연오일이다.
② 수증기 증류법으로 추출할 수 있으며 공기 중에 산화되기 때문에 갈색 병에 담아 서늘하고 햇빛이 들어오지 않는 곳에 보관해야 한다.
③ 100% 순수 원액을 희석해서 사용해야 한다.
④ 종류
  • 라벤더 : 소염, 습진, 화상, 상처 치유에 효과적
  • 로즈마리 : 수렴, 진정, 항산화, 기미 예방, 항알레르기, 항염증, 항균작용
  • 티트리 : 항염, 항균작용, 여드름 피부에 효과적
  • 멘톨 : 혈액순환 촉진
  • 캐모마일 : 항균, 항염작용, 진정
  • 레몬 : 항박테리아, 살균, 미백작용, 셀룰라이트 분해·광과민성
  • 유칼립투스 : 청량감을 주어 근육통 완화, 소염, 소취효과

▌ 캐리어 오일

① 식물의 씨를 압착하여 추출한 식물성 오일이다.

② 피부 자극을 완화시켜 에센셜 오일의 흡수율을 높인다.

③ 종류

호호바 오일	• 피부와의 친화성과 침투력이 우수하여 모든 피부에 적합하다. • 인체 피지와 유사하여 침투력과 보습력이 우수하다. • 항균작용이 있어 여드름 피부에 좋다.
아몬드 오일	• 미네랄, 비타민 A, 비타민 E, 단백질이 풍부하여 모든 피부에 적합하다. • 거칠고 건조한 피부, 튼살, 가려움증에 효과적이다.
아보카도 오일	• 비타민 E, 단백질, 지방산, 칼륨 등 영양이 풍부하다. • 흡수력이 우수하여 노화 피부, 건성 피부에 효과적이다.
포도씨 오일	여드름 피부와 지성 피부의 피지를 조절하고 항산화 작용을 한다.
올리브 오일	건성 피부, 민감성 피부, 튼살에 효과적이다.
로즈힙 오일	• 카로티노이드, 리놀레산, 비타민 C를 함유한다. • 세포재생, 색소침착에 효과적이다.

제 4 절 **위생관리 및 고객응대 서비스**

[1] 개인 건강 및 위생관리

▌ 미용사의 위생관리

미용사는 건강관리를 위해 연 1회 이상의 주기적인 건강검진을 받는다.

손 씻기	손은 각종 세균과 바이러스를 퍼뜨리므로 세정제와 물을 이용하여 손을 청결하게 한다.
손 보호	• 약품 사용 시, 반드시 미용 장갑을 착용한다. • 핸드 로션을 손에 충분히 도포하여 거칠어짐을 방지한다.
손 소독	소독제(소독용 비누, 알코올 세제) 사용으로 미생물 수를 감소시키거나 성장을 억제할 수 있다.
구취관리	• 고객과 가까운 거리에서 직무를 수행하므로 구취관리에 각별히 신경 써야 한다. • 평상시 꼼꼼한 양치질을 통해 구취를 예방한다. • 1년에 1~2회 정기적인 스케일링(치석 제거)을 받는다.
체취관리	불쾌한 냄새가 나지 않도록 구강 청결제 및 탈취제 등을 사용하여 구취와 체취를 수시로 점검한다.
복장관리	작업의 능률과 안전을 고려하여 노출이 심한 의상, 굽이 높은 신발, 오염이 심한 의상은 피한다.
손톱관리	미용사의 손톱은 고객 두피에 자극을 주지 않도록 관리하며 반지, 팔찌, 네일 장식 등의 액세서리는 지양한다.

▌ 미용사 손 위생관리의 필요성

① 손등이 트거나 갈라질 수 있다.
② 가려움을 동반한 접촉성 피부염 증상이 나타날 수 있다.
③ 각종 세균과 바이러스에 의한 병원균으로 질병 감염의 위험이 있다.

[2] 미용도구와 기기의 위생관리

▌ 미용업소 도구 관리

미용 도구의 종류는 가위, 빗, 핀셋, 브러시, 파마 롯드(로드), 핀 등이 있다. 고객의 머리카락이나 두피에 직접 닿았던 도구는 세균 감염의 우려가 있으므로 사용 후 도구의 재질에 맞게 소독하여, 소독된 기구와 소독되지 않은 기구를 분리하여 보관한다.

▌ 미용업소 도구 소독방법

소독 대상	소독법
타월, 가운, 의류 등	일광소독, 증기소독, 자비소독
식기류	자비소독, 증기멸균법
가위, 인조가죽류	알코올 소독 후 자외선 소독기에 보관
브러시, 빗 종류	먼지 및 이물질 제거 후 중성세제로 세척하고 자외선 소독기에 보관
나무류	알코올 소독 후 자외선 소독기에 보관
고무 제품	중성세제 세척 후 자외선 소독기에 보관

[3] 미용업소 환경위생 및 안전사고 예방 등

▌ 미용업소 환경위생

① 미용업소의 쾌적한 실내 환경을 위해 공기청정기, 냉·온풍기 등은 정기적으로 점검한다.
② 미용업소의 적정 온도는 15.6~20℃, 적정 습도는 40~70% 정도이다.
③ 환기는 1~2시간에 한 번씩 한다.
④ 수질오염 방지를 위해 남은 화학약제는 휴지로 먼저 깨끗하게 닦아내고 물에 씻는다.
⑤ 고객에게 제공하는 음료용 컵, 직원들이 사용하는 식기류는 깨끗하게 세척하여 소독기에 소독한 후 사용한다.

▌ 미용업소 시설·설비의 안전관리

① 미용업소의 전기안전사고 예방을 위해 전기기기의 플러그 접촉 상태, 전선 피복 상태 등을 점검하고 특히, 콘센트에 여러 개의 전기기기를 동시에 꽂지 않도록 주의한다.

② 감전사고 예방을 위해 물기 있는 손으로 전기기기를 사용하지 않는다.

③ 소방안전을 위해 스프링클러, 소화기, 가스 잠금장치, 인화성 물질 등을 확인하고 비상구 안내표지를 부착하는 등의 방화관리자 의무사항을 준수한다.

④ 미용업소 내의 모든 제품은 입고 당시의 용기 그대로 보관하는 것이 원칙이나, 다른 용기에 보관해야 할 경우 제품명과 구입 시기 등 유의사항을 라벨로 표기해야 하며, 위험물은 반드시 별도로 보관해야 한다.

▌ 미용업소 안전사고 예방 및 응급조치

① 전기사고 예방을 위해 사용 중인 전기기기의 안전 상태를 점검한다.

② 화재사고 예방을 위해 난방기, 가열기 등의 안전 상태를 점검한다.

③ 낙상사고 예방을 위해 바닥의 이물질 등을 수시로 제거한다.

④ 구급약을 비치하여 상황에 따른 응급조치를 한다.

⑤ 긴급 상황 발생 시 비상조치 매뉴얼에 따라 대처하고 연락할 수 있는 비상연락망을 작성한다.

▌ 고객 응대

① 고객 안내 시 사전에 동선을 파악하여 고객에게 불편을 주지 않도록 한다.

② 고객이 미용업소에 대해 긍정적인 인상을 갖도록 친절한 서비스를 제공한다.

③ 예약업무 시 방문일시, 방문목적, 방문인원, 연락처, 담당 미용사 등을 확인하여 기록한다.

④ 고객과의 대면 안내 또는 전화 안내 시 필요한 미용서비스 메뉴와 요금 및 위치 등을 사전에 숙지한다.

⑤ 고객 이동 시 고객보다 한 걸음 앞에서 안내한다.

⑥ 고객 응대를 위해 준비된 음료 및 다과를 안내하고 고객이 선택한 음료와 다과를 신속하게 제공한다.

⑦ 대기 고객을 위한 서적, 잡지, 컴퓨터 등의 상태를 정기적으로 점검한다.

⑧ 고객의 만족도를 위해 메이크업, 매니큐어, 눈썹손질 등의 부가서비스를 제공할 수 있다.

CHAPTER 02 두피·모발관리

제1절 헤어 샴푸

[1] 샴푸의 목적 및 성분

▌샴푸의 목적

① 모발과 두피의 때, 먼지, 비듬, 이물질을 제거하여 청결함과 상쾌함을 유지한다.
② 두피의 혈액순환과 신진대사를 잘되게 하여 모발 성장에 도움을 준다.
③ 다양한 미용시술 시 기초 작업으로 모발 손질을 용이하게 한다.

▌샴푸제 선택 시 고려사항

① 거품이 풍부하여 샴푸 시 모발의 엉킴을 예방하는 샴푸제
② 헤어컬러나 파마 등의 화학 서비스를 시술하는 데 지장이 없는 샴푸제
③ 헹굼이 잘되며 샴푸 후 유연하게 빗질이 잘되는 샴푸제
　※ 사전 브러싱의 목적
　　• 모발의 엉킨 부분을 품
　　• 두피와 모발의 분비물, 먼지 등을 사전에 제거
　　• 두피의 혈액순환을 돕고 피지 분비기능의 활성화 효과
④ 두피와 모발의 피지를 적절하게 제거하는 샴푸제
⑤ 사용 후 비듬, 가려움, 홍반, 염증 등이 나타나지 않는 샴푸제

▌샴푸제의 성분

① 계면활성제
　• 두 물질 사이의 경계면에 계면활성제가 흡착하여 표면 장력을 줄여 침투를 쉽게 하고 잘 퍼지도록 도와주는 물질

종류	특징	제품
양이온성	살균과 소독작용이 우수하고, 정전기 발생을 억제한다.	헤어 린스, 헤어 트리트먼트
음이온성	세정작용과 기포작용이 우수하다.	비누, 샴푸, 클렌징폼
양쪽성	피부 자극이 적고 세정작용이 있다.	저자극 샴푸, 베이비 샴푸 등
비이온성	피부 자극이 가장 적고, 안정성이 높아 화장품에 널리 사용한다.	기초 화장품류, 화장수의 가용화제, 크림의 유화제, 클렌징 크림의 세정제

- 계면활성제의 피부 자극성 : 양이온성 > 음이온성 > 양쪽성 > 비이온성
- 계면활성제의 세정력 : 음이온성 > 양쪽성 > 양이온성 > 비이온성
② 기타 첨가제
- 기포 증진제 : 기포를 증진·활성화시킴
- 점증제 : 점도를 증가시키는 물질
- 금속이온 봉쇄제 : 금속이온이 들어갔을 경우 그 금속이온과 결합하여 다른 성분과 반응을 일으키지 못하도록 만들어주는 성분

[2] 샴푸의 종류 및 방법

▌ 물의 사용 여부에 따른 샴푸제의 종류

웨트 샴푸 → 물 사용 O	플레인 샴푸	• 일반적인 샴푸제 • 모발을 자극하지 않고, 두피를 마사지하듯 손가락 끝을 사용하여 시술
	스페셜 샴푸	• 특수한 샴푸 • 에그 샴푸 : 건조한 모발이나 염색, 파마 등으로 노화되고 손상된 모발에 영양을 주기 위해 사용
	핫 오일 샴푸	• 플레인 샴푸 전에 실시 • 파마나 염색 등의 화학약품으로 건조해진 두피와 모발에 지방을 공급하고 모근을 강화 • 따뜻한 식물성 오일을 두피나 모발에 침투시키는 방법
드라이 샴푸 → 물 사용 X	파우더 드라이 샴푸	백토에 카올린, 붕사, 탄산마그네슘 등을 섞은 분말을 사용하여 지방성 물질을 흡수하는 방법
	리퀴드 드라이 샴푸	• 벤젠이나 알코올 등 휘발성 용제를 사용 • 주로 가발에 많이 사용
	에그 파우더 드라이 샴푸	달걀흰자를 두발에 바른 후 건조시킨 뒤에 브러싱하여 제거하는 방법

▌ 모발 상태에 따른 샴푸제의 분류

정상적인 상태	모발과 두피가 정상적이면 플레인 샴푸를 한다. • 알칼리성 샴푸 : pH 7.5~8.5 정도. 일반적으로 사용하는 합성세제로 세정력이 강함 • 산성 샴푸 : pH 4.5~6 정도. 파마나 염색 후 알칼리성을 중화시킴
비듬이 있는 상태	약용 샴푸제(항비듬성 샴푸, 댄드러프 샴푸)를 사용하며 건성용과 지성용이 있다.
지성인 상태	오일리한 상태이므로 중성세제나 합성세제 타입의 샴푸제를 사용한다.
염색한 모발	염색한 모발은 pH가 낮은 산성 샴푸제나 모발에 자극을 주지 않는 논 스트리핑 샴푸제를 사용한다.

다공성모	• 극손상모로 큐티클층이 전혀 없고, 모발 속의 간충물질 등이 유출되어 비어 있는 상태이므로 케라틴이나 콜라겐 성분으로 만들어진 샴푸제를 사용한다.
	• 프로테인 샴푸
	   – 단백질(케라틴)을 원료로 만든 샴푸로 모발의 탄력과 강도를 높여줌
	   – 누에고치에서 추출한 성분과 난황성분을 함유 → 모발에 영양 공급

■ 프레 샴푸(약식 샴푸)

시술 전에 실시하는 샴푸로 모발에 남아 있는 스타일링 제품 등을 제거하고 고객의 모류를 정확하게 파악하기 위해 가볍게 하는 샴푸 → 중성 샴푸제나 알칼리성 샴푸제 사용

■ 샴푸 방법

① 샴푸 시 사용하는 물의 온도는 38~40℃의 연수가 적당하다.
② 손톱은 짧게 하고 샴푸 시 두피를 긁지 않도록 주의하며 손가락 끝을 사용한다.
③ 퍼머넌트 웨이브나 염색 전에 샴푸할 때는 두피를 자극하지 말아야 한다.
④ 샴푸제는 적당량을 사용하여 두피·모발의 노폐물과 오염물이 충분하게 제거될 수 있도록 한다.
⑤ 모발에 마찰이 심하면 모표피를 손상시키므로 주의하고, 샴푸제가 남아있지 않도록 깨끗이 세척한다.

제 2 절 헤어 트리트먼트

[1] 헤어 트리트먼트제의 종류

■ 트리트먼트의 개념

'치료, 처리, 처치, 치유'라는 의미로 모발에 적당한 수분과 유분, 단백질을 제공하여 모발이 손상되는 것을 방지한다.

■ 모발관리(트리트먼트)의 목적

① 염색이나 파마 등으로 손상된 모발에 트리트먼트제를 도포하고 침투시켜서 수분 및 영양을 공급한다.
② 건조한 모발에 윤기를 주어 정전기와 엉킴을 방지한다.
③ 퍼머넌트 웨이브, 염색 등 화학적 시술 전과 후에 손상을 방지하기 위해 사용한다.

■ 트리트먼트제의 종류

헤어 리컨디셔닝	손상된 모발을 손상 이전 상태로 회복시킴
헤어 클리핑	끝이 손상된 모발을 잘라내는 방법
헤어 팩	손상모나 다공성모에 영양분을 흡수시킴
신징	• 신징왁스나 전기 신징기를 사용해 모발을 적당히 그슬리거나 지짐 • 갈라지고 손상된 모발에 영양분이 빠져나가는 것을 막고 온열자극으로 두피의 혈액순환을 촉진시킴

▌ 트리트먼트 유형과 효과

트리트먼트는 제형의 농도와 주성분의 배합에 따라 린스, 컨디셔너, 트리트먼트로 분류한다.

린스	• 샴푸 후 모발에 남아 있는 금속성 피막과 비누의 불용성 알칼리 성분을 제거시킴 • 샴푸제 사용 후 건조해진 모발에 유분과 수분을 공급 • 두발 표면을 보호함 • pH는 3~5 정도로, 알칼리화된 모발을 약산성화시킴
컨디셔너	• 모발을 건강한 상태로 유지하는 것을 도와줌 • 손상 방법에 대한 처치제로 많은 화학제가 첨가되어 있어 모발에 코팅 막을 형성
트리트먼트	• 모발에 적당한 수분과 유분, 단백질을 제공하여 모발이 손상되는 것을 방지 • 양이온성의 고분자 성분을 띠고 있어 건강하고 윤기 있는 머릿결을 유지 • 손상된 모발의 경우 정상적인 상태로 관리, 치유하는 데 목적

▌ 린스의 종류

플레인 린스	• 38~40℃의 연수 사용 • 파마 시술 시 제1액을 씻어내는 중간 린스로 사용하며 미지근한 물로 헹구어 내는 방법 • 퍼머넌트 직후의 처리로 플레인 린스를 함
유성 린스	• 파마, 염색, 탈색 등으로 건조해진 모발에 유분 공급 • 오일 린스, 크림 린스
산성 린스	• 파마 시술 전에 사용을 피해야 함 • 알칼리 성분을 중화시키며 금속성 피막 제거에 효과적 • 레몬 린스, 비니거 린스, 구연산 린스 등
약용 린스	• 비듬과 두피 질환에 효과적 • 살균 및 소독작용이 있는 물질을 배합해 만든 린스제 사용 • 모발과 두피에 발라 사용하며 두피 마사지는 1분 정도 해야 효과적
컬러 린스	일시적인 착색효과를 주는 린스

[2] 헤어 트리트먼트 방법

▌ 트리트먼트 작업

① 샴푸제 후 트리트먼트제의 성분과 효과를 고려하여 제품을 선택한다.
② 트리트먼트 작업을 한다.
 • 500원짜리 동전 크기 만큼 덜어 낸다.
 • 큐티클 사이사이에 필요한 유·수분과 단백질 등의 성분이 침투하여 모발을 보호할 수 있도록 두발 전체에 섬세하게 도포한다.
③ 경혈점을 지압한다(매니플레이션).
④ 손에 물을 묻혀 얼굴 라인과 귀, 목 부분을 다시 한번 닦아 제품이 남아 있지 않도록 한다. 고객에게 더 헹구고 싶은 부분이 있는지 확인한 후 마무리한다.
⑤ 타월 드라이 후 샴푸대 주변을 깨끗하게 정리한다.

제 3 절 **두피 · 모발관리**

[1] 두피 · 모발의 이해

▌모발의 이해

① 모발이란 사람 몸에 난 털의 총칭이다. 하루 평균 0.2~0.5mm 성장한다.
② 모체의 태내부터 발생한다. 9~12주경이면 모낭이, 12~14주면 모발이 생성된다.
③ 모발은 케라틴 단백질로 구성된다.
④ 자연탈락 모발은 하루에 80~100개 전후이다(100개 이상 탈락 시 탈모 의심).
⑤ 모발의 형성과정
  • 전모아기 : 배아층의 세포가 밀집하게 되는 모낭의 형성 이전
  • 모아기 : 배아세포는 차츰 진피층 세포로 침입해 들어감
  • 모항기 : 기둥이 박혀 있는 형태가 되는 단계
  • 모구성모항기 : 피지선과 모유두가 형성되는 시기
  • 완성 모낭 : 성숙한 모낭이 형성되어 모발을 만들 수 있음

▌모발의 기능

보호 · 보온기능	외부의 물리적 · 화학적 자극으로부터 몸을 보호하고 우리 몸의 체온을 일정하게 유지
감각기능	지각 신경이 분포되어 있어 적은 자극에도 바로 반응
배설기능	수은 · 납 등의 중금속, 노폐물 등을 모발을 통해 배출
장식기능	개인의 아름다움과 개성을 표현하기 위한 방법

▌두피의 기능

보호	자외선으로부터 피부를 보호
흡수	피부 부속기관과 각질층을 통해 제품을 선택적으로 흡수
감각	• 감각세포에 의해 외부의 자극에 대해 반사작용을 일으켜 몸을 방어 • 두피의 감각세포 수 : 통각 > 촉각 > 냉각 > 압각 > 온각
호흡 및 배설	산소를 흡수하고 신진대사 후 방출
비타민 D 생성	자외선을 받아 비타민 D가 생성되어 치아와 뼈 형성에 도움을 줌
체온 조절	36.5℃를 유지하려는 항상성

[2] 두피 · 모발의 관리

▌ 두피 · 모발 분석

① 문진 : 직접 물어보면서 진단한다.
② 촉진 : 직접 손으로 만져보면서 진단한다.
③ 시진 : 육안으로 보면서 진단한다.
④ 검진 : 과학적으로 진단한다.

▌ 두피 · 모발관리 방법

① 고객 상담 → ② 모발 · 두피 진단 → ③ 관리방법 선택 → ④ 릴랙싱 마사지 → ⑤ 브러싱 → ⑥ 스케일링 → ⑦ 헤어 스티머 → ⑧ 샴푸(두피 · 모발 세정) → ⑨ 영양 공급 → ⑩ 열처리 → ⑪ 마무리 → ⑫ 홈케어 조언

▌ 두피관리의 목적

① 두피의 혈액순환 촉진 및 두피의 생리기능을 높여 준다.
② 비듬을 제거하고 가려움증을 완화시킨다.
③ 두피를 청결하게 하고 모근에 자극을 주어 탈모를 방지한다.
④ 모발의 발육을 촉진한다.
⑤ 두피에 유분 및 수분을 공급한다.

▌ 두피관리 방법

① **물리적 방법** : 브러시, 빗, 스캘프 매니플레이션, 스팀타월, 헤어 스티머(습열), 적외선, 자외선(온열)
② **화학적 방법** : 스캘프 트리트먼트제(두피관리 제품), 양모제, 헤어 로션, 헤어 토닉 등

▌ 스캘프 매니플레이션

① 혈점을 자극하여 혈액순환 촉진, 스트레스 해소

경찰법	압력을 주지 않으면서 원을 그리듯 가볍게 쓰다듬는 기법
강찰법	손가락과 손바닥에 압력을 가하여 문지르는 기법
유연법	손으로 근육을 쥐었다가 다시 가볍게 주무르는 기법
진동법	손을 밀착하여 진동을 주는 기법
고타법	손을 이용하여 두드리는 기법

② 스캘프 트리트먼트의 종류

플레인 스캘프 트리트먼트	정상 두피에 사용(유 · 수분 적당)
드라이 스캘프 트리트먼트	건성 두피에 사용(두피 건조)
오일리 스캘프 트리트먼트	지성 두피에 사용(피지 분비 과잉)
댄드러프 스캘프 트리트먼트	비듬성 두피에 사용(비듬이 많음)

③ 두피의 질환

탈모	• 남성형 탈모 : 남성호르몬인 안드로겐의 과잉 분비가 원인 • 여성형 탈모 : 여성호르몬인 에스트로겐의 수치가 감소하여 호르몬의 균형이 무너지면서 발생 • 내부적 원인 : 유전, 호르몬, 스트레스, 영양장애, 노화, 질병, 흡연, 음주 등 • 외부적 원인 : 물리적·화학적 자극, 계절적 요인, 샴푸 미숙, 잘못된 시술, 환경오염 등
원형 탈모	동전 크기로 탈모가 진행되는 상태로 스트레스, 면역력 저하 등이 원인
산후 탈모	출산 후 2~5개월부터 시작되는 휴지성 탈모
지루성 피부염	피지가 많은 부위에 주로 발생하는 피부질환
두부백선	곰팡이가 자라면서 염증을 일으키는 질환
비듬성 질환	각질세포가 과다 증식하여 비듬이 생기는 것으로 스트레스, 세균감염 등이 원인

■ 두피·모발관리 후 홈케어

두피	건성	• 푸석하고 건조한 두피 • 오일 샴푸, 광택용 샴푸, 유연작용 샴푸, 건조 방지용 샴푸를 사용 • 크림, 로션, 오일 타입 트리트먼트를 사용
	지성	• 피지 분비가 과잉되어 번들거리고 모공 내 염증을 일으킬 수 있음 • 식물성 샴푸(음이온 계면활성제)를 사용하여 세정력을 높이고 피지 분비를 조절하여 세균 번식을 억제
	민감성	• 피부가 얇고 두피 표면이 붉은색 • 베이비 샴푸, 오일 샴푸(양쪽 이온성 계면활성제)를 사용하여 자극을 최소화
	비듬성	• 각질세포가 과다 증식하여 비듬이 생기는 것 • 살균제인 징크피리티온이 함유되어 있는 항비듬성 샴푸를 사용(주 1~2회) • 약용 린스를 사용하여 두피와 모발에 살균 소독
모발	건강모	현재 상태를 유지하기 위해 제품을 사용
	손상모	손상된 모발에 유·수분을 주고 단백질을 채워 주기 위해 트리트먼트를 사용

CHAPTER

03 헤어스타일 연출

제 1 절 **헤어커트**

[1] 헤어커트 기초 이론

▌ 헤어커트의 정의

헤어 셰이핑(hair shaping)이라고도 하며 모발의 길이 조절, 모발의 숱 정돈, 모발에 볼륨, 방향, 형태를 부여한다.

▌ 헤어커트 도구

가위	• 모발을 커트하고 형태를 만들기 위해 사용 • 양날의 견고함이 동일하고 날 끝으로 갈수록 내곡선인 것이 좋음 • 착강 가위 : 손잡이에 사용된 강철은 연강이고, 안쪽에 부착된 날은 특수강 • 전강 가위 : 가위 전체가 특수강
틴닝 가위	• 한쪽 가위날이 톱니(빗 모양)처럼 생긴 가위 • 모발의 길이에는 변화를 주지 않고 숱을 감소(질감 처리)시키는 데 사용하는 가위
레이저	• 면도날을 말하며 모발의 끝을 가볍게 만드는 기능 • 효율적으로 빠른 시간 내에 세밀한 시술이 가능 • 숙련자가 사용하여야 하며, 반드시 젖은 모발에 시술해야 함 • 오디너리(일상용) 레이저 : 숙련자 사용 시 적합(섬세한 작업 가능) • 셰이핑 레이저 : 초보자 사용 시 적합
클리퍼	바리캉, 트리머라고도 하며 남성 커트나 쇼트 커트에 용이
클립	모발을 구분하고 나누는 데 사용

▌ 헤어커트의 종류 및 특징

웨트 커트	모발에 물을 뿌려 젖은 상태로 커트하는 방법
드라이 커트	건조한 상태의 모발에 커트하는 방법
프레 커트	퍼머넌트 웨이브 시술 전에 원하는 스타일에 가깝게 하는 커트
애프터 커트	퍼머넌트 웨이브 시술 후에 하는 커트

[2] 헤어커트의 기법

▌ 블런트 커트(blunt cut)

특별한 기교 없이 직선으로 하는 커트이며 클럽 커트이다(모발손상 적음).

원랭스 커트	• 모발에 층을 내지 않고 일직선상으로 커트하는 기법 • 스파니엘 커트, 이사도라 커트, 패러렐 커트(일자 커트), 머시룸 커트(버섯 모양)
그러데이션 (그래쥬에이션) 커트	• 네이프에서 톱 부분으로 올라갈수록 모발의 길이가 길어지는 작은 단차의 커트 • 두발 길이에 단차를 주어 스타일을 입체적으로 만든 커트 • 그러데이션은 각도에 따라 로(low), 미디엄(medium), 하이(high)로 나뉨 • 그러데이션 커트의 기본 각도는 45°임
레이어 커트	• 네이프에서 톱 부분으로 올라갈수록 모발의 길이가 점점 짧아지는 커트 • 두피에서 90° 이상으로 커트
스퀘어 커트	커트 라인을 사각형으로 하는 기법으로 모발의 길이가 자연스럽게 연결되도록 할 때 이용

▌ 스트로크 커트

가위를 이용한 테이퍼링을 스트로크 커트라고 하며, 모발을 감소시키고 볼륨을 줄 수 있다.

쇼트 스트로크 커트	• 모발에 대한 가위의 각도는 0~10° 정도 • 쳐내는 모발량이 적음
미디엄 스트로크 커트	모발에 대한 가위의 각도는 10~45° 정도
롱 스트로크 커트	• 모발에 대한 가위의 각도는 45~90° 정도 • 쳐내는 모발량이 많아서 가볍고 자유로운 느낌을 줌

▌ 테이퍼링

레이저를 이용하여 가늘게 커트하는 기법으로, 모발 끝을 붓 끝처럼 점차 가늘게 긁어내는 커트방법이다.

엔드 테이퍼링	모발 끝부분에서 1/3 정도 테이퍼링하고 모발의 양이 적을 때 사용
노멀 테이퍼링	모발 끝부분에서 1/2 정도 테이퍼링하고 모발의 양이 보통일 때 사용
딥 테이퍼링	모발 끝부분에서 2/3 정도 테이퍼링하고 모발의 양이 많을 때 사용

▌ 기타 커트기법

틴닝	틴닝 가위를 이용해 모발의 길이는 짧게 하지 않으면서 숱을 감소시키는 기법
슬리더링	• 전체적인 모발의 길이는 유지하면서 모발의 숱만 감소시키는 기법 • 일반 가위를 사용하여 가위를 개폐하면서 모발의 표면을 미끄러지듯 시술
트리밍	커트 후 형태가 이루어진 모발을 정돈하기 위해 최종적으로 가볍게 다듬는 방법
싱글링	모발에 빗을 대고 위로 이동하면서 가위나 클리퍼로 네이프 부분은 짧게 하는 쇼트 헤어커트 기법
클리핑	클리퍼나 가위로 삐져나온 모발을 제거하는 기법
포인팅	• 모발의 잘린 면이 뭉툭하지 않도록 불규칙하게 질감 처리하는 기법 • 모발 끝을 가위로 비스듬히 45° 정도로 넣어서 불규칙하게 자르는 기법(나칭보다 가볍고 불규칙)
나칭	• 모발 끝이 뭉툭하지 않도록 시술 • 모발의 끝을 지그재그로 45°로 비스듬히 커트하는 기법

[3] 기초 헤어커트

▌ 원랭스 헤어커트(one length haircut)

① 일직선의 동일 선상에서 같은 길이가 되도록 커트하며, 자연 시술 각도 0°를 적용한다.
② 네이프의 길이가 짧고 톱으로 갈수록 길어지면서 모발에 층 없이 동일 선상으로 자르는 커트 스타일이다.
③ 면을 강조하는 스타일로 무게감이 최대에 이르고 질감이 매끄럽다.
④ 커트 라인에 따라 패럴렐 보브(평행 보브), 스파니엘, 이사도라, 머시룸 커트 등으로 구분된다.
⑤ 커트방법
  • 모발의 수분 함량을 조절한다.
  • 4등분 블로킹을 한 후 네이프에서 약 2cm 폭으로 슬라이스 라인으로 섹션을 나눈다.
    ※ 패럴렐 – 일자라인, 스파니엘 – A라인, 이사도라 – 둥근 V라인
  • 중앙에서 가로 커트로 가이드라인을 설정하고 자연 시술 각도 0°로 커트한다.
  • 커트 완성 후 빗질로 마무리한다.
⑥ 원랭스 커트의 분류

종류	특징	
패럴렐 보브 (평행 보브)	• 평행 보브(parallel bob), 스트레이트 보브(straight bob), 수평 보브(horizontal bob)라고도 함 • 네이프 포인트에서 0°로 떨어져 시작된 커트 선이 바닥면과 평행인 스타일 • 평행라인	
스파니엘	• 앞내림형 커트 • 네이프 포인트에서 0°로 떨어져 시작된 커트 선이 앞쪽으로 진행될수록 길어져서 전체적인 커트 형태 선이 A라인 • 콘케이브 모양	
이사도라	• 뒤내림형 커트 • 네이프 포인트에서 0°로 떨어져 시작된 커트 선이 앞쪽으로 진행될수록 짧아져 전체적인 커트 형태 선이 둥근 V라인 또는 U라인 • 콘벡스 모양	
머시룸	• 양송이버섯형 커트 • 네이프 포인트에서 0°로 떨어져 시작된 커트 선이 앞쪽으로 진행될수록 짧아지며 얼굴 정면의 짧은 머리끝과 후두부의 머리끝이 연결되어 전체적인 커트 형태 선이 양송이버섯 모양[V(U)라인]	

▌ 그래쥬에이션 헤어커트(graduation haircut)

① 그러데이션(gradation) 커트라고도 하며, gradation은 단계적 변화, 점진적인 단차(층)를 뜻한다.
② 두상에서 아래가 짧고 위로 올라갈수록 모발이 길어지며 층이 나는 스타일이다.
③ 시술 각도에 따라 모발 길이가 조절되면서 형태가 만들어진다.
　※ 그래쥬에이션 커트에서 사선 섹션으로 45° 각도가 대중적으로 사용
④ 모발 길이, 슬라이스 라인, 베이스, 시술 각도를 변화시켜 다양한 형태의 응용 커트 스타일을 디자인해서 만들어 낼 수 있다.
⑤ 두께에 의한 부피감과 입체감에 의해 풍성하게 보이며 매끄러운 질감도 함께 나타난다.
⑥ 그래쥬에이션 커트방법
• 모발의 수분 함량을 조절한다.
• 4~5등분 블로킹(실기시험에서는 5등분 블로킹)을 한다.
• 네이프에서 약 2cm 폭으로 디자인에 따라 슬라이스 라인과 섹션을 나누고 커트하여 가이드라인을 설정한다.
• 디자인에 맞춰 시술 각도와 섹션을 나눠 커트한다(가로, 사선, 세로 섹션 등이 사용됨).
• 커트 완성 후 빗질로 마무리한다. 수정이 필요할 경우 수정 커트로 스타일을 보완한다.
⑦ 그래쥬에이션 시술 각도에 따른 분류

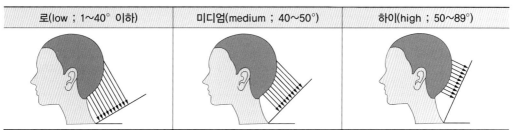

| 로(low ; 1~40° 이하) | 미디엄(medium ; 40~50°) | 하이(high ; 50~89°) |

▌ 레이어 헤어커트

① 레이어 헤어커트는 90° 이상의 높은 시술 각도가 적용되는 커트 스타일로, 시술각으로 층이 조절된다.
② 시술각이 높을수록 단층이 많이 생겨 두상의 톱 부분 모발에서 네이프로 갈수록 길어져 모발이 겹치는 부분이 없어지는 무게감이 없는 커트 스타일이 된다.
③ 두상이 튀어나온 부분이나 얼굴형이 통통한 경우를 보완하며 날렵하고 날씬하게 만들고 싶을 때와 비교적 경쾌하고 발랄한 이미지를 나타내고자 할 때 많이 이용된다.
④ 레이어 헤어커트는 모발 길이, 슬라이스 라인, 베이스, 시술 각도를 변화시켜 다양한 형태의 커트 스타일을 디자인해서 만들어 낼 수 있다.

⑤ 레이어 커트방법 및 종류

세임(유니폼) 레이어	스퀘어 레이어	인크리스 레이어
• 모발 전체 길이를 모두 같게 커트하는 스타일 • 헤어커트를 할 때 두상 시술각 90°와 온 더 베이스가 적용 • 모발 길이와 관계없이 전반적으로 응용 범위가 넓음	• 커트 단면이 박스(box)형으로 외각의 커트 선이 네모난 모양이 됨 • 모발의 톱, 사이드, 백 방향으로 커트를 진행할 수 있으며 각도는 자연 시술각이 적용됨 • 짧은 모발의 남성 헤어커트에 활용할 경우 톱에는 층, 크라운 영역에는 볼륨감이 생김	• 하이 레이어(high layer) 또는 아웃 레이어(out layer)라고도 함 • 모발의 길이가 두상의 아래에서 길고 위로 갈수록 짧아져 급격한 층이 나도록 하는 헤어커트 스타일 • 헤어커트 중에서 가장 층이 많고 단차가 높으며, 비교적 가볍고 움직임이 큼

▌ 쇼트 헤어커트

싱글링	• 네이프와 사이드 부분의 모발을 짧게 커트하는 방법 • 커트를 할 때 손으로 모발을 잡지 않고 가위와 빗을 이용해 아래 모발을 짧게 자르고 위쪽으로 올라갈수록 길어지게 커트함(장가위 사용) • 빗으로 커트할 모발의 방향성을 잡아 주고, 빗으로 들어 올린 모발을 가위의 정인은 빗 위에 고정하고 동인만 개폐시켜 커트하는 기법 • 시저 오버 콤(scissor over comb)이라고도 함
클리퍼	• 클리퍼를 사용해 부분적 영역 혹은 모발 전체를 두피 가까이 짧게 셰이빙(shaving)하는 방법 • 모발의 짧고 정돈된 스타일을 위해 부분적 영역에서 주로 사용 • 바리캉(barican)이라고도 함

[4] 헤어커트 마무리

▌기초 헤어커트의 수정 · 보완(원랭스, 그래쥬에이션, 레이어 공통)

① 고객의 얼굴과 목 등에 남아 있는 머리카락을 제거한다.
② 필요한 경우 수정 및 보정 커트를 한다.
　　→ 아웃라인(헤어라인) 정리 및 질감 처리를 한다.
③ 드라이어를 사용하여 모발을 건조시킨다.
④ 볼륨이 필요한 곳은 패널을 약 90° 이상 들어 올려 블로 드라이한다.
　　→ 커트 디자인에 따라 고객이 원하는 스타일을 반영하여 드라이한다.
⑤ 시술이 끝난 후 주변 정리 및 마무리를 한다.

▌쇼트 커트의 수정 · 보완

① 고객의 얼굴과 목 등에 묻은 잔여 머리카락을 깨끗이 제거한다. 페이스 브러시나 스펀지를 이용해 헤어커트 시술 중이나 끝난 후에 고객이 불편을 느끼지 않도록 얼굴 또는 목 주변에 잔여 머리카락을 제거해 준다.
② 고객의 만족도를 파악하여 필요한 경우 보정 커트와 드라이 커트를 수행한다.
③ 헤어 제품을 활용하여 스타일을 연출한다.
④ 헤어 도구를 활용하여 스타일을 연출한다.
⑤ 고객의 만족도를 확인하며 쇼트 헤어커트 작업을 마무리한다.

제 2 절 **헤어펌**

[1] 베이직 헤어펌

▌ 베이직 헤어펌 도구 및 재료

헤어펌제	• 헤어펌 1제의 환원제와 2제의 산화제(중화제)로 구분 • 헤어펌 1제의 주성분은 티오글리콜산 및 시스테인으로, 모발의 시스틴 결합을 끊고 모발의 와인딩을 따라 새로운 형태를 만듦 • 헤어펌 2제(중화제)는 브롬산나트륨 또는 과산화수소를 주성분으로 하는 산화제이며 1제의 환원작용으로 끊어진 시스틴 결합의 변형된 형태를 다시 재결합시켜 고정시킴
롯드(로드)	• 롯드의 크기와 모양은 펌 웨이브의 형태와 굵기를 결정 • 계획된 펌 웨이브 형성을 위해서는 고객의 모발 길이, 모량, 굵기, 모질을 고려하여 롯드를 선택
엔드 페이퍼	• 모발을 롯드에 와인딩할 때 모발 끝을 감싸 모발이 빠지지 않도록 잡아주는 역할과 모발 끝을 보호할 목적으로 사용 • 모발 끝에 헤어펌 1제가 과하게 흡수되는 것과 열에 의해 발생할 수 있는 모발 손상을 방지
꼬리 빗	• 모발의 섹션을 나누거나 블로킹에 사용 • 와인딩 과정에서 모발의 끝이 꺾이지 않고 롯드에 회전시키는 용도로 사용
고무밴드	와인딩이 끝난 롯드가 풀어지지 않게 고정시킴
펌 스틱	• 고무밴드와 롯드 사이에 꽂아 밴드의 압박을 줄임 • 와인딩된 롯드의 간격을 조절
미용 장갑	다양한 화학제품으로부터 미용인의 손을 보호
비닐캡	• 헤어펌 1제와 산소의 접촉에 따른 약제 증발과 건조 방지 • 두피 또는 외부로부터 전달된 열기를 비닐캡 안쪽에 모아두는 보온효과
중화받침대	산화제를 모발에 도포할 때 약제가 고객의 어깨나 가운 위로 떨어지는 것을 방지

▌ 헤어펌의 종류

콜드펌	• 열을 사용하지 않고 웨이브를 형성하는 방법 → 시스틴 결합 이용, 1936년 영국의 J.B. 스피크먼이 개발 • 상온에서 염기성 파마액을 모발에 발라 스며들게 하고, 원하는 모양으로 감아서 일정한 시간이 지난 후에 산화제로 웨이브를 고정하는 방법
열펌	• 열기구를 이용해 모발에 열을 가하여 웨이브를 형성하는 방법 • 디지털 기기를 사용한 디지털펌과 세팅펌의 롯드를 이용하여 모발에 웨이브를 형성하거나 아이론기를 이용하여 모발을 스트레이트 또는 C컬의 형태로 만드는 방법 • 모근(뿌리) 볼륨과 모발의 웨이브 형성을 위해서는 디지털펌을 진행하고, 긴 모발의 웨이브 형성에는 세팅펌이 효과적임
히트펌	• 콜드펌 전에 주로 사용 • 모발에 열과 알칼리 수용액을 사용해 웨이브 형성하는 방법(현재 거의 사용하지 않음)

▌ 헤어펌제의 구성

① 1제(환원제, 프로세싱 솔루션)

티오글리콜산	• 환원력이 강해 건강모(버진헤어, 경모) 등에 사용, 강한 웨이브 • 휘발성이 강해 냄새가 심하나, 모발 잔류가 적음 • 적정 pH 9.0~9.6, 적정 농도 2~7%
시스테인	• 모발을 구성하는 아미노산 일종인 시스테인이 들어가 있음 • 비휘발성으로 냄새는 적지만 모발에 잔류함 • 모발 손상은 적지만 환원력이 약함 • 자연스러운 웨이브 시술 • 손상모, 염색모에 사용

② 2제(산화제)

브롬산나트륨	• 작용시간이 10~15분으로 천천히 반응함 • 중화 속도가 느려 두 번 도포함 • 적정 농도 3~5%, 시스테인 펌에 주로 사용 • 손상이 적고, 탈색이나 변색작용이 낮음
과산화수소	• 손상도가 높고 탈색이나 변색이 잘 되는 편 • 작용시간이 5~10분으로 빠른 편

▌ 헤어펌의 원리

① 1제 환원작용

• 헤어펌 1제의 주성분은 티오글리콜산 및 시스테인으로, 모발의 시스틴 결합(s−s결합)을 끊고 구조를 변화시켜 모발의 와인딩을 따라 새로운 형태를 만든다(웨이브 형성).

> 시스틴 결합 | −S−S− | 사이에 수소(H)가 들어가 | −SH HS− | 형태로 환원
> → 시스틴 결합 절단

• 알칼리제로 암모니아, 모노에타올아민 성분을 사용한다.
• 알칼리제가 모발을 팽윤, 연화시켜서 모표피를 열리게 하고 모피질 안에 침투하여 환원작용을 한다. 프로세싱 솔루션이라고도 한다.
• 자연모발 또는 경모인 경우에는 와인딩 전 환원제를 도포하여 모발을 연화시키는 과정을 거친다.
• 와인딩 후 환원제를 도포하는 것은 환원제의 작용시간을 균일하게 적용시켜 모발 손상을 최소화할 수 있기 때문이다.

② 2제 산화작용

• 헤어펌 2제는 브롬산나트륨 또는 과산화수소를 주성분으로 하는 산화제이며, 1제의 환원작용으로 끊어진 시스틴 결합의 변형된 형태를 다시 재결합시켜 형성된 웨이브를 고정한다.

> 산화제의 성분인 산소(O)가 작용하여 | −SH HS− | 의 수소(H)와 결합하여 새로운 모양의 시스틴 결합 | −S−S− | 으로 재결합
> → 시스틴 결합 재결합

• 산화제는 중화제라고도 하며, 방치시간은 약제의 주성분 및 모발의 상태에 따라 다르게 적용된다. 평균 10~15분을 넘지 않도록 하여 5~7분 간격으로 2회 나누어 재도포하는 것이 효과적이다.

헤어펌 과정

① 상담 및 두피와 모발 상태를 진단	두피 유형과 상태 그리고 모질과 모발 손상 정도를 확인한 후 시술 여부를 판단
② 전처리	• 사전샴푸(프레 샴푸) : 모발 오염이나 잔류하는 스타일링 제품을 제거할 목적으로 가볍게 실시 • 사전커트(프레 커트) : 모발 길이와 디자인의 변화 또는 와인딩의 편리성
③ 약액과 롯드 준비	고객이 원하는 헤어펌 웨이브를 완성하기 위해서는 고객의 모발 길이를 고려한 와인딩 롯드를 선택해야 함
④ 블로킹	• 헤어펌 디자인에 따라 와인딩을 편리하게 진행할 목적으로 두상을 크게 나누는 것 • 블로킹 크기는 롯드의 크기, 모발의 밀집도, 모발의 질 등에 따라 결정
⑤ 섹션 나누기	• 가로 섹션 : 볼륨이 크고 탄력 있는 웨이브 형성, 짧은 모발, 두상이 납작하고 숱이 적은 모발에 적당 • 세로 섹션 : 자연스러운 웨이브 형성, 숱이 많고 긴 모발에 적당 • 사선 섹션 : 불규칙하고 자연스러운 웨이브 형성

⑥ 와인딩	크로키놀식	• 모발 끝에서 모근 쪽을 향해 와인딩하는 방법 • 두발 끝에는 컬이 작고 두피 쪽으로 가면서 컬이 커지는 와인딩 • 롯드의 회전수대로 겹쳐진 모발의 두께만큼 웨이브의 형태가 커짐 • 1925년 독일의 조셉 메이어에 의해 창안됨
	스파이럴식	• '소용돌이, 나선'이란 뜻으로 세로 섹션, 사선 섹션으로 와인딩 • 모근에서 모발 끝 쪽을 향해 와인딩하는 방법 • 모발 끝부터 모근까지 균일한 웨이브를 만드는 것이 특징 • 1905년 영국의 찰스 네슬러에 의해 창안됨
	※ 워터래핑 : 물에 젖은 모발에 와인딩한 후 1제를 도포하는 방법(흡수성 강한 모발이나 손상모에 사용)	

	• 모발 부분에 따른 롯드의 크기
	  – 소형 롯드 : 네이프 부분
	  – 중형 롯드 : 크라운 뒷부분에서 양 사이드
	  – 대형 롯드 : 톱 부분에서 크라운 부분의 앞
	• 모발 굵기에 따른 롯드 사용
	  – 굵고 숱이 많은 두발(경모) : 롯드의 직경이 작은 것 사용, 섹션의 폭은 좁게
	  – 가늘고 숱이 적은 두발 : 롯드의 직경이 큰 것 사용, 섹션의 폭은 넓게	

⑦ 프로세싱 타임 (1액 환원작용)	• 1제의 주성분 및 모발 손상도에 따른 약액 작용시간(방치시간)에 의해 달라짐 • 콜드펌의 일반적 프로세싱 타임은 10~15분임	
	오버 프로세싱	• 적정 프로세싱 타임보다 1액의 방치시간이 길어진 경우 • 모발이 손상됨
	언더 프로세싱	• 적정 프로세싱 타임보다 1액이 방치시간이 짧아진 경우 • 웨이브가 나오지 않음

⑧ 테스트 컬	• 모발의 웨이브 형성을 확인하는 방법(1제의 작용 정도를 판단) • 후두부 쪽의 반 정도 푼 롯드를 잡고 가볍게 두피 쪽으로 밀어 형성된 웨이브와 컬을 확인
⑨ 중간 세척 또는 산성 린스	• 모발에 남아 있는 1제의 환원 역할을 멈추기 위한 목적으로 진행 중간에 세척 • 샴푸대에서 미온수로 씻어낸 후 물기를 제거

⑩ 2제 도포 후 방치	• 2제는 사용되는 성분에 따라 차이가 있음 • 브롬산나트륨은 약 10~15분, 과산화수소는 5~10분 내외로 방치함
⑪ 롯드 아웃 후 세척	• 네이프 부분부터 롯드 오프(rod off, 롯드 제거)하며 위로 진행 • 헤어펌 약제를 씻어내고 산성 린스 또는 컨디셔너로 마무리 세척

모발의 상태

다공성모	• 모발의 간충물질이 유출되어 내부가 공동화되고 모발 안에 구멍이 많아 모발이 건조해지고 손상된 상태 • 손상도가 심한 부분에 간충물질을 대신할 수 있는 PPT 용액 도포 • 프로세싱 타임을 짧게 하고 시스테인 용액을 사용
발수성모(저항성모)	모표피가 밀착되어 파마약(솔루션)의 흡수가 잘되지 않아 프로세싱 타임을 길게 하거나 사전처리함

※ 사전처리
  • 손상모, 다공성모에 화학시술 전 미리 트리트먼트를 사용해서 모발 손상을 줄여주는 것
  • 펌제의 흡수가 어려운 발수성(저항성) 모발에 특수 활성제를 사용하여 연화를 촉진시켜 주는 것

롯드의 굵기에 따른 웨이브

내로 웨이브 (narrow wave)	• 롯드의 직경이 가는(작은) 것으로 와인딩 • 웨이브가 강하게 형성되고, 웨이브의 폭이 좁고 커브가 급함
와이드 웨이브 (wide wave)	• 롯드의 직경이 큰(굵은) 것으로 와인딩 • 웨이브의 폭이 넓고 뚜렷하게 보임(내로와 섀도의 중간)
섀도 웨이브 (shadow wave)	웨이브가 뚜렷하지 않고 느슨하게 형성됨

헤어펌 마무리 방법

① 타월 드라이
  • 마무리 샴푸를 한 후에는 충분한 타월 드라이로 모발을 건조시킨다.
  • 타월 드라이 후에 드라이어의 열풍과 냉풍을 번갈아 사용해 가며 헤어펌 디자인에 따른 방향감과 볼륨 등을 고려하여 모발을 건조시킨다.
② 퍼머넌트 웨이브 형성이 안 되는 경우
  • 저항성모나 발수성모일 경우
  • 극손상모이거나 탄력이 없는 경우
  • 경수로 샴푸했을 경우
  • 금속성 염모제를 사용했을 경우
  • 산화된 제1액을 사용했을 경우
  • 오버 프로세싱으로 모발이 손상된 경우

③ 모발 끝이 자지러지는 경우
- 오버 프로세싱했을 경우
- 모발에 맞지 않은 가는 롯드를 사용한 경우
- 강한 약제를 사용한 경우
- 모발 끝을 심하게 테이퍼링했을 경우

[2] 매직 스트레이트 헤어펌

▌ 매직 스트레이트 헤어펌 과정

① 사전처리	• 모발에 이물질을 제거하고 헤어펌 1제의 침투를 높일 수 있도록 사전 샴푸를 진행한다. • 모발의 손상 정도에 따라 손상된 부위에 트리트먼트 제품을 도포한다.

② 1제 도포
(연화과정)
	• 건강 모발 연화
	  – 블록을 크게 나누고 후두부(네이프)부터 섹션을 나누어 두피에 닿지 않게 0.5~1cm 정도 떨어진 위치에 헤어펌 1제를 도포
	  – 섹션 전체에 원 터치 방법으로 헤어펌 1제를 도포
	  – 비닐캡을 씌우거나 랩으로 감싼 후 모발 상태에 따라 가온기기를 사용해 열처리 진행(5~15분)
	• 손상(염색) 모발 연화
	  – 새로 나온 모발 부분에 먼저 1제를 도포 후 모발 상태에 따라 열처리 진행(1~10분)
	  – 손상 부분의 모발에 1제를 도포 후 자연 처치하며 모발의 연화 상태를 점검

③ 모발 연화 상태 확인 및 세척	• 가볍게 당겼을 때 늘어나는지 확인(0.5~1cm) • 모발의 연화 상태를 점검한 후 미온수를 이용해 모발의 약제를 깨끗하게 세척
④ 프레스 작업	• 매직기(아이론)의 온도 : 발수성모(저항성모) 180~200℃, 건강 모발 160~180℃, 손상 모발 120~140℃ • 두상을 크게 블로킹(4~5등분)하고 네이프 → 톱(후두부) → 사이드(측두부) 순서로 진행 • 섹션 두께는 1~1.5cm, 폭은 5~7cm 정도로 함 • 섹션은 두상의 위치에 맞는 각도로 시술하여 패널을 잡을 때 생길 수 있는 열판에 의한 눌림(찍힘) 자국이 생기지 않도록 함
⑤ 2제 도포 및 세척	• 매직 스트레이트펌 전용 2제(산화제)를 네이프 부분부터 섹션을 나눠가며 도포하여 중화 • 미온수로 세척(산성 린스 또는 트리트먼트를 사용)

▌ 매직 스트레이트 헤어펌 마무리

① 모발을 타월 드라이한 후 드라이어를 이용하어 모발을 건조시킨다.
  → 모발 수분의 90% 정도는 온풍으로, 나머지는 냉풍으로 마무리 건조
② 모발은 수분기가 없도록 건조시킨 후 매직기를 사용하여 모양을 잡아준다.
③ 에센스 등의 스타일링 제품을 손바닥에 덜어 수분이 없는 모발에 도포한다.
④ 스타일링 제품을 소량씩 여러 번 나누어 필요한 부위에 도포하며 헤어스타일을 마무리한다.

제 3 절 기초 드라이

[1] 헤어세팅 기초 이론

▌ 헤어세팅

오리지널 세트	• 기초가 되는 세트 • 헤어 파팅, 셰이핑, 롤링, 웨이빙 등
리세트	• 오리지널 세트된 형태에서 다시 손질하여 원하는 형태로 다시 세트하는 것 • 브러싱, 콤 아웃, 백 코밍 등

▌ 헤어 파팅(hair parting)

'모발을 나누다'라는 의미로 모발의 흐름, 머리의 형태, 헤어스타일, 얼굴형 및 자연적인 가르마에 따라서 다양한 종류가 있다.

센터 파트	전두부의 헤어라인 중심에서 직선 방향으로 나눈 가르마(가운데 가르마)
사이드 파트	전두부와 측두부를 나누는 경계선으로 앞 헤어라인 지점부터 뒤쪽으로 수평하게 직선으로 나눈 가르마(옆 가르마)
라운드 사이드 파트	사이드 파트를 곡선으로 둥글게 나눈 가르마
업 다이애거널(사선) 파트	사이드 파트의 분할선을 뒤쪽에서 위로 경사진 가르마
다운 다이애거널(사선) 파트	사이드 파트의 분할선을 뒤쪽에서 아래로 나눈 가르마
크라운 투 이어 파트	• 사이드 파트의 뒷부분으로부터 귀 윗부분을 향해 수직으로 나눈 가르마 • 이어 포인트(E.P)에서 골든 포인트(G.P) 연결
이어 투 이어 파트	• 이어 포인트에서 톱 포인트를 지나 반대편 이어 포인트로 나눈 가르마 • 이어 포인트(E.P)에서 톱 포인트(T.P) 연결
센터 백 파트	후두부를 정중선으로 나눈 가르마
스퀘어 파트	이마의 양쪽 끝부분과 두정부에서(T.P 부분) 헤어라인에 수평으로 나눈 가르마(직사각형)
V 파트	두정부 중심에서 V 모양으로 연결한 가르마(머릿결이 갈라지는 것을 방지)
카울릭 파트	두정부의 가마로부터 방사선 형태로 나눈 가르마(가장 자연스러운 파팅법)

▌ 헤어 셰이핑(hair shaping)

① '모발의 결(흐름)을 갖추다' 또는 '모양을 만들다'라는 의미
② 헤어커트와 헤어세팅(빗질)의 두 가지 의미
③ 헤어 셰이핑 시 빗질 방향은 웨이브의 흐름을 결정
  • 업 셰이핑 : 모발을 위로 빗질하여 올려 빗기
  • 다운 셰이핑 : 모발을 아래로 빗질하여 내려 빗기

▌ 헤어 컬링(hair curling)

① 컬의 정의 : 핀 컬이라고도 하며 한 묶음의 모발을 안에서부터 둥글게 말아 고리 모양으로 만든 것이다.
② 컬의 목적
  - 웨이브 만들기
  - 볼륨 만들기
  - 플러프(머리 끝에 변화를 주는 것)
③ 컬의 명칭

루프	원형으로 말려진 컬이다.	
베이스	컬 스트랜드의 근원이다.	
피벗 포인트	회전점이라고도 하며, 컬이 말리기 시작한 시점이다.	
스템	베이스에서 피벗 포인트까지이다.	
엔드 오브 컬	모발 끝을 말한다.	

④ 컬의 구성요소
  - 컬의 3요소 : 베이스(base), 스템(stem), 루프(loop)
  - 기타 요소 : 헤어 셰이핑, 텐션, 스템의 방향과 각도, 모발의 끝처리, 슬라이싱 등
  - 스템 : 컬의 줄기 부분으로서 베이스에서 피벗 포인트까지의 부분

풀 스템 (full stem)	• 루프가 베이스에서 벗어난 형태 • 컬의 움직임이 가장 큼	
하프 스템 (half stem)	• 루프가 베이스에 중간 정도 걸쳐 있는 형태 • 어느 정도 움직임을 갖고 있음	
논 스템 (non stem)	• 루프가 베이스에 들어가 있는 형태 • 컬의 움직임이 가장 작으며 오래 지속됨	

  - 베이스(base) : 컬 스트랜드의 밑부분

오블롱 베이스	• 장방형(직사각형) 베이스 • 헤어라인부터 떨어진 웨이브를 만들며 측두부에 주로 사용
스퀘어 베이스	• 정방형(정사각형) 베이스 • 평균적인 컬이나 웨이브를 만들 때 주로 사용
아크 베이스	• 둥근형 베이스 • 후두부에 웨이브를 만들 때 사용
트라이앵귤러 베이스	• 삼각형 베이스 • 콤 아웃 시 모발이 갈라지는 것을 방지하기 위해 이마의 헤어라인에 주로 사용

52

⑤ 컬의 종류

• 스탠드 업 컬 : 루프가 두피에 90°로 세워진 컬(볼륨을 줄 때 사용)

포워드 스탠드 업 컬	루프가 얼굴 앞쪽으로 말린 컬
리버스 스탠드 업 컬	루프가 얼굴 뒤쪽으로 말린 컬

• 플랫 컬 : 루프가 두피에 0°로 평평하게 형성된 컬(볼륨을 주지 않음)

스컬프처 컬	• 모발 끝이 루프(원)의 중심이 된 컬 • 모발 끝으로 갈수록 웨이브 폭이 좁아짐 • 스킵 웨이브나 플러프에 사용	
핀 컬(메이폴 컬)	• 모근이 루프(원) 중심이 되고, 모발 끝이 원의 바깥이 된 컬 • 모발 끝으로 갈수록 웨이브 폭이 넓어짐	

⑥ 컬을 마는 방향에 따른 분류

클록 와이즈 와인드 컬(C컬)	모발을 시계 방향(오른쪽)으로 만다.
카운터 클록 와이즈 와인드 컬(CC컬)	모발을 시계 반대 방향(왼쪽)으로 만다.
포워드 스탠드 업 컬	컬이 귀 방향(얼굴 쪽)으로 말린 스탠드 업 컬이다.
리버스 스탠드 업 컬	컬이 귀 반대 방향(얼굴 뒤쪽)으로 말린 스탠드 업 컬이다.

▌컬 핀닝(curl pinning)

컬을 완성해서 핀이나 클립으로 적당한 위치에 고정시키는 것이다.

사선 고정	• 핀을 사선으로 고정하는 방법 • 가장 일반적으로 사용 • 실핀, 싱글핀, W핀
수평 고정	• 핀을 수평으로 고정하는 방법 • 실핀, 싱글핀, W핀
교차 고정	• 핀을 교차로 고정하는 방법 • U핀

▌ 롤러 컬(roll curl)

① 롤은 둥근 원통형이며 롤러를 이용하여 자연스러운 웨이브를 형성하고 볼륨을 살릴 때 사용한다.

② 롤러 컬의 종류

논 스템 롤러 컬	• 전방 45° 각도로 와인딩 • 볼륨감이 가장 크고 지속성이 좋음 • 주로 크라운 부분 사용
하프 스템 롤러 컬	• 두상에 90°(수직)로 와인딩 • 적당한 볼륨감이 있음
롱 스템 롤러 컬	• 후방 45° 각도로 와인딩 • 네이프에 많이 사용되며 볼륨감이 적음

[논 스템 롤러 컬]

[하프 스템 롤러 컬]

[롱 스템 롤러 컬]

▌ 헤어 웨이브

① 웨이브의 각부 명칭

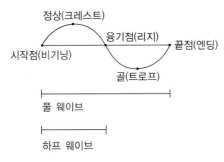

[웨이브의 명칭]

② 웨이브의 3대 요소 : 정상(크레스트), 융기점(리지), 골(트로프)

③ 웨이브의 분류

모양에 따른 분류	와이드 웨이브 : 크레스트가 가장 뚜렷한 웨이브		
	섀도 웨이브 : 크레스트가 뚜렷하지 않고 리지가 잘 보이지 않는 웨이브		
	내로 웨이브 : 물결상(파장)이 극단적으로 많고 리지와 리지 사이의 폭이 좁은 웨이브		
	프리즈 웨이브 : 모근 부분은 웨이브가 느슨하고 모발 끝에 웨이브가 강하게 형성		
위치에 따른 분류	버티컬 웨이브 : 웨이브의 리지가 수직으로 되어 있는 웨이브		
	호리존탈 웨이브 : 웨이브의 리지가 수평으로 되어 있는 웨이브		
	다이애거널 웨이브 : 웨이브의 리지가 사선 방향으로 되어 있는 웨이브		
만드는 방법에 따른 분류	마샬 웨이브 : 아이론의 열에 의해 형성되는 웨이브		
	컬 웨이브 : 컬링 롯드를 사용하여 형성하는 웨이브		
	핑거 웨이브 : 모발에 세팅로션을 도포해 손과 빗으로 형성하는 웨이브		

▌오리지널 세트(original set)

① 뱅 : 이마에 내려뜨린 앞머리를 말하며 헤어스타일에 맞게 적절한 분위기를 연출할 수 있다.

② 뱅의 종류

플러프 뱅	볼륨을 주어 컬을 부풀려 컬이 부드럽고 자연스럽게 보이는 뱅이다.	
롤 뱅	롤을 이용해 형성한 뱅이다.	
웨이브 뱅	풀 웨이브 또는 하프 웨이브로 형성된 뱅이며 모발 끝을 라운드로 형성한 뱅이다.	
프렌치 뱅	뱅 부분을 위로 빗질하고 모발 끝부분을 부풀리는 플러프 처리를 한 뱅이다.	
프린지 뱅	가르마 가까이에 작게 낸 뱅이다.	

▌리세트(reset, 콤 아웃)

오리지널 세트를 마무리 빗질하는 절차

① 브러싱(brushing) : 브러시로 모발을 빗어 마무리하는 방법

② 코밍(combing) : 브러시로 표현되지 않는 부분을 빗으로 마무리하는 방법

③ 백 코밍(back combing) : 모근 쪽에 빗을 거꾸로 빗질해 볼륨이 형성되도록 머리카락을 세우는 것

▌ 아이론 웨이브(마샬 웨이브)

① 마샬 웨이브
- 1875년 프랑스의 마샬 그라또에 의해 창안
- 아이론의 열을 이용하여 일시적으로 웨이브를 형성하는 방법
- 자연스러운 S자 형태 물결 웨이브를 형성

② 아이론(마샬 아이론) 사용법 및 유의사항
- 그루브를 아래, 프롱을 위로 하여 그루브 핸들을 엄지와 검지 사이에 쥐고 프롱 핸들을 약지와 소지 사이의 세 번째 관절에 끼운다.
- 시술 시 시술자의 가슴 정도 높이에 수평이 되게 위치하여야 하고 손등을 수평하게 유지한다.
- 아이론의 적정 온도인 120~140℃로 일정하게 유지하여야 정확한 웨이브를 형성할 수 있다.
- 모발이 젖어 있는 상태에서는 사용하지 않는다.

▌ 아이론의 종류

화열식	• 불에 직접 달구어 사용하는 방법 • 열 조절에 주의하며 사용
전열식	• 전기코드를 콘센트에 연결하여 사용하는 방식 • 감전과 전압에 주의
충전식	• 전기를 충전하여 무선으로 사용 • 제한된 공간에서 스타일링이 필요할 경우 휴대용으로 사용

▌ 블로 드라이(blow dry)

① 블로 드라이 원리
- 드라이어의 열(바람)과 빗, 브러시 등의 도구를 사용하여 다양한 헤어스타일을 연출하는 것
- 젖은 모발에 열을 가하여 형태를 고정하는 모발의 주된 결합(수소 결합) 이용
- 물에 의해 쉽게 분리되고, 건조되면 다시 결합하는 특징이 있음
- 젖은 모발에 열과 브러시를 이용하여 모발의 결을 정리하고 형태를 형성하여 고정하는 원리
- 블로 드라이 작업 전 적정 수분 함유량은 20~25%가 적당
- 블로 드라이 시 열풍의 온도는 60~90℃로 작업

② 블로 드라이어의 종류

핸드 타입	• 가장 많이 사용하는 대표적인 형태 • 손에 드라이어를 잡고 헤어스타일을 연출
스탠드 타입	• 바퀴가 부착되어 있어 필요시에 고객의 뒤로 이동시켜 사용 • 주로 웨이브 모발이나 손상도가 높은 모발의 건조 시 사용 • 자리를 많이 차지함
암 타입	• 벽걸이 형태 • 자리를 많이 차지하지 않아 공간 효율성이 좋음

③ 핸드타입 블로 드라이어의 작동 원리 : 스위치(작동) → 모터 작동(팬 가동) → 흡입구를 통해 바람 유입 → 바람 가열(열풍 형성) → 노즐을 통해 열풍 배출

[2] 스트레이트 및 C컬 드라이

▌ 스트레이트 드라이 방법

① 고객 상담 및 도구 준비
② 모발에 적정 수분을 유지하며 4등분 블로킹 → 후두부(네이프에서 크라운으로) → 측두부(하단에서 상단으로) → 전두부 순으로 시술
③ 모발의 길이를 고려하여 롤 브러시 선정
④ 네이프에서 시작하여 톱으로 향하면서 시술 → 롤 브러시의 너비 80%가량의 모발을 가로로 슬라이스
⑤ 스트랜드(strand)를 스트레이트로 펴고 모발 끝까지 롤링하면서 열을 가해 뜸을 들이며 롤 아웃
⑥ 전체 모발에 같은 방법으로 시술하여 마무리
※ 드라이 원리는 블로 드라이와 상동

▌ C컬 드라이 방법

① 고객 상담 및 도구 준비
② 모발에 적정 수분을 유지하며 4등분 블로킹 → 후두부(네이프에서 크라운으로) → 측두부(하단에서 상단으로) → 전두부 순으로 시술
③ 모발의 길이와 연출하고자 하는 웨이브 굵기를 고려하여 롤 브러시 선정
④ 네이프에서 시작하여 톱으로 향하면서 시술 → 롤 브러시의 너비 80%가량의 모발을 가로로 슬라이스
⑤ 모발 끝부분을 롤 브러시에 1~1.5바퀴 이내가 되도록 안으로 감아줌(2바퀴 이상이면 S컬 형성)
⑥ 열을 가한 후 식힌 롤 브러시를 자연스럽게 빼면서 모발 풀기
⑦ 전체 모발에 같은 방법으로 시술하여 마무리

제 4 절 베이직 헤어컬러

[1] 헤어컬러의 원리

▌ 염색의 목적

① 개인의 단점 보완 및 개성 표현의 중요한 수단
② 피부색, 복식, 직업 등 원하는 이미지 연출
③ 흰머리를 감추기 위해
④ 과거에는 종교적인 의미로 물들임

▌ 모발 염색 용어

염색	모발에 인위적으로 색소를 착색
탈색	모발의 멜라닌 색소를 파괴시켜 제거
원 터치 기법	모근에서 모발 끝까지 한 번에 도포하는 것
투 터치 기법	• 전체 길이가 25cm 미만인 모발을 두 번에 나누어 도포하는 것 • 모근에 새로 자라난 신생부와 기염부의 명도를 맞추는 경우에 사용
쓰리 터치 기법	• 전체 길이가 25cm 이상인 모발을 균일한 색상으로 밝게 염색할 때 도포 • 손상모에 사용 • 신생부와 기염부의 명도를 맞추면서 모발 끝부분이 색소의 과잉 침투로 인해 균일한 컬러 결과를 얻기 어려울 때 사용
다이 터치 업 (리터치)	염색 후 자란 모발 부분(모근)에 염색하는 것
패치 테스트	• 염색 전에 하는 알레르기 검사 • 염색제를 귀 뒤나 팔 안쪽에 바른 후 48시간이 지났을 때 반응을 확인하는 테스트
스트랜드 테스트	원하는 색상이 모발에 발색되는지 여부를 확인해 보기 위해 염색 전 안쪽 스트랜드(적게 나누어 떠낸 모발)에 미리 염색약을 도포해 테스트하는 방법
테스트 컬러	약제 도포 후 원하는 색상이 나왔는지 확인하는 것

▌ 염모제의 번호체계

① 염모제 용기에 표기된 숫자는 앞자리는 명도, 뒷자리는 반사색을 의미한다.

② 일반적으로 X-XX, X/XX, X.XX와 같이 표기하며, 알파벳과 숫자를 혼용하여 표기하기도 한다.

③ 예를 들어, 8.17 염모제라면 8은 명도로 고객이 원하는 밝기를 의미하고, 1은 1차 반사색을, 7은 2차 반사색을 의미한다. 이 색상은 제조사별로 차이가 있으므로 사용 전 설명서를 확인하도록 한다.

[2] 탈색(헤어 블리치)이론 및 방법

▌ 탈색의 정의

모발에 존재하는 멜라닌 색소를 산화시켜 자연적, 인공적 색채를 탈색시키는 것이다.

▌ 탈색제의 종류

분말(파우더) 타입	• 탈색을 빠르고 가장 밝게 할 수 있음 • 일반적으로 사용하는 방법 • 모발 손상이 큼
크림 타입	• 양 조절이 쉬워 사용이 편리(튜브형) • 탈색의 진행 정도를 알기 어렵고, 높은 명도까지 탈색이 어려움 • 샴푸하기 어려움
오일 타입	• 모발 손상이 가장 적음(두피 자극 적음) • 탈색 속도가 느리고, 높은 명도까지 탈색이 어려움 • 탈색제 건조가 안 됨

▌ 탈색방법

① 제1액(알칼리제) : 암모니아, 모노에탄올아민
② 제2액(산화제) : 과산화수소 등
③ 제1액은 모발을 팽창시키고, 제2액은 산소를 발생시킬 수 있도록 작용하여 멜라닌 색소를 분해한다.
④ 일반적으로 제1액 : 제2액(6% 과산화수소) = 탈색제(1) : 산화제(2)의 비율로 혼합한다.
⑤ 제2액의 과산화수소 비율이 높을수록 탈색력이 강하다.
⑥ 온도가 높으면 탈색력은 강하나 모발 손상도가 높다.

▌ 과산화수소(산화제) 농도

염색과 탈색 시 일반적으로 과산화수소 농도 6%, 암모니아수(알칼리) 농도 28% 정도를 사용한다.

농도	산소 방출량	용도
3%	10볼륨	• 손상모 염색 및 백모 커버 염색에 많이 사용(착색만 원할 때 사용) • 고명도의 모발을 저명도로 변화시킬 때 사용
6%	20볼륨	• 멋내기 염색에 사용(가장 많이 사용하는 농도) • 적당한 산화력으로 모발의 밝기를 1~2레벨 밝게 함
9%	30볼륨	• 모발의 밝기를 2~3레벨 밝게 함 • 탈색력은 강하나 피부 자극이 크므로 사용 시 주의가 필요 • 부분적으로 밝게 하는 하이라이트 기법이나 가발의 염·탈색에 사용
12%	40볼륨	• 모발의 밝기를 3~4레벨 밝게 함 • 피부 자극이 강함, 두피 화상에 주의

▌ 시술과정

상담 → 패치 테스트 → 모발 진단 → 고객카드 → 모발 염색 결정

▌ 탈색 시 주의사항

① 제1액과 제2액 혼합 후 즉시 도포하고 남은 탈색제는 폐기한다.
② 시술용 장갑을 꼭 착용한다.
③ 제품은 서늘한 곳에 보관한다.
④ 두피 질환이 있는 경우 시술하지 않는다.

[3] 헤어컬러제의 종류

▌ 헤어컬러제의 분류

구분	일시적 염모제	반영구적 염모제	영구적 염모제
유지기간	샴푸 1~2회	2~4주	색상은 4~6주 이상, 명도는 영구적
pH	산성	산성	알칼리성
염료	유성염료, 산성염료	산성염료	산화염료
작용시간	도포 즉시 착색	20~30분 후 열처리와 자연 방치 후 착색	20~40분 자연 방치 후 발색(산화제에 따라 다름)
작용 깊이	모표피	모표피 + 모피질 외각	모피질 + 모수질
도포방법	특별한 기술이 필요 없음	두피에 묻지 않도록 주의하여 도포	모발 상태에 따라 다양함
특징	원하는 부분만 염색하는 데 효과적	밝게 된 모발에서 선명한 색상 표현에 효과적	다양한 밝기와 색상 표현 가능
종류	컬러 파우더, 컬러 크레용(컬러 스틱), 컬러 크림, 컬러 스프레이 등	헤어 매니큐어, 산성산화 염모제 등	식물성 염모제, 금속성 염모제, 유기합성 염모제 등

▌ 영구적 염모제의 분류

식물성 염모제 (헤나)	• 식물의 뿌리, 꽃잎, 줄기를 이용한다. • pH가 5.5로 손상이 가장 적다. • 염색 시간이 길고 색상이 한정적이다.
금속성 염모제	• 철, 은, 납, 구리, 니켈 등에 질산은과 식초산염 등을 혼합한다. • 염색 후 생긴 금속피막과 독성은 파마를 했을 때 모발 손상이 크다(현재 많이 사용하지는 않음).
유기합성 염모제 (산화 염모제, 알칼리 염모제)	• 1제 알칼리제, 2제 과산화수소로 구성되어 있다. • 제1액과 제2액을 혼합해서 사용한다(현재 가장 많이 사용). • 탈색과 발색이 같이 이루어진다. • 알레르기 반응을 일으킬 수 있다.

[4] 헤어컬러 방법

▌ 염모제 도포방법

① 염모제는 모발 길이와 모발의 각화 정도가 달라 약제의 침투와 발색에 영향을 받으므로 도포방법을 달리할 필요가 있다.

② 붓의 각도에 따라 염모제 양의 조절이 가능하고 도포할 부분이 달라진다. 붓을 90°에 가깝게 세웠을 때에는 소량을 빗질하듯이 도포할 수 있고, 섬세하게 원하는 부분만 바를 수 있다.

③ 붓을 낮은 각도로 눕혔을 때에는 도포할 염모제 양을 늘려 넓은 부분을 빠르게 도포할 수 있다.

▌ 붓으로 조절하는 염모제의 양과 도포 부위

① 모근 가까이 1cm 미만의 부분을 도포할 때 → 붓 면적의 1/3 지점에만 소량의 염모제를 덜어 내어 도포한다.

② 모근 쪽 3cm 미만의 부분을 도포할 때 → 붓 면적의 1/2 지점까지 염모제를 덜어 내어 도포한다.

③ 모근 가까이를 제외한 넓은 부분을 도포할 때 → 붓 면적의 2/3 지점까지 염모제를 덜어 내어 도포한다.

▌ 모발 연화(염색 전)

① 저항성모(발수성모), 지성모는 염모제의 침투가 어렵기 때문에 연화제로 전처리한다.

② 20~30분 방치하면 충분히 연화되며, 사전 연화기술을 프레-소프트닝(pre-softening)이라고 한다.

[5] 베이직 헤어컬러 마무리

▌ 염색의 유화방법

① 유화(乳化)란 에멀션(emulsion)이라고도 하며, 방치시간이 끝나기 전 약 3~5분간 염색된 모발과 두피를 부드럽게 마사지를 하는 것이다.

② 모발과 두피에 남아 있는 염모제 잔여물을 제거하여 두피 트러블을 예방한다.

③ 얼룩을 제거하고 색소의 정착을 도와준다.

④ 부드러움과 윤기를 더해 준다.

▌ 헤어컬러 전용 샴푸와 트리트먼트제의 효과

① 두피와 모발에 남아 있는 염모제의 잔여물을 제거한다.

② 모발의 pH 밸런스를 안정화시킨다.

③ 모발색이 자외선에 의해 변색되는 것을 방지한다.

④ 모발에 영양분과 보습을 제공한다.

■ 헤어미용 전문제품 종류

분류	종류	특징
세정 및 케어용	헤어 샴푸	모발을 청결하게 하고 모공을 막고 있는 피지 등 노폐물을 제거하여 모공에 원활한 산소 공급을 도와 모발과 두피를 건강하게 하는 것에 그 목적이 있다.
	헤어 트리트먼트	펌제 및 염모제 등 화학적 손상으로 인해 모발 내부의 간충물질이 유실된 손상모에 모발과 유사한 성분으로 배합된 물질을 공급하여 모발에 탄력과 광택을 준다.
	헤어 컨디셔너	• 샴푸의 마지막 헹굼단계에서 사용하며, 샴푸로 과다하게 제거된 모발 등에 유분을 보급하여 부드러운 광택과 촉감을 준다. • pH를 조절하여 모발의 등전점 유지, 정전기 방지, 모발 표면 상태를 매끈하게 정돈하는 등의 역할을 한다.
스타일링용	헤어 스프레이	분사 후 건조될 때 필름을 형성하여 헤어 디자인 형태를 고정하고 유지시킬 때 사용한다.
	헤어 무스	스타일링과 함께 헤어 케어의 기능이 있으며, 세팅력, 헤어 케어, 광택을 목적으로 하는 제품이 있다.
	헤어 젤	헤어스타일 유지를 위해 모발을 고정시키고자 할 경우 사용한다.
	왁스	바셀린 베이스의 유연제로 유성 성분이 많기 때문에 딱딱하게 굳지 않아서 웨이브나 자연스러운 헤어스타일 연출에 좋다.
	헤어 오일	광택·유연성 부여, 모발 보호 및 헤어스타일을 목적으로 할 때 사용된다.
	헤어 세럼	모발에 영양을 주는 성분이 함유되어 있어 염·탈색과 퍼머넌트 등의 화학적 시술에 의해 손상된 모발, 건조모, 절모 등의 스타일링에 사용된다.
	헤어 에센스	모발에 윤기, 광택, 자연스런 유연성을 주며 빗질을 용이하게 한다.
헤어컬러용	영구 염모제	산화제(제2제)와 함께 사용하며 모피질 내로 침투하여 모발을 탈색시키고 새로운 색소를 입히는 과정을 통해 모발의 색을 영구적으로 변화시킬 수 있다.
	반영구 염모제	• 산성염모제, 코팅제 또는 헤어 매니큐어 등으로 불린다. • 산화제를 사용하지 않으므로 모발 탈색작용을 하지 않아 영구 염모제에 비해 모발 손상이 적다. • 유지력은 평균 30일 정도로 짧다.
	일시적 염모제	• 색소의 크기가 크고 암모니아 및 산화제가 들어 있지 않아 모발에 화학적 변화를 일으키지 않으므로 모표피의 최외각층 표면에 안료 또는 염료를 흡착만 시킨다. • 1회 샴푸로 색소가 탈락된다.
헤어 퍼머넌트용	헤어퍼머넌트 웨이브제 (콜드 퍼머넌트)	• 모발의 결합을 영구적으로 변화시켜 웨이브를 연출한다. • 주제품은 시스테인 및 티오글리콜산을 주원료로 하는 환원제(제1제)와 브롬산나트륨 및 과산화수소수를 주원료로 하는 산화제(제2제)로 구성된다. • 제1제는 웨이브에 관여하는 모발의 시스틴 결합을 끊는 역할을 하고, 제2제는 끊어진 시스틴 결합을 재결합하여 원하는 웨이브 형태로 고정시킨다.
	스트레이트 퍼머넌트제	모발의 형태에 웨이브를 형성시키는 것이 아니라 곱슬거리는 모발을 펴서 직선이 되게 하는 방법이다.
탈모 방지용		• 탈모 증상 완화에 도움을 주는 탈모 방지용 제품은 그 효과에 따라 전문의약품, 일반의약품, 기능성화장품으로 구분된다. • 헤어미용 분야에서는 피부나 모발의 기능 약화로 인한 건조함, 갈라짐, 빠짐, 각질화 등을 방지하거나 개선하는 데 도움을 주는 기능성화장품의 탈모 방지용 제품을 취급할 수 있다.

제 5 절 베이직 업스타일

[1] 베이직 업스타일 준비

▌ 업스타일의 정의

① 모발을 묶거나 땋아서 위로 틀어 올려 목덜미를 드러내는 형식이다.
② 두상의 곡면 위에 모발을 입체적으로 자유롭게 표현하여 우아한 여성스러움을 나타낸다.
③ 개인에 따라 두상, 얼굴형, 신체의 균형 그리고 조화가 다르기 때문에 개인의 특성과 상황을 파악하여
   디자인을 결정한다.

▌ 업스타일 디자인 3대 요소

① 형태(form) : 크기, 볼륨, 방향, 위치 등의 모양
② 질감(texture) : 매끈함, 올록볼록함, 거칠함, 무거움, 가벼움 등의 느낌
③ 색상(color) : 어둡고 밝음의 명도, 다양한 색의 표현
※ 업스타일 디자인의 구성요소 : 점, 선, 면

▌ 모발 상태와 디자인에 따른 사전 준비

① 직모는 고정한 핀(pin)이 흘러내리거나, 잔머리가 튀어 나오기 쉬우며 스타일도 제한적이다. 보다 우아
   하고 다양한 스타일을 위해 업스타일 전에 헤어 드라이어, 아이론, 세트롤러 등을 활용하여 웨이브를
   만들어 주는 것이 좋다.
② 업스타일 사전 작업

블로 드라이어 세팅	• 손상 모발이나 퍼머넌트 웨이브가 있는 모발, 숱이 적고 층이 있는 모발에 적합 • 블로 드라이어와 롤 브러시로 웨이브를 형성
아이론(마샬기) 세팅	• 강한 직모에 적합 • 일자형 또는 원형 아이론으로 웨이브를 형성
세트롤러 세팅	전기 세트롤러를 주로 사용

③ 백콤
   • 모근을 향해 빗으로 모발을 밀어넣어 쌓는 작업으로 모발을 부풀리는 방법
   • 디자인에 따라 모류의 변화를 줄 수 있음
   • 모발의 상태와 업스타일 디자인의 형태에 따라 백콤의 기법을 다르게 함

볼륨 형성	볼륨을 주려는 모발을 두상각 90~120°로 든 상태에서 모발의 뿌리부터 백콤 처리
방향 부여	원하는 방향으로 모발을 당겨주며 백콤 처리
갈라짐 방지	갈라지는 면과 면을 같이 잡고 백콤 처리

④ 토대
- 업스타일 작업을 할 때 중심축, 즉 지지대 역할을 하는 것
- 일반적인 방법은 고무줄로 묶는 것으로 토대를 기준으로 단단하게 모발 고정(핀처리) 할 수 있음
- 업스타일의 디자인이나 형태에 따라 모양, 크기, 위치 등을 변형할 수 있음
- 토대의 원리를 잘 활용하면 업스타일 작업이 용이하고 형태를 안정적으로 유지할 수 있음

크라운	톱 포인트와 골든 포인트 중간 정도의 위치이며, 젊고 경쾌한 동적인 느낌 연출
네이프	백 포인트와 네이프 포인트 중간 정도의 위치이며, 성숙하고 우아한 정적인 느낌 연출
프런트	페이스 라인 뒤 2~3cm의 위치이며, 특별하고 개성있는 느낌 연출

[2] 헤어 세트롤러

▌ 헤어 세트롤러의 종류

분류	구분	특징
재질에 의한 분류	플라스틱	• 젖은 모발에 와인딩한 후 열풍으로 건조하는 방식 • 건조하는 데 긴 시간이 필요함(사용 빈도 낮음) • 모발 손상이 거의 없음
	벨크로	• 일명 '찍찍이'라고 불리는 헤어 세트롤러 • 금속 위에 벨크로 처리하여 세팅력을 강화한 제품도 있음 • 젖은 또는 마른 모발에 와인딩한 후 건조하는 방식 • 짧은 헤어퍼머넌트 웨이브 모발에 효과적
	고무	• 스파이럴 컬에 효과적 • 별도로 고정 장치 없어도 사용 가능
모양에 의한 분류	원형	• 롤(roll) 형태로 가장 전형적인 형태 • 주로 컬이나 웨이브를 연출하거나 볼륨을 형성할 때 사용 • 굵기와 너비가 다양
	원추형	• 한쪽은 좁은 지름, 또 다른 한쪽은 넓은 지름 • 곡선형 또는 서로 다른 굵기의 웨이브 연출에 적합
	스파이럴형	• 긴 모발에 적합 • 전용 고리로 모발을 당겨서 사용
열에 의한 분류	일반 세트롤러	• 적당하게 젖은 모발에 사용 • 와인딩 전에 세팅력 강화를 위한 제품 사용 가능 • 완전 건조 후 롤을 풀어서 스타일을 연출
	전기 세트롤러	• 반드시 마른 모발에 사용 • 비교적 짧은 시간에 웨이브를 연출할 수 있음 • 감전과 화상에 유의

▌ 헤어 세트롤러의 사용방법

롤러 크기와 굵기	롤러의 지름이 클수록 컬이 굵어지고, 지름이 작을수록 컬이 작아진다.
베이스 너비와 폭	• 베이스의 너비는 헤어 세트롤러 지름의 80% 정도가 이상적이다. → 베이스가 넓으면 모발이 헤어 세트롤러 밖으로 튀어 나가고, 좁으면 작업 시간이 길어짐 • 베이스의 폭은 헤어 세트롤러의 지름과 1:1 정도가 적절하다.
각도와 볼륨	각도는 볼륨과 관련 있다. → 모발을 120° 이상 와인딩하면 컬의 볼륨이 크고, 60° 이하로 와인딩하면 컬의 볼륨이 작고 움직임도 제한적
텐션	• 텐션(tension)이란 모발을 잡아당기는 일정한 힘이다. → 모발의 끝이 꺾이지 않고 탄력 있는 웨이브가 형성될 수 있도록 와인딩 • 적당한 텐션으로 와인딩하고 고객이 통증을 느낄 만큼 강하게 당기지 않도록 주의한다.

[3] 베이직 업스타일 진행 및 마무리

▌ 브러시의 종류와 특징

브러시는 업스타일 작업 중 모발의 면을 정리하여 디자인의 선과 면, 볼륨, 광택 등을 표현한다.

분류	구분	특징
재질에 의한 분류	돈모	• 업스타일용으로 사용되는 평면 돈모 브러시 • 정전기가 발생하지 않으며, 모발을 일정한 방향으로 정리하는 데 용이
	플라스틱	빗살 간격이 엉성하며 주로 스타일 마무리용으로 사용
	금속	효율적인 열전도성으로 빠른 세팅 효과를 원할 때 사용
형태에 의한 분류	원형	롤(roll, circular, round)브러시이며, 주로 컬이나 웨이브를 형성할 때 사용
	반원형	• 쿠션(cushion), 덴맨(denman) 브러시 • 볼륨 형성이나 모류 방향성 부여 및 보브(bob) 스타일을 연출할 때 사용

▌ 빗의 종류와 특징

빗은 업스타일 작업 중 블로킹, 섹션 등을 나누고 백콤이나 모발의 방향을 만든다.

분류	모양	특징
재질에 의한 분류	플라스틱	가볍고 경제적이며 가장 일반적으로 다양하게 사용됨
	나무 동물 뼈	• 내열성이 요구되는 헤어 마샬 웨이브와 같은 작업에 사용 • 모발을 보호하는 역할
형태에 의한 분류	꼬리 빗	• 가장 일반적이며 다양한 용도로 사용 • 덕 테일 콤(duck tail comb)이라고도 함
	빗살 간격 좁은 빗/넓은 빗	• 좁은 빗은 모발을 곱게 빗을 때 사용 • 넓은 빗은 웨이브 모발 또는 엉킨 모발을 정돈할 때 사용
	스타일링 빗	백콤을 넣거나 완성된 상태의 형을 잡을 때 사용

▌ 업스타일 핀의 종류와 특징

분류	특징
핀셋	• 블로킹을 하거나 형태를 임시로 고정할 때 사용 • 집게나 톱니 형태의 핀셋도 있음
핀컬 핀	• 부분적으로 임시 고정할 때 사용 • 금속이나 플라스틱 재질이며 핀셋보다 작은 형태
웨이브 클립	• 리지 간격을 고려하여 집게로 집듯 사용 • 웨이브의 리지를 강조할 때 효과적
실핀	• 일반적으로 가장 많이 사용하는 핀 • 벌어진 핀은 사용하지 않음
대핀	• 강하게 고정할 때 사용하는 핀 • 녹슬지 않도록 보관에 주의
U핀	• 임시로 고정하거나 면과 면을 연결할 때 사용 • 가볍게 컬을 고정하거나 망과 토대를 고정시킬 때 사용 • 고정력은 실핀이나 대핀에 비해 약함

▌ 업스타일 기법

땋기(braid) 기법	• 가장 일반적인 방법은 '세 가닥 땋기'로, 세 가닥 중 가운데 가닥 위로 좌우 가닥이 올라가며 땋는 형태이다. • 응용 기법으로 양쪽의 모발을 집어 연결하면서 땋을 수 있는데, 이를 디스코 땋기라 한다.
꼬기(twist) 기법	• 가장 일반적인 방법은 한 가닥의 스트랜드를 오른쪽 또는 왼쪽의 한 방향으로 꼬는 '한 가닥 꼬기'이다. • 그 외 두 가닥 꼬기, 집어 꼬기, 실이나 스카프를 넣고 꼬기 등 다양한 기법이 있다.
매듭(knot) 기법	두 가닥의 모발을 교차하여 묶기를 연속하여 반복하는 것이다.
롤링(rolling) 기법	패널을 크게 감아서 말아 주는 형태로 크게 수직 말기(롤링)와 수평 말기(롤링)가 있다.
겹치기(overlap) 기법	생선 가시 모양과 비슷하다고 해서 피시본(fish bone) 헤어라고 하며, 2개의 스트랜드를 서로 교차하는 방식으로 땋기와 다른 느낌으로 표현된다.
고리(loop) 기법	• 모발을 구부려서 둥글게 감아 루프를 만드는 방식이다. • 토대의 위치, 루프의 크기나 개수 및 방향 등에 따라 느낌이 다양하게 연출된다.

▌베이직 업스타일 마무리

업스타일 작업의 마무리 단계에서 형태를 고정시키거나 모발 표면에 광택을 부여하기 위해 고정 스프레이, 광택 스프레이, 왁스 등의 제품을 사용한다.

고정 스프레이	주로 에어로졸 타입이며 세팅력이 우수
광택 스프레이	• 부분적으로 임시 고정할 때 사용 • 자연스러운 연출을 위해 모발에서 약 20cm 거리에서 분무
왁스	• 사용 용도에 맞는 적합한 제형의 제품을 선택하여 사용 • 검 타입(볼륨용), 크리스털 타입(웨이브용), 크림 타입(아웃컬용) 등이 있음

▌업스타일 디자인 확인과 보정

① 헤어스타일링 제품을 사용하여 업스타일을 마무리한다.
② 일반적으로 헤어 스프레이를 사용하여 업스타일의 형태를 고정시킨다.
③ 손과 꼬리 빗을 이용하여 모류의 흐름을 살리면서 스프레이로 잔머리를 고정시켜 마무리한다.
④ 전체적인 디자인을 점검하고 디자인을 보정한다.
⑤ 전면, 측면, 후면에서의 디자인 형태를 확인하고 전체적인 균형에 맞게 보정한다.
⑥ 고객의 만족을 확인하고 디자인을 조화롭게 보정해야 한다.

제 6 절 가발 헤어스타일 연출

[1] 가발 헤어스타일

▌가발의 종류와 특징

분류	종류	특징
전체 가발	위그(wig)	• 두상 전체에 쓰는 가발로, 두상의 90% 이상을 감싸는 전체 가발 • 유전이나 질병으로 탈모 면적이 넓거나 모발의 양이 매우 적은 고객들이 새로운 스타일로 빠르게 변화할 수 있음
부분 가발 (헤어피스)	위글렛(wiglet)	두상의 톱과 크라운 지역에 풍성함과 높이를 형성하기 위하여 사용
	캐스케이드 (cascade)	모발을 풍성하게 표현하고자 할 때 사용(폭포수처럼 풍성하고 긴 헤어스타일 연출)
	폴(fall)	쇼트 헤어를 일시적으로 롱 헤어로 변화시키는 경우 사용
	스위치(switch)	• 1~3가닥의 긴 모발을 땋은 모발이나 묶은 모발의 형태로 제작 • 두상에 매달거나 업스타일 등의 스타일링을 할 때 사용
	웨프트(weft)	머리카락 상단을 가로줄로 연결하여 일렬로 결합해 놓은 것

▌ 가발의 부착 방법

착탈식 (탈부착식)	클립 고정법	• 가발 둘레에 클립을 부착하여 고객의 모발에 고정하는 방법 • 가장 많이 사용하는 방법으로 가발을 쓰고 벗는 것이 자유로움 • 클립의 탈부착이 가능하고 가발의 수명이 긺 • 장기간 사용 시 클립을 고정하는 부분의 힘 때문에 모발과 두피의 손상이 생길 수 있음
	테이프 고정법	• 테이프를 이용해 고객의 탈모 부위에 가발을 부착하는 방법 • 밀착력이 뛰어나 가발과 본 머리 사이의 들뜸 현상으로 인한 불안감이 적음 • 땀과 피지 때문에 접착력이 약해질 수 있음
고정식	특수 접착법	• 탈모 부분의 모발을 제거하고 그 부분에 특수 접착제를 이용하여 가발을 부착하는 방법 • 접착력이 우수하여 격렬한 운동 가능 • 땀과 피지로 접착력이 약해질 수 있음 • 민감한 피부는 알레르기 증상에 유의해야 함
	결속식 고정법 (반영구 부착법)	• 가발과 고객의 모발을 미세하게 엮어서 부착하는 방법 • 통풍이 잘되고 고정력이 뛰어나서 잘 벗겨지지 않음 • 과격한 운동 가능 • 고객의 모발이 자라나면 가발과 밀착력이 약해짐 • 고정 부분의 부분성 탈모가 진행될 수 있음

※ 착탈식은 필요에 따라 착용할 수 있으며 주로 장년층이 선호하고, 고정식은 일반적으로 15~25일 정도 부착되며 젊은층에서 선호한다.

▌ 가발 손질법

① 인모가발인 경우 2~3주에 한 번씩 샴푸를 하여야 하며 리퀴드 드라이 샴푸를 하는 것이 좋다.
② 부드럽게 브러싱하여 그늘에서 말려야 한다.
③ 플레인 샴푸를 할 경우 38℃의 미지근한 물로 세정한다.
④ 가발이 엉켰을 경우 네이프 쪽의 모발 끝부터 모근 쪽으로 빗질해야 한다.
⑤ 샴푸 후 스프레이형 컨디셔너로 마무리하여 모발에 매끄러움과 광택을 준다.
　※ 스프레이가 없으면 얼레빗을 사용하여 모발 전체에 도포 후 빗질함

▌ 가발 치수 측정

① **머리 길이** : 이마의 헤어라인에서 정중선을 따라 네이프의 움푹 들어간 지점까지의 길이를 잰다.
② **머리 높이** : 좌측 이어 톱 부분의 헤어라인에서 우측 이어 톱 헤어라인까지의 길이를 잰다.
③ **머리 둘레** : 페이스 라인을 거쳐 귀 뒤 1cm 부분을 지나 네이프 미디엄 위치의 둘레를 잰다.
④ **이마 폭** : 페이스 헤어라인의 양쪽 끝에서 끝까지의 길이를 잰다.
⑤ **네이프 폭** : 네이프 양쪽의 사이드 코너에서 코너까지의 길이를 잰다.

▌ 가발 보관방법

① 모발의 먼지와 스킨, 패치에 묻은 이물질을 제거한다.
② 가발을 착용한 뒤에는 일반적으로 거치대에 씌워 보관한다.
③ 통풍이 잘되는 그늘진 곳에 보관한다.

헤어 익스텐션 방법

사람 본래의 모발에 가모(헤어피스)를 연결하여 새로운 스타일로 연출하는 헤어 디자인을 말한다.

붙임머리	테이프	• 가모의 테이프 부분을 모발에 부착하고 열을 전도하여 고정하는 방법 • 시술이 간단하고 시간이 적게 소요
	클립	• 헤어피스에 클립이 부착된 형태로 두상의 둘레에 맞게 피스의 폭이 다양하게 제작 • 클립으로 손쉽게 탈부착 가능
	링	• 링에 연결된 헤어피스를 붙임머리용 전용 집게를 이용하여 모발에 부착하는 방법 • 접착제를 사용하지 않으므로 모발 손상이 적음
	실리콘	• 접착제(실리콘 단백질 글루)를 이용하여 헤어피스를 모발에 직접 부착하는 방법 • 모발이 자라면 접착 부분이 보일 수 있고 열에 녹을 수 있음
	고무줄	• 2가닥 트위스트와 3가닥 브레이드 기법으로 모발을 연장한 다음, 고무실로 본 모발과 가모를 고정하는 방법 • 가장 자연스럽게 연결됨
	땋기	헤어피스를 본 모발에 교차시켜서 땋는 방법
특수머리	트위스트	• 밧줄 모양과 같이 모발의 꼬인 형태 • 본 머리 또는 헤어피스를 연결하여 연출하는 스타일
	콘로	• 세 가닥 땋기 기법을 두피에 밀착하여 표현하는 스타일 • 안으로 집어 땋기보다 바깥으로 거꾸로 땋아서 입체감 표현
	브레이즈	세 가닥 땋기를 기본으로 하여 모발을 교차하거나 가늘고 길게 여러 가닥으로 늘어뜨려 연출하는 헤어스타일
	드레드	• 곱슬머리에 가모를 이용하여 여러 갈래로 땋거나 뭉쳐 만든 스타일 • 흑인머리 형태에서 많음

헤어 익스텐션 관리

붙임머리 관리	특수머리 관리
• 두피 상태에 따라 샴푸의 횟수 조절 • 샴푸 전에 모발이 엉키지 않도록 충분히 빗질 • 미지근한 물로 가볍게 샴푸하고, 붙임머리 피스는 컨디셔너 또는 트리트먼트 제품을 사용 • 두피를 중심으로 건조하고, 모발 부분은 따뜻한 바람과 차가운 바람을 번갈아 가며 위에서 아래 방향으로 건조	• 두피 가까이 물을 적시고, 샴푸 제품은 파트와 파트 사이의 두피에 직접 도포하여 손가락으로 문지르면서 샴푸 • 모발 부분은 거품을 낸 샴푸로 가볍게 헹굼 • 다량의 모발이 연결되어 있어 모발의 수분이 많아지면 팽창하여 연장한 부분이 느슨해지거나 디자인의 변형이 생길 수 있으므로 유의 • 샴푸 후 타월로 물기를 제거하고 두피 위주로 먼저 건조 • 두피가 습하면 세균 번식, 비듬 유발, 두피 염증 등 트러블의 원인 → 완전 건조가 필수

CHAPTER 04 공중위생관리

제1절 **공중보건**

[1] 공중보건 기초

▌ 공중보건학의 개념

① 윈슬로(Winslow)의 정의 : 조직화된 지역사회의 노력을 통하여 질병을 예방하고, 수명을 연장하며, 신체적·정신적 효율을 증진시키는 기술이며 과학이다.
② 대상 : 지역사회 전체 주민
③ 공중보건사업의 최소 단위 : 지역사회

▌ 공중보건학의 목표

질병 예방, 수명 연장, 신체적·정신적 건강증진

▌ 공중보건학의 범위

환경보건 분야	환경위생, 식품위생, 환경보전과 공해문제, 산업환경 등
질병관리 분야	역학, 감염병 관리, 기생충 질병관리, 성인병 관리 등
보건관리 분야	보건행정, 보건영양, 영유아 보건, 가족보건, 모자보건, 학교보건, 보건교육, 정신보건, 의료보장제도, 사고관리, 가족계획 등

▌ 세계보건기구(WHO)의 건강의 정의

단순히 질병이 없고, 허약하지 않은 상태만을 의미하는 것이 아니고 육체적, 정신적 건강과 사회적으로 안녕이 완전한 상태를 뜻한다.

▌ 질병 발생의 원인 및 예방

① 질병 발생의 3대 요인
• 병인 : 질병이나 병증을 일으키는 원인 및 조건
• 숙주 : 병원체가 옮겨 다니는 대상
• 환경 : 질병이 발생할 수 있는 환경적 조건

② 질병 예방단계

1차적 예방	생활환경 개선, 건강증진 활동, 안전관리 및 예방접종 등 질병 발생의 억제가 필요한 단계
2차적 예방	숙주의 병적 변화시기로 질병의 조기발견, 조기치료, 악화방지를 위한 치료활동이 필요한 시기
3차적 예방	질병의 재발방지, 잔여기능의 최대화, 재활활동, 사회복귀 활동이 필요한 단계

■ 인구 구성형태(5대 기본형)

피라미드형	출생률이 증가하고, 사망률이 낮은 형태(후진국형, 인구증가형) → 14세 이하 인구가 65세 이상 인구의 2배 이상	
종형	출생률과 사망률이 모두 낮은 형태(인구정지형) → 14세 이하 인구가 65세 이상 인구의 2배 정도	
항아리형 (방추형)	출생률이 사망률보다 낮은 형태(선진국형, 인구감소형) → 14세 이하 인구가 65세 이상 인구의 2배 이하	
별형	생산연령 인구가 많이 유입되는 형태(도시형, 인구유입형) → 생산층(15~49세) 인구가 전체 인구의 50% 이상	
호로형 (표주박형)	생산층 인구가 많이 유출되는 형태(농촌형, 인구유출형) → 생산층 인구가 전체 인구의 50% 미만	

■ 인구보건 및 보건지표

① 인구증가의 문제점

3P	인구(Population), 환경오염(Pollution), 빈곤(Poverty)
3M	영양불량(Malnutrition), 질병 증가(Morbidity), 사망 증가(Mortality)

② 보건지표

비례사망지수	• 한 국가의 건강 수준을 나타내는 지표 • 50세 이상의 사망자 수 / 연간 전체 사망자 수 ×100
평균수명	출생 후 평균 생존기간의 수준을 설명하는 지표(기대수명)

영아사망률	• 출산아 1,000명당 1년 미만 사망아 수 • 영아사망률 감소는 그 지역의 사회적, 경제적, 생물학적 수준 향상을 의미한다. → 한 국가의 보건수준 지표
조사망률	인구 1,000명당 1년 동안의 사망자 수

③ 세계보건기구(WHO)의 보건 수준을 나타내는 대표적 지표 : 비례사망지수, 평균수명, 조사망률

④ 국가 간(지역사회 간)의 보건 수준을 비교하는 보건지표 : 비례사망지수, 평균수명, 영아사망률

[2] 질병관리

❚ 역학

① 정의 : 특정 인간집단이나 지역에서 질병 발생 현상과 분포를 관찰하고 원인을 탐구하여 질병관리의 예방대책을 강구하는 학문

② 역학의 역할

- 질병의 원인 규명
- 질병의 발생과 유행 감시
- 지역사회의 질병 규모 파악
- 질병의 예후 파악
- 질병관리방법의 효과에 대한 평가
- 보건정책 수립의 기초 마련

❚ 감염병 발생단계

병원체 → 병원소 → 병원소로부터 병원체의 탈출 → 병원체의 전파 → 새로운 숙주로 침입 → 감수성 있는 숙주의 감염

※ 한 단계라도 거치지 않으면 감염병은 형성되지 않는다.

❚ 병원체 및 병원소

① 병원체 : 숙주에 침입하여 감염증을 일으키는 기생 생물

- 세균(bacteria)

호흡기계	디프테리아, 결핵, 폐렴, 나병(한센병), 백일해, 수막구균성수막염, 성홍열
소화기계	콜레라, 장티푸스, 세균성 이질, 파라티푸스, 파상열
피부점막계	페스트, 파상풍, 매독, 임질

- 바이러스(virus)

호흡기계	유행성 이하선염, 홍역, 두창
소화기계	유행성 간염, 폴리오
피부점막계	에이즈(AIDS), 일본뇌염, 광견병

- 리케차(rickettsia) : 발진티푸스, 발진열, 쯔쯔가무시증 등
- 원충류(parasite) : 회충, 구충, 말라리아, 유구조충 등

② 병원소 : 병원체가 생활하고 증식하면서 다른 숙주에 전파시킬 수 있는 상태로 저장되어 있는 장소
- 인간 병원소(환자, 보균자)

건강 보균자	병원체가 침입했으나 임상 증상이 전혀 없고 건강자와 다름없으나 병원체를 배출하는 보균자
회복기 보균자 (병후 보균자)	감염병에 걸린 후 임상 증상이 소실되어도 계속 병원체를 배출하는 사람
잠복기 보균자	잠복기 중에 타인에게 병원체를 전파시키는 사람

- 동물 병원소 : 동물이 병원체를 보유, 인간 숙주에게 감염시키는 감염원

소	결핵, 탄저, 파상열, 살모넬라증, 브루셀라(파상열), 보툴리눔독소증, 광우병
돼지	렙토스피라증, 탄저, 일본뇌염, 살모넬라증, 브루셀라(파상열)
양	탄저, 브루셀라(파상열), 보툴리눔독소증
개	광견병, 톡소플라스마증
말	탄저, 유행성 뇌염, 살모넬라증
쥐	페스트, 발진열, 살모넬라증, 렙토스피라증, 유행성 출혈열
고양이	살모넬라증, 톡소플라스마증

- 곤충 병원소

모기	말라리아, 일본뇌염, 황열, 뎅기열
파리	장티푸스, 파라티푸스, 콜레라, 이질, 결핵, 디프테리아
바퀴벌레	장티푸스, 이질, 콜레라
이	발진티푸스, 재귀열, 참호열
벼룩	페스트, 발진열, 재귀열

- 토양 병원소 : 각종 진균의 병원소, 파상풍

▌인수공통감염병

동물과 사람 사이에 상호 전파되는 병원체에 의해 감염된다.
① 공수병(광견병) : 개
② 페스트 : 쥐
③ 탄저 : 양, 말, 소

▌감염병의 분류

소화기계 감염병	세균성 이질, 파라티푸스, 콜레라, 폴리오, 장티푸스 등
호흡기계 감염병	유행성 이하선염, 백일해, 인플루엔자, 풍진, 홍역 등
절족동물매개 감염병	발진티푸스, 말라리아, 일본뇌염, 페스트 등
동물매개 감염병	공수병, 탄저병, 브루셀라증 등

면역의 분류

선천적 면역	종족, 인종, 개인 특성에 따라 변함	
후천적 면역	능동면역	숙주 스스로가 면역체를 형성하여 면역을 지니게 되는 것으로 어떤 항원의 자극에 의하여 항체가 형성되어 있는 상태이다. • 자연능동면역 : 감염병에 감염된 후 형성되는 면역 　− 영구면역 : 홍역, 백일해, 장티푸스, 페스트 　− 일시면역 : 디프테리아, 폐렴, 인플루엔자, 세균성 이질 • 인공능동면역 : 예방접종 후 획득하는 면역 　− 생균백신 : 결핵, 탄저, 광견병, 황열, 폴리오, 홍역 　− 사균백신 : 콜레라, 장티푸스, 파라티푸스, 이질, 일본뇌염, 백일해
	수동면역	다른 숙주에 의하여 형성된 면역체(항체)를 받아서 면역력을 지니게 되는 경우이다. • 자연수동면역 : 모체로부터 태반, 수유를 통해 얻는 면역 • 인공수동면역 : 항독소 등 인공제제를 주사하여 항체를 얻는 면역

법정 감염병(감염병의 예방 및 관리에 관한 법률 제2조)

제1급 감염병	• 생물테러감염병 또는 치명률이 높거나 집단 발생의 우려가 커서 발생 또는 유행 즉시 신고하여야 하고, 음압격리와 같은 높은 수준의 격리가 필요한 감염병 • 에볼라바이러스병, 마버그열, 라싸열, 크리미안콩고출혈열, 남아메리카출혈열, 리프트밸리열, 두창, 페스트, 탄저, 보툴리눔독소증, 야토병, 신종감염병증후군, 중증급성호흡기증후군(SARS), 중동호흡기증후군(MERS), 동물인플루엔자 인체감염증, 신종인플루엔자, 디프테리아
제2급 감염병	• 전파 가능성을 고려하여 발생 또는 유행 시 24시간 이내에 신고하여야 하고, 격리가 필요한 감염병 • 결핵, 수두, 홍역, 콜레라, 장티푸스, 파라티푸스, 세균성이질, 장출혈성대장균감염증, A형간염, 백일해, 유행성 이하선염, 풍진, 폴리오, 수막구균 감염증, b형헤모필루스인플루엔자, 폐렴구균 감염증, 한센병, 성홍열, 반코마이신내성황색포도알균(VRSA) 감염증, 카바페넴내성장내세균목(CRE) 감염증, E형간염
제3급 감염병	• 그 발생을 계속 감시할 필요가 있어 발생 또는 유행 시 24시간 이내에 신고하여야 하는 감염병 • 파상풍, B형간염, 일본뇌염, C형간염, 말라리아, 레지오넬라증, 비브리오패혈증, 발진티푸스, 발진열, 쯔쯔가무시증, 렙토스피라증, 브루셀라증, 공수병, 신증후군출혈열, 후천성면역결핍증(AIDS), 크로이츠펠트−야콥병(CJD) 및 변종크로이츠펠트−야콥병(vCJD), 황열, 뎅기열, 큐열, 웨스트나일열, 라임병, 진드기매개뇌염, 유비저, 치쿤구니야열, 중증열성혈소판감소증후군(SFTS), 지카바이러스 감염증, 매독
제4급 감염병	• 제1급 감염병부터 제3급 감염병까지의 감염병 외에 유행 여부를 조사하기 위하여 표본감시 활동이 필요한 감염병 • 인플루엔자, 회충증, 편충증, 요충증, 간흡충증, 폐흡충증, 장흡충증, 수족구병, 임질, 클라미디아감염증, 연성하감, 성기단순포진, 첨규콘딜롬, 반코마이신내성장알균(VRE) 감염증, 메티실린내성황색포도알균(MRSA) 감염증, 다제내성녹농균(MRPA) 감염증, 다제내성아시네토박터바우마니균(MRAB) 감염증, 장관감염증, 급성호흡기감염증, 해외유입기생충감염증, 엔테로바이러스감염증, 사람유두종바이러스 감염증
기생충 감염병	• 기생충에 감염되어 발생하는 감염병 • 회충증, 편충증, 요충증, 간흡충증, 폐흡충증, 장흡충증, 해외유입기생충감염증

▌ 기생충 질환

① 무구조충(민촌충) : 소
② 유구조충(갈고리촌충) : 돼지
③ 선모충 : 개, 돼지
④ 간흡충(간디스토마) : 제1중간숙주 – 우렁이, 제2중간숙주 – 민물고기
⑤ 폐흡충(폐디스토마) : 제1중간숙주 – 다슬기, 제2중간숙주 – 게, 가재
⑥ 횡천흡충(요코가와흡충) : 제1중간숙주 – 다슬기, 제2중간숙주 – 은어
⑦ 긴촌충(광절열두조충) : 제1중간숙주 – 물벼룩, 제2중간숙주 – 송어, 연어

[3] 가족 및 노인보건

▌ 가족보건

① 계획적인 가족 형성으로 알맞은 수의 자녀를 적당한 터울로 낳아서 잘 살 수 있도록 하는 것이다.
② 목적 : 모자보건 향상, 양육능력 조절, 여성 해방, 경제적 능력 조절, 인구 조절, 자녀 양육

▌ 노인보건

① 65세 이상의 노인에 대한 적합한 건강검진사업을 통해 질병 예방 및 건강 유지, 사회보장 등의 프로그램을 통하여 노후의 생활안정 및 신체적 기능 상태를 증진시킨다.
② 노인의 3대 문제 : 경제능력 부족문제, 질병문제, 소외문제

[4] 환경보건

▌ 기후의 3대 요소

① 기온 : 실내의 쾌적 기온 18±2℃
② 기습 : 쾌적 습도 40~70%
③ 기류 : 바람이라 하며, 주로 기압의 차와 온도의 차이에 의해 생성
　※ 쾌감기류 : 0.2~0.3m/s(실내), 1m/s 전후(실외)

▌ 불쾌지수(DI ; Discomfort Index)

① 기온과 기습의 영향에 의해 인체가 느끼는 불쾌감을 표시한 것
② 불쾌지수(실내) = (건구온도 + 습구온도) × 0.72 + 40.6
　• 70 이상 : 다소 불쾌(약 10%의 사람들이 불쾌)
　• 75 이상 : 50% 정도 불쾌
　• 80 이상 : 거의 모두 불쾌
　• 85 이상 : 거의 모두 매우 불쾌(모든 사람들이 견딜 수 없을 정도의 불쾌한 상태)

대기환경

공기는 질소 78.1%, 산소 20.93%, 아르곤 0.93%, 이산화탄소 0.03% 등으로 이루어져 있다.

질소(N_2)	• 고기압 상태 시 질소는 중추신경계에 마취작용을 한다. • 잠함병 : 고기압 상태에서 저기압 상태로 갑자기 복귀할 때, 체액 및 지방조직에 질소가스가 주원인이 되어 발생한다.
산소(O_2)	저산소증 : 대기 중 산소 농도가 15% 이하 시 발생하고, 10% 이하일 때 호흡곤란을 느끼며, 7% 이하일 때 질식사한다.
이산화탄소(CO_2)	• 무색, 무취, 비독성 가스, 약산성이다. • 지구온난화의 주된 원인이다. • 실내 공기의 오염지표로 사용한다. • 중독 : 3% 이상일 때 불쾌감을 느끼고 호흡이 빨라지며, 7%일 때 호흡곤란을 느끼고, 10% 이상일 때 의식상실 및 질식사한다.
일산화탄소(CO)	• 무색, 무취의 맹독성 가스이다. • 중독 : CO는 헤모글로빈의 산소결합능력을 빼앗아 혈중 O_2의 농도를 저하키고 조직세포에 공급할 산소의 부족을 초래한다. • 증상 : 신경이상, 시력장애, 보행장애 등
아황산가스(SO_2)	대기오염의 지표 및 대기오염의 주원인이다.

공기의 자정작용

희석작용, 세정작용, 산화작용, CO_2와 O_2의 교환작용, 살균작용

군집독

다수의 사람이 장시간 밀폐된 실내에 있을 때 공기의 물리적, 화학적 조건이 문제가 되어 발생하는 불쾌감, 두통, 현기증, 구토, 식욕 저하 등의 생리적 현상이다.

기온역전

대기층의 온도는 100m 상승할 때마다 1℃씩 낮아지나, 상부 기온이 하부 기온보다 높을 때 발생하며 공기의 수직 확산이 일어나지 않게 되어서 대기오염이 심화된다.

수질오염지표

생물학적 산소요구량(BOD)	• 물속에 유기물질이 호기성 미생물에 의해 산화되고 분해될 때 필요한 산소량 → 수질오염을 나타내는 대표적인 지표(하수오염 대표지표) • BOD가 높을수록 물의 오염도가 높고, 낮을수록 오염도는 낮음
용존산소량(DO)	• 물에 녹아 있는 산소량 • DO가 낮을수록 물의 오염도가 높고, 높을수록 오염도는 낮음
대장균 수	음용수 오염의 생물학적 지표
화학적 산소요구량(COD)	물속의 오염물질을 화학적으로 산화시킬 때 소비되는 산소의 양

▌ 수질오염에 따른 인체 질환

미나마타병	• 수은 중독현상으로 산업폐수에 오염된 어패류 섭취 시 주로 나타남 • 신경마비, 언어장애, 시력 약화, 팔다리 통증, 근육위축 등 증상
이타이이타이병	• 카드뮴에 의한 지하수 오염으로 발생 • 전신권태, 호흡기능 저하, 신장기능 장애, 피로감, 골연화증 등 증상

[5] 식품위생과 영양

▌ 식중독의 분류

종류	구분	내용
세균성 식중독	감염형	살모넬라균 • 사람, 가축, 가금류의 식육 및 가금류의 알, 하수와 하천수 등에 감염 • 발열, 두통, 복통, 구토, 설사 등의 증상
		장염비브리오균 • 어패류, 생선회 등에 감염 • 구토, 발열, 설사 등
		병원성 대장균 • 채소류, 생고기 또는 완전히 조리되지 않은 식품, 오염된 조리도구 • 장내염증, 설사 등
	독소형	황색포도상구균 • 육류 및 그 가공품과 우유, 크림, 버터, 치즈 등과 이들을 재료로 한 과자류와 유제품 • 어지러움, 위경련, 구토, 발열, 설사 • 실온에 방치하지 말고 5℃ 이하에 냉장 보관
		보툴리누스균 • 통조림 및 소시지 등에 증식 • 현기증, 시야의 흐림, 호흡 불가, 삼킴 장애, 무기력, 호흡기 정지 • 치명적인 신경독소를 만들어내는 세균 → 식중독 중 치명률이 가장 높음
	생체 내 독소형 (감염형과 독소형 중간)	웰치균 • 웰치균이 오염·증식된 식품을 사람이 섭취하면 균이 증식하여 독소 생성 • 돼지고기, 닭고기, 칠면조고기 등 • 설사, 복통이 주 증상
화학성 식중독	유독, 유해화학물질에 의한 것	• 유해식품, 첨가물에 의한 식중독 • 농약에 의한 식중독 • 식품 변질에 의한 식중독 • 유해중금속에 의해 일어나는 식중독 • 조리기구 및 포장용기에 있는 유해물질에 의한 식중독

종류	구분	내용
자연독 식중독	식물성 독소	• 독버섯 : 무스카린 • 감자 : 솔라닌 • 맥각 : 에르고톡신 • 청매 : 아미그달린 • 독미나리 : 시큐톡신
	동물성 독소	• 복어 : 테트로도톡신 • 모시조개, 굴, 바지락 : 베네루핀
곰팡이 식중독	곰팡이독 중독	황변미독, 아플라톡신

[6] 보건행정

▌ 보건행정의 정의

국민의 건강 유지와 증진을 위한 공적인 활동을 말하며 국가나 지방자체단체가 주도하여 국민의 보건 향상을 위해 시행하는 행정활동을 말한다.

▌ 보건행정의 분류

일반보건행정	일반주민 대상 : 감염병, 모자보건행정, 예방보건행정, 기생충질환
산업보건행정	산업체 근로자 대상 : 산업재해 예방, 근로자복지시설 관리 및 안전교육
학교보건행정	학생, 교직원 대상 : 학교급식, 건강교육, 학교보건사업

제 2 절 소독

[1] 소독의 정의 및 분류

▌ 소독 관련 용어

멸균	병원균이나 포자까지 완전히 사멸시켜 제거한다.
살균	미생물을 물리적, 화학적으로 급속히 죽이는 것(내열성 포자 존재)이다.
소독	유해한 병원균 증식과 감염의 위험성을 제거한다(포자는 제거되지 않음). → 병원성 미생물의 생활력을 파괴 또는 멸살시켜 감염 및 증식력을 없애는 것이다.
방부	병원성 미생물의 발육을 정지시켜 음식의 부패나 발효를 방지한다.

※ 소독력 크기 : 멸균 > 살균 > 소독 > 방부

▌ 살균(소독)기전

① 산화작용 : 과산화수소, 염소, 오존
② 탈수작용 : 설탕, 식염, 알코올
③ 가수분해 작용 : 강알칼리, 강산
④ 균체 단백질 응고작용 : 크레졸, 알코올, 석탄산, 포르말린
⑤ 균체 효소의 불활성화 작용 : 석탄산, 알코올, 중금속

▌ 소독법의 분류

① 물리적 소독법
  • 건열멸균법

화염멸균법	• 물체에 직접 열을 가해 미생물을 태워 사멸 • 금속류, 유리류, 도자기류 등에 사용
소각법	• 병원체를 불꽃으로 태워 멸균하는 방법 • 감염병 환자의 배설물, 오염된 가운, 수건 등에 사용
건열멸균법	• 건열멸균기를 이용하는 방법 • 보통 멸균기 내의 온도 160~180℃에서 1~2시간 가열 • 유리제품, 금속류, 사기그릇 등의 멸균에 이용(미생물과 포자를 사멸)

  • 습열멸균법

자비소독법	• 100℃의 끓는 물에 15~20분 가열(포자는 죽이지 못함) • 아포형성균, B형간염 바이러스에는 부적합 • 물에 탄산나트륨(1~2%), 석탄산(5%), 붕소(2%), 크레졸(2~3%)을 넣으면 소독효과가 증대됨 • 의류, 식기, 도자기 등에 사용
고압증기멸균법	• 100~135℃ 고온의 수증기로 포자까지 사멸 • 가장 빠르고 효과적인 방법 • 고무, 유리기구, 금속기구, 의료기구, 무균실 기구, 약액 등에 사용 • 소독시간 　- 10파운드(lbs) : 115℃ → 30분간 　- 15파운드(lbs) : 121℃ → 20분간 　- 20파운드(lbs) : 126℃ → 15분간
저온살균법	• 62~63℃의 낮은 온도에서 30분간 소독 • 파스퇴르가 발명 • 우유, 술, 주스 등에 사용

  • 에틸렌옥사이드 가스멸균법(EO) : 50~60℃ 저온에서 멸균하는 방법으로 EO 가스의 폭발 위험이 있어서 프레온가스 또는 이산화탄소를 혼합 사용한다. → 고무장갑, 플라스틱
  • 무가열 멸균법

자외선살균법	200~290nm의 파장 범위 자외선 조사(특히 260nm 부근에서 살균력이 강함), 높은 살균효과와 빠른 처리 속도 → 용기, 각종 기구, 식품, 물, 공기 무균실, 수술실, 약제실 등
일광소독법	태양광선 중 자외선을 이용해 살균 → 의류, 침구류 소독
초음파멸균법	8,800Hz의 음파, 20,000Hz 이상의 진동으로 살균
방사선살균법	감마선을 이용해 살균, 플라스틱·알루미늄까지 투과 → 포장된 제품에 살균

② 화학적 소독법

알코올	70% 에탄올 사용 → 미용도구, 손 소독
과산화수소	3% 수용액 사용 → 피부 상처 소독
승홍수	• 강력한 살균력이 있어 0.1% 수용액 사용 → 손, 피부 소독 • 상처가 있는 피부에는 적합하지 않음(피부 점막에 자극 강함) • 금속을 부식시킴 • 무색, 무취이며 독성이 강하므로 보관에 주의
석탄산	• 고온일수록 효과가 높으며 살균력과 냄새가 강하고 독성이 있음(승홍수 1,000배 살균력) • 3% 수용액을 사용, 금속을 부식시킴 • 포자나 바이러스에는 효과 없음 • 소독제의 살균력 평가 기준으로 사용
생석회	• 산화칼슘을 98% 이상 함유한 백색 분말로 가격이 저렴 • 오물, 분변, 화장실, 하수도 소독에 사용
크레졸	• 3% 수용액 사용 • 석탄산 소독력의 2배의 효과가 있음 • 손 소독 시 1~2% 수용액 사용 • 오물, 배설물의 소독, 이·미용실 실내나 바닥 소독에 사용
염소	• 살균력이 강하고 저렴하며 잔류효과가 크고 냄새가 강함 • 상수 또는 하수의 소독에 주로 사용
포르말린	• 폼알데하이드 36% 수용액으로 온도가 높을수록 소독력이 강함 • 병실, 고무제품, 플라스틱, 금속 소독 시 사용
역성비누	• 양이온 계면활성제이며 물에 잘 녹고 세정력은 거의 없음 • 살균작용이 강함 • 기구, 식기, 손 소독 등에 적당

▌ 석탄산계수

$$석탄산계수(페놀계수) = \frac{소독액의\ 희석배수}{석탄산의\ 희석배수}$$

석탄산계수가 클수록 살균력이 크다. → 석탄산계수가 2.0이라면 살균력이 석탄산의 2배

▌ 소독인자

① 수분 : 물에 젖은 균체와의 접촉 후 균막을 통해 균체에 용해되어 들어가 단백질을 변성시킨다.
② 시간 : 물리적 소독과 화학적 소독은 일정 시간이 필요하다.
③ 온도 : 소독 대상물의 증식 환경에 맞는 적정 온도를 이용해야 한다.
④ 농도 : 소독력에 따라 적당한 유효농도를 선택해야 살균효과가 보장된다.

[2] 미생물 총론

▌ 미생물의 분류

세균(bacteria)	단세포 생물로서 0.2~2.0μm 정도 미세한 크기이며 감염과 질병의 가장 큰 원인이다. • 구균 : 구형 또는 타원형 → 포도상구균, 쌍구균, 연쇄상구균 • 간균 : 막대 모양의 길고 가는 것(막대형) → 디프테리아, 결핵균, 콜레라, 파상풍균 • 나선균 : 가늘고 길게 굴곡이 져 있는 코일 모양(나선형) → 콜레라, 매독
바이러스(virus)	• 크기가 가장 작은 미생물로서 살아 있는 세포 내에만 존재하고 동식물이나 세균에 기생하며 살아간다. • 수두, 인플루엔자, 천연두, 폴리오, 후천성 면역결핍증(AIDS) 등
곰팡이(molds)	• 발효식품이나 항생물질에 이용되며 포자가 발아 후 균사체를 형성하여 발육하는 사상균으로 식품에서 증식한다. • 누룩곰팡이, 털곰팡이, 푸른곰팡이, 양조, 메주 등의 발효식품에 이용된다.
효모(yeast)	• 단세포의 미생물로서 대형(5~10μm)의 구형 또는 타원형으로 출아·증식한다. • 25~30℃가 최적 온도이다. • 제빵, 양조, 메주 등의 발효식품에 이용된다.
리케차(rickettsia)	• 세균과 바이러스의 중간에 속하는 미생물이다. • 발진티푸스, 발진열, 양충병 등

▌ 미생물의 크기

곰팡이 > 효모 > 세균 > 리케차 > 바이러스

▌ 미생물의 증식 환경

① 온도
- 저온성균 : 15~20℃
- 중온성균 : 28~45℃
- 고온성균 : 45~60℃

② 수소이온농도(pH) : 세균이 잘 자라는 수소이온농도는 pH 6.5~7.5가 적당하다.

③ 산소의 유무
- 호기성 세균 : 산소가 필요한 균　예 결핵균, 디프테리아균 등
- 혐기성 세균 : 산소가 없어야 하는 균　예 파상풍균, 보툴리누스균 등
- 통성혐기성 세균 : 산소의 유무와 관계없는 균　예 살모넬라균, 포도상구균 등

■ 병원성 미생물의 분류

세균류	• 0.5~2μm로 현미경상에서만 관찰이 가능하다. • 원핵 생물계에 속하는 단세포 생물이다. • 구균(둥근 모양), 간균(긴 막대 모양), 나선균(나선 모양)이 있다.
진균류	• 진정 핵을 갖는 진핵생물이다. • 세균보다 크기가 크다(2~10μm). • 형태에 따라 균사(hyphae)를 형성하는 사상균, 아포(spore)를 형성하는 효모가 있다.
원충류	• 단세포로서 진핵생물이다. • 아메바, 사상충 등의 병원성으로 이질, 사상충증, 말라리아, 수면병 등의 병원체가 있다.
바이러스	• 홍역, 폴리오, 인플루엔자, 간염 등이 있다. • 가장 크기가 작은 미생물이다.

[3] 소독방법

■ 소독제의 조건

① 살균력이 강하고 미량으로도 빠르게 침투하여 효과가 우수해야 한다.
② 냄새가 강하지 않고 인체에 독성이 없어야 한다.
③ 대상물을 부식시키지 않고 표백이 되지 않아야 한다.
④ 안정성 및 용해성이 있어야 한다.
⑤ 사용법이 간단하고 경제적이어야 한다.
⑥ 환경오염을 유발하지 않아야 한다.

■ 소독 시 유의사항

① 소독할 제품에 따라 적당한 용량과 사용법을 지켜서 사용한다.
② 소독액은 미리 만들어 놓지 말고 필요한 양만큼 만들어 사용한다.
③ 소독제는 햇빛이 들어오지 않는 서늘한 곳에 보관하고 유효기간 내에 사용하도록 한다.
④ 소독 시 사용한 기구는 세척한 후 소독한다.

▌ 대상별 살균력 평가

① 소독 기준(공중위생관리법 시행규칙 [별표 3])

크레졸 소독	크레졸수(크레졸 3%＋물 97%의 수용액)에 10분 이상 담가 둔다.
석탄산수 소독	석탄산수(석탄산 3%＋물 97%의 수용액)에 10분 이상 담가 둔다.
에탄올 소독	에탄올 수용액(에탄올이 70%인 수용액)에 10분 이상 담가 두거나 에탄올 수용액을 머금은 면 또는 거즈로 기구의 표면을 닦아 준다.
자외선 소독	1cm^{2}당 85μW 이상의 자외선을 20분 이상 쬐어 준다.
증기 소독	100℃ 이상의 습한 열에 20분 이상 쐬어 준다.
건열멸균 소독	100℃ 이상의 건조한 열에 20분 이상 쐬어 준다.
열탕 소독	100℃ 이상의 물속에 10분 이상 끓여 준다.

② 소독대상별 방법

고무제품, 플라스틱, 모피(가죽)	석탄산수, 에틸렌옥사이드, 역성비누, 포르말린수 등
대소변, 배설물, 토사물	소각법, 생석회, 석탄산수, 크레졸수 등
하수구, 쓰레기통, 분변	생석회, 석탄산수, 크레졸수 등
도자기, 유리기구, 목죽제품	자비소독, 증기소독, 석탄산수, 크레졸수 등
의복, 침구	일광소독, 자비소독, 증기소독, 크레졸수, 석탄산수 등
환자 및 접촉자	석탄산수, 크레졸수, 승홍수, 역성비누 등
미용실 실내 소독	크레졸
미용실 기구 소독	크레졸, 석탄산

▌ 헤어샵 위생 · 소독

가위	• 70%의 알코올(에탄올)로 소독 • 고압증기멸균기 사용 시에는 소독 전 가위의 이물질을 수건으로 제거하고 거즈에 싸서 소독함
일회용 시술기구 (비닐캡, 비닐장갑, 면도날)	• 1인에 한하여 사용 • 일회용 레이저, 면도날은 재사용하면 안 됨
빗	미온수에 세제액으로 세척하여 이물질 제거 후 물기를 닦고 자외선소독기에 보관
클리퍼	천으로 닦은 후 70%의 알코올로 닦아 냄
타월	자비소독 또는 세탁해서 일광소독 후 사용

제 3 절　공중위생관리법규

[1] 목적 및 정의

■ 공중위생관리법의 목적(법 제1조)

　공중이 이용하는 영업의 위생관리 등에 관한 사항을 규정함으로써 위생수준을 향상시켜 국민의 건강증진에 기여함을 목적으로 한다.

■ 공중위생관리법의 정의(법 제2조)

　① **공중위생영업** : 다수인을 대상으로 위생관리서비스를 제공하는 영업으로서 숙박업·목욕장업·이용업·미용업·세탁업·건물위생관리업을 말한다.
　② **이용업** : 손님의 머리카락 또는 수염을 깎거나 다듬는 등의 방법으로 손님의 용모를 단정하게 하는 영업을 말한다.
　③ **미용업** : 손님의 얼굴, 머리, 피부 및 손톱·발톱 등을 손질하여 손님의 외모를 아름답게 꾸미는 다음의 영업을 말한다.

일반미용업	파마·머리카락 자르기·머리카락 모양내기·머리피부 손질·머리카락 염색·머리감기, 의료기기나 의약품을 사용하지 아니하는 눈썹손질을 하는 영업
피부미용업	의료기기나 의약품을 사용하지 아니하는 피부 상태 분석·피부관리·제모·눈썹손질을 하는 영업
네일미용업	손톱과 발톱을 손질·화장하는 영업
화장·분장 미용업	얼굴 등 신체의 화장, 분장 및 의료기기나 의약품을 사용하지 아니하는 눈썹손질을 하는 영업

[2] 영업의 신고 및 폐업

■ 영업신고 및 폐업신고(법 제3조)

　① 공중위생영업을 하고자 하는 자는 공중위생영업의 종류별로 보건복지부령이 정하는 시설 및 설비를 갖추고 시장·군수·구청장에게 신고하여야 한다. 보건복지부령이 정하는 중요사항을 변경하고자 하는 때에도 또한 같다.
　② 공중위생영업의 신고를 한 자(공중위생영업자)는 공중위생영업을 폐업한 날부터 20일 이내에 시장·군수·구청장에게 신고하여야 한다. 다만, 영업정지 등의 기간 중에는 폐업신고를 할 수 없다.
　③ ②에도 불구하고 이용업 또는 미용업의 신고를 한 자의 사망으로 면허를 소지하지 아니한 자가 상속인이 된 경우에는 그 상속인은 상속받은 날부터 3개월 이내에 시장·군수·구청장에게 폐업신고를 하여야 한다.
　④ 시장·군수·구청장은 공중위생영업자가 「부가가치세법」에 따라 관할 세무서장에게 폐업신고를 하거나 관할 세무서장이 사업자등록을 말소한 경우에는 보건복지부령으로 정하는 바에 따라 신고 사항을 직권으로 말소할 수 있다.

⑤ 시장·군수·구청장은 ④의 직권말소를 위하여 필요한 경우 관할 세무서장에게 공중위생영업자의 폐업 여부에 대한 정보 제공을 요청할 수 있다. 이 경우 요청을 받은 관할 세무서장은 「전자정부법」에 따라 공중위생영업자의 폐업 여부에 대한 정보를 제공하여야 한다.

⑥ ①부터 ③까지에 따른 신고의 방법 및 절차 등에 필요한 사항은 보건복지부령으로 정한다.

▌영업신고(규칙 제3조 제1항)

공중위생영업의 신고를 하려는 자는 공중위생영업의 종류별 시설 및 설비기준에 적합한 시설을 갖춘 후 영업신고서(전자문서로 된 신고서를 포함)에 다음의 서류를 첨부하여 시장·군수·구청장에게 제출하여야 한다.

① 영업시설 및 설비개요서

② 영업시설 및 설비의 사용에 관한 권리를 확보하였음을 증명하는 서류

③ 교육수료증(미리 교육을 받은 경우에만 해당)

▌변경신고(규칙 제3조의2)

① 변경신고를 하려는 자는 영업신고사항 변경신고서에 영업신고증, 변경사항을 증명하는 서류를 첨부하여 시장·군수·구청장에게 제출하여야 한다.

변경신고 사항	제출서류
• 영업소의 명칭 또는 상호 • 영업소의 주소 • 신고한 영업장 면적의 1/3 이상의 증감 • 대표자의 성명 또는 생년월일 • 미용업 업종 간 변경 또는 업종의 추가	• 영업신고증(신고증을 분실하여 영업신고사항 변경신고서에 분실 사유를 기재하는 경우 첨부하지 아니함) • 변경사항을 증명하는 서류

② 변경신고를 아니한 자는 6월 이하의 징역 또는 5백만 원 이하의 벌금에 처한다(법 제20조).

▌공중위생영업의 승계(법 제3조의2)

① 공중위생영업자가 그 공중위생영업을 양도하거나 사망한 때 또는 법인의 합병이 있을 때에는 그 양수인·상속인 또는 합병 후 존속하는 법인이나 합병에 의하여 설립되는 법인은 그 공중위생영업자의 지위를 승계한다.

② 「민사집행법」에 의한 경매, 「채무자 회생 및 파산에 관한 법률」에 의한 환가나 「국세징수법」·「관세법」 또는 「지방세징수법」에 의한 압류재산의 매각 그 밖에 이에 준하는 절차에 따라 공중위생영업 관련 시설 및 설비의 전부를 인수한 자는 이 법에 의한 그 공중위생업자의 지위를 승계한다.

③ 이용업 또는 미용업의 경우에는 면허를 소지한 자에 한하여 공중위생영업자의 지위를 승계할 수 있다.

④ 공중위생영업자의 지위를 승계한 자는 1월 이내에 보건복지부령이 정하는 바에 따라 시장·군수 또는 구청장에게 신고하여야 한다.

⑤ 영업자의 지위승계신고(규칙 제3조의5)

영업양도의 경우	양도·양수를 증명할 수 있는 서류 사본
상속의 경우	상속인임을 증명할 수 있는 서류(가족관계등록전산정보만으로 상속인임을 확인할 수 있는 경우는 제외)
영업양도 및 상속 외의 경우	해당 사유별로 영업자의 지위를 승계하였음을 증명할 수 있는 서류

[3] 영업자 준수사항

▌미용업자가 준수해야 하는 위생관리기준(규칙 [별표 4])

① 점빼기·귓볼뚫기·쌍꺼풀수술·문신·박피술 그 밖에 이와 유사한 의료행위를 하여서는 아니 된다.
② 피부미용을 위하여 「약사법」에 따른 의약품 또는 「의료기기법」에 따른 의료기기를 사용하여서는 아니 된다.
③ 미용기구 중 소독을 한 기구와 소독을 하지 아니한 기구는 각각 다른 용기에 넣어 보관하여야 한다.
④ 1회용 면도날은 손님 1인에 한하여 사용하여야 한다.
⑤ 영업장 안의 조명도는 75lx 이상이 되도록 유지하여야 한다.
⑥ 영업소 내부에 미용업 신고증 및 개설자의 면허증 원본을 게시하여야 한다.
⑦ 영업소 내부에 부가가치세, 재료비 및 봉사료 등이 포함된 요금표(최종지급요금표)를 게시 또는 부착하여야 한다.
⑧ ⑦에도 불구하고 신고한 영업장 면적이 $66m^2$ 이상인 영업소의 경우 영업소 외부에도 손님이 보기 쉬운 곳에 「옥외광고물 등 관리법」에 적합하게 최종지급요금표를 게시 또는 부착하여야 한다. 이 경우 최종지급요금표에는 일부 항목(5개 이상)만을 표시할 수 있다.
⑨ 3가지 이상의 미용서비스를 제공하는 경우에는 개별 미용서비스의 최종 지급가격 및 전체 미용서비스의 총액에 관한 내역서를 이용자에게 미리 제공하여야 한다. 이 경우 미용업자는 해당 내역서 사본을 1개월간 보관하여야 한다.

▌이·미용업의 시설 및 설비기준(규칙 [별표 1])

이용업	• 이용기구는 소독을 한 기구와 소독을 하지 아니한 기구를 구분하여 보관할 수 있는 용기를 비치하여야 한다. • 소독기, 자외선 살균기 등 이용기구를 소독하는 장비를 갖추어야 한다. • 영업소 안에는 별실 그 밖에 이와 유사한 시설을 설치하여서는 아니 된다.
미용업	• 미용기구는 소독을 한 기구와 소독을 하지 아니한 기구를 구분하여 보관할 수 있는 용기를 비치하여야 한다. • 소독기, 자외선 살균기 등 미용기구를 소독하는 장비를 갖추어야 한다.

[4] 면허

▌이·미용사 면허 발급 대상자(법 제6조 제1항)

이·미용사가 되고자 하는 자는 다음에 해당하는 자로서 보건복지부령이 정하는 바에 의하여 시장·군수·구청장의 면허를 받아야 한다.
① 전문대학 또는 이와 같은 수준 이상의 학력이 있다고 교육부장관이 인정하는 학교에서 이용 또는 미용에 관한 학과를 졸업한 자
② 「학점인정 등에 관한 법률」에 따라 대학 또는 전문대학을 졸업한 자와 같은 수준 이상의 학력이 있는 것으로 인정되어 이용 또는 미용에 관한 학위를 취득한 자
③ 고등학교 또는 이와 같은 수준의 학력이 있다고 교육부장관이 인정하는 학교에서 이용 또는 미용에 관한 학과를 졸업한 자
④ 초·중등교육법령에 따른 특성화고등학교, 고등기술학교나 고등학교 또는 고등기술학교에 준하는 각종 학교에서 1년 이상 이용 또는 미용에 관한 소정의 과정을 이수한 자
⑤ 「국가기술자격법」에 의한 이용사 또는 미용사 자격을 취득한 자

▌이·미용사의 면허 결격사유(법 제6조 제2항)

① 피성년후견인
② 정신질환자(다만, 전문의가 이용사 또는 미용사로서 적합하다고 인정하는 사람은 예외)
③ 공중의 위생에 영향을 미칠 수 있는 감염병환자로서 보건복지부령이 정하는 자
④ 마약 기타 대통령령으로 정하는 약물중독자(대마 또는 향정신성의약품의 중독자)
⑤ 면허가 취소된 후 1년이 경과되지 아니한 자

▌면허증의 반납 등(규칙 제12조)

① 면허가 취소되거나 면허의 정지명령을 받은 자는 지체없이 관할 시장·군수·구청장에게 면허증을 반납하여야 한다.
② 면허의 정지명령을 받은 자가 규정에 의하여 반납한 면허증은 그 면허정지기간 동안 관할 시장·군수·구청장이 이를 보관하여야 한다.
③ 면허증 재발급 신청 사유(규칙 제10조 제1항)
  • 면허증을 잃어버렸을 때
  • 면허증이 헐어 못 쓰게 되었을 때
  • 면허증의 기재사항에 변경이 있을 때

▮ 이·미용사의 면허취소 등(법 제7조)

① 시장·군수·구청장은 이용사 또는 미용사가 다음의 하나에 해당하는 때에는 그 면허를 취소하거나 6월 이내의 기간을 정하여 그 면허의 정지를 명할 수 있다.
- 피성년후견인
- 정신질환자, 공중의 위생에 영향을 미칠 수 있는 감염병환자로서 보건복지부령이 정하는 자, 마약 기타 대통령령으로 정하는 약물 중독자에 해당하게 된 때
- 면허증을 다른 사람에게 대여한 때
- 「국가기술자격법」에 따라 자격이 취소된 때
- 「국가기술자격법」에 따라 자격정지처분을 받은 때(자격정지처분 기간에 한정)
- 이중으로 면허를 취득한 때(나중에 발급받은 면허를 말함)
- 면허정지처분을 받고도 그 정지기간 중에 업무를 한 때
- 「성매매알선 등 행위의 처벌에 관한 법률」이나 「풍속영업의 규제에 관한 법률」을 위반하여 관계 행정 기관의 장으로부터 그 사실을 통보받은 때

② ①의 규정에 의한 면허취소·정지처분의 세부적인 기준은 그 처분의 사유와 위반의 정도 등을 감안하여 보건복지부령으로 정한다.

[5] 업무

▮ 이·미용사의 업무범위 등(법 제8조)

① 이용사 또는 미용사의 면허를 받은 자가 아니면 이용업 또는 미용업을 개설하거나 그 업무에 종사할 수 없다. 다만, 이용사 또는 미용사의 감독을 받아 이용 또는 미용업무의 보조를 행하는 경우에는 그러하지 아니하다.

② 이용 및 미용의 업무는 영업소 외의 장소에서 행할 수 없다. 다만, 보건복지부령이 정하는 특별한 사유가 있는 경우(규칙 제13조)에는 그러하지 아니하다.

▮ 영업소 외에서의 이용 및 미용업무(규칙 제13조)

① 질병, 고령, 장애나 그 밖의 사유로 영업소에 나올 수 없는 자에 대하여 이용 또는 미용을 하는 경우
② 혼례나 그 밖의 의식에 참여하는 자에 대하여 그 의식 직전에 이용 또는 미용을 하는 경우
③ 「사회복지사업법」에 따른 사회복지시설에서 봉사활동으로 이용 또는 미용을 하는 경우
④ 방송 등의 촬영에 참여하는 사람에 대하여 그 촬영 직전에 이용 또는 미용을 하는 경우
⑤ ①부터 ④까지의 경우 외에 특별한 사정이 있다고 시장·군수·구청장이 인정하는 경우

[6] 행정지도감독

▌ 보고 및 출입 · 검사(법 제9조 제1항)

시·도지사 또는 시장·군수·구청장은 공중위생관리상 필요하다고 인정하는 때에는 공중위생영업자에 대하여 필요한 보고를 하게 하거나 소속공무원으로 하여금 영업소, 사무소 등에 출입하여 공중위생영업자의 위생관리의무 이행 등에 대하여 검사하게 하거나 필요에 따라 공중위생영업장부나 서류를 열람하게 할 수 있다.

▌ 공중위생영업소의 폐쇄 등(법 제11조)

① 시장·군수·구청장은 공중위생영업자가 다음의 어느 하나에 해당하면 6월 이내의 기간을 정하여 영업의 정지 또는 일부 시설의 사용중지를 명하거나 영업소 폐쇄 등을 명할 수 있다.
- 영업신고를 하지 아니하거나 시설과 설비기준을 위반한 경우
- 변경신고를 하지 아니한 경우
- 지위승계신고를 하지 아니한 경우
- 공중위생영업자의 위생관리의무 등을 지키지 아니한 경우
- 불법카메라나 기계장치를 설치한 경우
- 영업소 외의 장소에서 이용 또는 미용업무를 한 경우
- 보고를 하지 아니하거나 거짓으로 보고한 경우 또는 관계공무원의 출입, 검사 또는 공중위생영업장부 또는 서류의 열람을 거부·방해하거나 기피한 경우
- 개선명령을 이행하지 아니한 경우
- 「성매매알선 등 행위의 처벌에 관한 법률」, 「풍속영업의 규제에 관한 법률」, 「청소년 보호법」, 「아동·청소년의 성보호에 관한 법률」, 「의료법」 또는 「마약류 관리에 관한 법률」을 위반하여 관계 행정기관의 장으로부터 그 사실을 통보받은 경우
② 시장·군수·구청장은 ①에 따른 영업정지처분을 받고도 그 영업정지 기간에 영업을 한 경우에는 영업소 폐쇄를 명할 수 있다.
③ 시장·군수·구청장은 다음의 어느 하나에 해당하는 경우에는 영업소 폐쇄를 명할 수 있다.
- 공중위생영업자가 정당한 사유 없이 6개월 이상 계속 휴업하는 경우
- 공중위생영업자가 「부가가치세법」 제8조에 따라 관할 세무서장에게 폐업신고를 하거나 관할 세무서장이 사업자 등록을 말소한 경우
- 공중위생영업자가 영업을 하지 아니하기 위하여 영업시설의 전부를 철거한 경우
④ 행정처분의 세부기준은 그 위반행위의 유형과 위반 정도 등을 고려하여 보건복지부령으로 정한다.
⑤ 시장·군수·구청장은 공중위생영업자가 영업소 폐쇄명령을 받고도 계속하여 영업을 하는 때에는 관계 공무원으로 하여금 해당 영업소를 폐쇄하기 위하여 다음의 조치를 하게 할 수 있다.
- 해당 영업소의 간판 기타 영업표지물의 제거
- 해당 영업소가 위법한 영업소임을 알리는 게시물 등의 부착
- 영업을 위하여 필수불가결한 기구 또는 시설물을 사용할 수 없게 하는 봉인

⑥ 봉인을 해제할 수 있는 경우
- 시장·군수·구청장이 봉인을 한 후 봉인을 계속할 필요가 없다고 인정되는 때
- 영업자 등이나 그 대리인이 해당 영업소를 폐쇄할 것을 약속하는 때
- 정당한 사유를 들어 봉인의 해제를 요청하는 때
- 해당 영업소가 위법한 영업소임을 알리는 게시물 등의 제거를 요청하는 경우

▌ 공중위생감시원의 자격 및 임명(영 제8조)

① 시·도지사 또는 시장·군수·구청장은 다음의 어느 하나에 해당하는 소속공무원 중에서 공중위생감시원을 임명한다.
- 위생사 또는 환경기사 2급 이상의 자격증이 있는 사람
- 「고등교육법」에 따른 대학에서 화학·화공학·환경공학 또는 위생학 분야를 전공하고 졸업한 사람 또는 법령에 따라 이와 같은 수준 이상의 학력이 있다고 인정되는 사람
- 외국에서 위생사 또는 환경기사의 면허를 받은 사람
- 1년 이상 공중위생 행정에 종사한 경력이 있는 사람
② 시·도지사 또는 시장·군수·구청장은 ①의 어느 하나에 해당하는 사람만으로는 공중위생감시원의 인력 확보가 곤란하다고 인정되는 때에는 공중위생 행정에 종사하는 사람 중 공중위생 감시에 관한 교육훈련을 2주 이상 받은 사람을 공중위생 행정에 종사하는 기간 동안 공중위생감시원으로 임명할 수 있다.

▌ 공중위생감시원의 업무범위(영 제9조)

① 시설 및 설비의 확인
② 공중위생영업 관련 시설 및 설비의 위생상태 확인·검사, 공중위생영업자의 위생관리의무 및 영업자 준수사항 이행 여부의 확인
③ 위생지도 및 개선명령 이행 여부의 확인
④ 공중위생영업소의 영업의 정지, 일부 시설의 사용중지 또는 영업소 폐쇄명령 이행 여부의 확인
⑤ 위생교육 이행 여부의 확인

▌ 명예공중위생감시원(법 제15조의2, 영 제9조의2)

① 시·도지사는 공중위생의 관리를 위한 지도·계몽 등을 행하게 하기 위하여 명예공중위생감시원(이하 "명예감시원")을 둘 수 있다.
② 명예공중위생감시원은 시·도지사가 다음에 해당하는 자 중에서 위촉한다.
- 공중위생에 대한 지식과 관심이 있는 자
- 소비자단체, 공중위생 관련 협회 또는 단체의 소속직원 중에서 해당 단체 등의 장이 추천하는 자

③ 명예공중위생감시원의 업무
- 공중위생감시원이 행하는 검사대상물의 수거 지원
- 법령 위반행위에 대한 신고 및 자료 제공
- 그 밖에 공중위생에 관한 홍보·계몽 등 공중위생관리업무와 관련하여 시·도지사가 따로 정하여 부여하는 업무

④ 시·도지사는 명예공중위생감시원의 활동지원을 위하여 예산의 범위 안에서 시·도지사가 정하는 바에 따라 수당 등을 지급할 수 있다.

⑤ 명예감시원의 운영에 관하여 필요한 사항은 시·도지사가 정한다.

■ 업소 위생등급(규칙 제21조)

위생관리등급의 판정을 위한 세부항목, 등급결정 절차와 기타 위생서비스평가에 필요한 구체적인 사항은 보건복지부장관이 정하여 고시한다.

분류	특징
최우수업소	녹색등급
우수업소	황색등급
일반관리대상 업소	백색등급

[7] 위생교육

■ 위생교육(법 제17조, 규칙 제23조)

① 공중위생영업자는 매년 위생교육을 받아야 한다(1회 3시간 교육).

② 공중위생영업의 신고를 하고자 하는 자는 미리 위생교육을 받아야 한다. 보건복지부령으로 정하는 부득이한 사유로 미리 교육을 받을 수 없는 경우에는 영업개시 후 6개월 이내에 위생교육을 받을 수 있다.
- 천재지변, 본인의 질병·사고, 업무상 국외출장 등의 사유로 교육을 받을 수 없는 경우
- 교육을 실시하는 단체의 사정 등으로 미리 교육을 받기 불가능한 경우

③ 위생교육을 받아야 하는 자 중 영업에 직접 종사하지 아니하거나 2개 이상의 장소에서 영업을 하는 자는 종업원 중 영업장별로 공중위생에 관한 책임자를 지정하고 그 책임자로 하여금 위생교육을 받게 하여야 한다.

④ 위생교육은 보건복지부장관이 허가한 단체 또는 공중위생영업자단체가 실시할 수 있다.

⑤ 위생교육의 방법·절차 등에 관하여 필요한 사항은 보건복지부령으로 정한다.

⑥ 위생교육을 받은 자가 위생교육을 받은 날부터 2년 이내에 위생교육을 받은 업종과 같은 업종의 영업을 하려는 경우에는 해당 영업에 대한 위생교육을 받은 것으로 본다.

⑦ 위생교육 실시단체의 장은 위생교육을 수료한 자에게 수료증을 교부하고, 교육실시 결과를 교육 후 1개월 이내에 시장·군수·구청장에게 통보하여야 하며, 수료증 교부대장 등 교육에 관한 기록을 2년 이상 보관·관리하여야 한다.

▌ 위생서비스수준의 평가(규칙 제20조)

공중위생영업소의 위생서비스수준 평가는 2년마다 실시하되, 공중위생영업소의 보건·위생관리를 위하여 특히 필요한 경우에는 보건복지부장관이 정하여 고시하는 바에 따라 공중위생영업의 종류 또는 위생관리등급별로 평가주기를 달리할 수 있다.

[8] 벌칙 및 행정처분기준

▌ 벌칙(법 제20조)

1년 이하의 징역 또는 1천만 원 이하의 벌금	6월 이하의 징역 또는 500만 원 이하의 벌금	300만 원 이하의 벌금
• 공중위생영업의 신고를 하지 아니하고 공중위생영업(숙박업은 제외)을 한 자 • 영업정지명령 또는 일부 시설의 사용중지명령을 받고도 그 기간 중에 영업을 하거나 그 시설을 사용한 자 • 영업소 폐쇄명령을 받고도 계속하여 영업을 한 자	• 변경신고를 하지 아니한 자 • 공중위생영업자의 지위를 승계한 자로서 신고를 하지 아니한 자 • 건전한 영업질서를 위하여 공중위생영업자가 준수하여야 할 사항을 준수하지 아니한 자	• 다른 사람에게 이용사 또는 미용사의 면허증을 빌려주거나 빌린 사람 • 이용사 또는 미용사의 면허증을 빌려주거나 빌리는 것을 알선한 사람 • 면허의 취소 또는 정지 중에 이용업 또는 미용업을 한 사람 • 면허를 받지 아니하고 이용업 또는 미용업을 개설하거나 그 업무에 종사한 사람

▌ 과태료(법 제22조)

대통령령으로 정하는 바에 따라 보건복지부장관 또는 시장·군수·구청장이 부과·징수한다.

300만 원 이하의 과태료	200만 원 이하의 과태료
• 규정에 의한 보고를 하지 아니하거나 관계공무원의 출입·검사 기타 조치를 거부·방해 또는 기피한 자 • 개선명령에 위반한 자 • 이용업 신고를 하지 아니하고 이용업소표시등을 설치한 자	• 이용업소의 위생관리 의무를 지키지 아니한 자 • 미용업소의 위생관리 의무를 지키지 아니한 자 • 영업소 외의 장소에서 이용 또는 미용업무를 행한 자 • 위생교육을 받지 아니한 자

▌ 청문(법 제12조)

보건복지부장관 또는 시장·군수·구청장은 다음의 어느 하나에 해당하는 처분을 하려면 청문을 하여야 한다.
① 이용사와 미용사의 면허취소 또는 면허정지
② 공중위생영업소의 영업정지명령, 일부 시설의 사용중지명령 또는 영업소 폐쇄명령

■ 행정처분기준(규칙 [별표 7])

위반행위	근거 법조문	행정처분기준			
		1차 위반	2차 위반	3차 위반	4차 이상 위반
가. 법 제3조제1항 전단에 따른 영업신고를 하지 않거나 시설과 설비기준을 위반한 경우	법 제11조 제1항제1호				
1) 영업신고를 하지 않은 경우		영업장 폐쇄명령			
2) 시설 및 설비기준을 위반한 경우		개선명령	영업정지 15일	영업정지 1월	영업장 폐쇄명령
나. 법 제3조제1항 후단에 따른 변경신고를 하지 않은 경우	법 제11조 제1항제2호				
1) 신고를 하지 않고 영업소의 명칭 및 상호, 법 제2조제1항제5호 각 목에 따른 미용업 업종 간 변경을 하였거나 영업장 면적의 3분의 1 이상을 변경한 경우		경고 또는 개선명령	영업정지 15일	영업정지 1월	영업장 폐쇄명령
2) 신고를 하지 않고 영업소의 소재지를 변경한 경우		영업정지 1월	영업정지 2월	영업장 폐쇄명령	
다. 법 제3조의2제4항에 따른 지위승계신고를 하지 않은 경우	법 제11조 제1항제3호	경고	영업정지 10일	영업정지 1월	영업장 폐쇄명령
라. 법 제4조에 따른 공중위생영업자의 위생관리 의무 등을 지키지 않은 경우	법 제11조 제1항제4호				
1) 소독을 한 기구와 소독을 하지 않은 기구를 각각 다른 용기에 넣어 보관하지 않거나 1회용 면도날을 2인 이상의 손님에게 사용한 경우		경고	영업정지 5일	영업정지 10일	영업장 폐쇄명령
2) 피부미용을 위하여 「약사법」에 따른 의약품 또는 「의료기기법」에 따른 의료기기를 사용한 경우		영업정지 2월	영업정지 3월	영업장 폐쇄명령	
3) 점빼기·귓불뚫기·쌍꺼풀수술·문신·박피술 그 밖에 이와 유사한 의료행위를 한 경우		영업정지 2월	영업정지 3월	영업장 폐쇄명령	
4) 미용업 신고증 및 면허증 원본을 게시하지 않거나 업소 내 조명도를 준수하지 않은 경우		경고 또는 개선명령	영업정지 5일	영업정지 10일	영업장 폐쇄명령
5) 별표 4 제4호자목 전단을 위반하여 개별 미용서비스의 최종 지급가격 및 전체 미용 서비스의 총액에 관한 내역서를 이용자에게 미리 제공하지 않은 경우		경고	영업정지 5일	영업정지 10일	영업정지 1월
마. 법 제5조를 위반하여 카메라나 기계장치를 설치한 경우	법 제11조 제1항제4호의2	영업정지 1월	영업정지 2월	영업장 폐쇄명령	

위반행위	근거 법조문	행정처분기준			
		1차 위반	2차 위반	3차 위반	4차 이상 위반
바. 법 제7조제1항의 어느 하나에 해당하는 면허 정지 및 면허 취소 사유에 해당하는 경우	법 제7조 제1항				
1) 법 제6조제2항제1호부터 제4호까지에 해 당하게 된 경우		면허취소			
2) 면허증을 다른 사람에게 대여한 경우		면허정지 3월	면허정지 6월	면허취소	
3) 「국가기술자격법」에 따라 자격이 취소된 경우		면허취소			
4) 「국가기술자격법」에 따라 자격정지처분을 받은 경우(「국가기술자격법」에 따른 자격 정지처분 기간에 한정한다)		면허정지			
5) 이중으로 면허를 취득한 경우(나중에 발급 받은 면허를 말한다)		면허취소			
6) 면허정지처분을 받고도 그 정지기간 중 업 무를 한 경우		면허취소			
사. 법 제8조제2항을 위반하여 영업소 외의 장소 에서 미용 업무를 한 경우	법 제11조 제1항제5호	영업정지 1월	영업정지 2월	영업장 폐쇄명령	
아. 법 제9조에 따른 보고를 하지 않거나 거짓으로 보고한 경우 또는 관계공무원의 출입, 검사 또는 공중위생영업 장부 또는 서류의 열람을 거부·방해하거나 기피한 경우	법 제11조 제1항제6호	영업정지 10일	영업정지 20일	영업정지 1월	영업장 폐쇄명령
자. 법 제10조에 따른 개선명령을 이행하지 않은 경우	법 제11조 제1항제7호	경고	영업정지 10일	영업정지 1월	영업장 폐쇄명령
차. 「성매매알선 등 행위의 처벌에 관한 법률」, 「풍속영업의 규제에 관한 법률」, 「청소년 보호 법」, 「아동·청소년의 성보호에 관한 법률」 또는 「의료법」을 위반하여 관계 행정기관의 장으로부터 그 사실을 통보받은 경우	법 제11조 제1항제8호				
1) 손님에게 성매매알선 등 행위 또는 음란행 위를 하게 하거나 이를 알선 또는 제공한 경우					
가) 영업소		영업정지 3월	영업장 폐쇄명령		
나) 미용사		면허정지 3월	면허취소		
2) 손님에게 도박 그 밖에 사행행위를 하게 한 경우		영업정지 1월	영업정지 2월	영업장 폐쇄명령	
3) 음란한 물건을 관람·열람하게 하거나 진 열 또는 보관한 경우		경고	영업정지 15일	영업정지 1월	영업장 폐쇄명령
4) 무자격안마사로 하여금 안마사의 업무에 관한 행위를 하게 한 경우		영업정지 1월	영업정지 2월	영업장 폐쇄명령	

위반행위	근거 법조문	행정처분기준			
		1차 위반	2차 위반	3차 위반	4차 이상 위반
카. 영업정지처분을 받고도 그 영업정지 기간에 　 영업을 한 경우	법 제11조 제2항	영업장 폐쇄명령			
타. 공중위생영업자가 정당한 사유 없이 6개월 이 　 상 계속 휴업하는 경우	법 제11조 제3항제1호	영업장 폐쇄명령			
파. 공중위생영업자가 「부가가치세법」 제8조에 　 따라 관할 세무서장에게 폐업신고를 하거나 　 관할 세무서장이 사업자 등록을 말소한 경우	법 제11조 제3항제2호	영업장 폐쇄명령			
하. 공중위생영업자가 영업을 하지 않기 위하여 　 영업시설의 전부를 철거한 경우	법 제11조 제3항제3호	영업장 폐쇄명령			

PART 01

기출복원문제

제1회~제7회   기출복원문제

행운이란 100%의 노력 뒤에 남는 것이다.

– 랭스턴 콜먼(Langston Coleman)

제 1 회 기출복원문제

01 컬이 오래 지속되며 움직임을 가장 적게 해주는 것은?

① **논 스템(non stem)**
② 하프 스템(half stem)
③ 풀 스템(full stem)
④ 컬 스템(curl stem)

> **해설**
> 스템(stem)
>
> | 풀 스템 | 컬의 형태와 방향을 결정하며 컬의 움직임이 가장 크다. |
> |---|---|
> | 하프 스템 | 반 정도의 스템에 의해 서클이 베이스로부터 어느 정도 움직임을 갖고 있다. |
> | 논 스템 | 컬의 움직임이 가장 작으며 루프가 베이스에 들어가 있어 오래 지속된다. |

02 다음 중 두발의 볼륨을 주지 않기 위한 컬 기법은?

① 스탠드 업 컬(stand up curl)
② **플랫 컬(flat curl)**
③ 리프트 컬(lift curl)
④ 논 스템 롤러 컬(non stem roller curl)

> **해설**
> 컬의 종류
> • 스탠드 업 컬 : 루프가 두피에 90°로 세워진 컬(볼륨을 줄 때 사용)
> • 플랫 컬 : 루프가 두피에 0°로 각도 없이 평평하게 형성된 컬

03 1940년대에 유행했던 스타일로, 네이프 선까지 가지런히 정돈하여 묶어 청순한 이미지를 부각시킨 스타일이며 아르헨티나의 영부인이었던 에바 페론의 헤어스타일로 유명한 업스타일은?

① 링고 스타일
② **시뇽 스타일**
③ 킨키 스타일
④ 퐁파두르 스타일

> **해설**
> 시뇽 스타일 : 프랑스어로 '속발, 쪽, 목덜미, 쪽진머리'라는 의미이다. 뒤로 모아 틀어 올린 머리 모양으로, 후두부에 작은 쪽을 만든 헤어스타일이다.

04 중국 현종(서기 713~755년) 때의 십미도(十眉圖)에 대한 설명으로 옳은 것은?

① 열 명의 아름다운 여인
② 열 가지의 아름다운 산수화
③ 열 가지의 화장방법
④ **열 종류의 눈썹 모양**

> **해설**
> 중국 현종 때 10가지 종류의 눈썹 모양을 소개한 십미도는 미인을 평가하는 기준이 되었다.

05 다음 중 언더 프로세싱(under processing) 된 모발의 그림은?

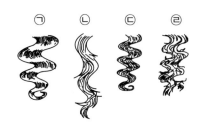

① ㉠　　　　②㉡
③ ㉢　　　　④ ㉣

해설

오버 프로세싱과 언더 프로세싱

오버 프로세싱	• 적정 프로세싱 타임보다 1액의 방치시 간이 길어진 경우 • 모발이 손상됨
언더 프로세싱	• 적정 프로세싱 타임보다 1액의 방치시 간이 짧아진 경우 • 웨이브가 나오지 않음

06 스캘프 트리트먼트의 목적이 아닌 것은?

① 원형 탈모증 치료
② 두피 및 모발을 건강하고 아름답게 유지
③ 혈액순환 촉진
④ 비듬 방지

해설

두피관리(스캘프 트리트먼트)의 목적
• 두피의 혈액순환 촉진 및 두피의 생리기능을 높여
  준다.
• 비듬을 제거하고 가려움증을 완화시킨다.
• 두피를 청결하게 하고 모근에 자극을 주어 탈모를
  방지한다.
• 모발의 발육을 촉진한다.
• 두피에 유분 및 수분을 공급한다.

07 콜드 퍼머넌트 웨이브 시 두발 끝이 자지 러지는 원인이 아닌 것은?

① 콜드 웨이브 제1액을 바르고 방치시간
  이 길었다.
② 사전 커트 시 두발 끝을 너무 테이퍼링
  하였다.
③ 두발 끝을 블런트 커팅하였다.
④ 너무 가는 롯드(로드)를 사용하였다.

해설

모발 끝이 자지러지는 경우
• 오버 프로세싱했을 경우
• 모발에 맞지 않은 가는 롯드(로드)를 사용한 경우
• 강한 약제를 사용한 경우
• 모발 끝을 심하게 테이퍼링했을 경우

08 염색 모발에 가장 적합한 샴푸제는?

① 댄드러프 샴푸제
② 논 스트리핑 샴푸제
③ 프로테인 샴푸제
④ 약용 샴푸제

해설

염색한 모발은 pH가 낮은 산성 샴푸제나 모발에 자극을
주지 않는 논 스트리핑 샴푸제를 사용한다.

09 원랭스 커트(one length cut)에 속하지 않는 것은?

☑ **① 레이어 커트**

② 이사도라 커트

③ 패럴렐 보브 커트

④ 스파니엘 커트

> **해설**
> 원랭스 커트는 커트 라인에 따라 패럴렐 보브(평행 보브), 스파니엘, 이사도라, 머시룸 커트 등으로 분류할 수 있다.

10 다음 그림과 같이 와인딩했을 때 웨이브의 형상은?

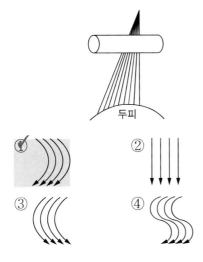

> **해설**
> 모발을 모아서 빗겨 말기 와인딩하면 모발 끝에 방향을 줄 수 있다. 오른쪽으로 기울이면 오른쪽으로, 왼쪽으로 기울이면 왼쪽으로 웨이브가 형성된다.

11 플러프 뱅(fluff bang)에 관한 설명으로 옳은 것은?

① 포워드 롤을 뱅에 적용시킨 것이다.

☑ **② 컬이 부드럽고 아무런 꾸밈도 없는 듯이 모이도록 볼륨을 주는 것이다.**

③ 가르마 가까이에 작게 낸 뱅이다.

④ 뱅으로 하는 부분의 두발을 업콤하여 두발 끝을 플러프해서 내린 것이다.

> **해설**
> 뱅의 종류
>
> | 플러프 뱅 | 볼륨을 주어 컬을 부풀려 컬이 부드럽고 자연스럽게 보이는 뱅이다. |
> |---|---|
> | 롤 뱅 | 롤을 이용해 형성한 뱅이다. |
> | 웨이브 뱅 | 풀 웨이브 또는 하프 웨이브로 형성된 뱅이며 모발 끝을 라운드로 형성한 뱅이다. |
> | 프렌치 뱅 | 뱅 부분을 위로 빗질하고 모발 끝부분을 부풀리는 플러프 처리를 한 뱅이다. |
> | 프린지 뱅 | 가르마 가까이에 작게 낸 뱅이다. |

12 콜드 퍼머넌트 웨이브 시 제1액의 주성분으로 알맞은 것은?

① 과산화수소

② 취소산나트륨

☑ **③ 티오글리콜산**

④ 과붕산나트륨

> **해설**
> 헤어펌제의 성분
> • 1제(환원제) : 티오글리콜산, 시스테인
> • 2제(산화제) : 브롬산나트륨(취소산나트륨), 과산화수소

13 매직 스트레이트 헤어펌 시술 시 사용하는 플랫 아이론의 온도로 가장 알맞은 것은?

① 130~150℃
✔ 160~180℃
③ 190~200℃
④ 200~210℃

해설
플랫 아이론의 온도는 160~180℃로 하여 프레스한다.

14 그래쥬에이션 커트 마무리 시 수정·보완에 대한 설명으로 옳지 않은 것은?

① 필요한 경우 수정 및 보정 커트를 한다.
② 롤 브러시를 사용하여 후두부 중앙의 아래 네이프에서부터 모발을 가볍게 편다.
✔ 볼륨이 필요한 곳은 패널을 약 120° 이상 들어 올려 블로 드라이한다.
④ 그래쥬에이션 커트를 블로 드라이로 마무리한다.

해설
볼륨이 필요한 곳은 패널을 약 90° 이상 들어 올려 블로 드라이한다.

15 레이저(razor)에 대한 설명 중 가장 거리가 먼 것은?

① 셰이핑 레이저를 사용하여 커팅하면 안정적이다.
✔ 초보자는 오디너리 레이저를 사용하는 것이 좋다.
③ 솜털 등을 깎을 때는 외곡선상의 날이 좋다.
④ 녹이 슬지 않게 관리를 한다.

해설
레이저(razor)
• 효율적으로 빠른 시간 내에 세밀한 시술이 가능하나 숙련자가 사용하여야 하며, 반드시 젖은 모발에 시술해야 함
• 오디너리(일상용) 레이저 : 숙련자가 사용하기에 적합하며 섬세한 작업이 가능함
• 셰이핑 레이저 : 초보자가 사용하기에 적합

16 올바른 미용인으로서의 인간관계와 전문가적인 태도에 관한 내용으로 가장 거리가 먼 것은?

① 예의 바르고 친절한 서비스를 모든 고객에게 제공한다.
② 고객의 기분에 주의를 기울여야 한다.
③ 효과적인 의사소통 방법을 익혀 두어야 한다.
✔ 대화의 주제는 종교나 정치 같은 논쟁의 대상이 되거나 개인적인 문제에 관련된 것이 좋다.

해설
종교나 정치, 개인적인 문제에 대한 대화 주제는 논쟁의 대상이 되거나 언쟁의 소지가 되므로 피해야 한다.

17 이마의 상부와 턱의 하부를 진하게 표현하고 관자놀이에서 눈꼬리와 귀밑으로 이어지는 부분을 특히 밝게 표현하며 눈썹은 "ㅡ"자(一字)로 그리되 살짝 빗겨 올라가도록 그리는 화장법에 속하는 얼굴형은?

✔ 장방형 얼굴
② 삼각형 얼굴
③ 사각형 얼굴
④ 마름모형 얼굴

해설
장방형 얼굴(긴 얼굴형)은 세로의 비율이 길고 가로의 비율이 짧기 때문에 가로 비율을 넓어 보이는 효과를 주는 일자 눈썹을 한다.

18 저항성 두발을 염색하기 전에 행하는 기술에 대한 내용 중 틀린 것은?

① 염모제 침투를 돕기 위해 사전에 두발을 연화시킨다.
② 과산화수소 30mL, 암모니아수 0.5mL 정도를 혼합한 연화제를 사용한다.
③ 사전 연화기술을 프레-소프트닝(pre-softening)이라고 한다.
✔ 50~60분 방치 후 드라이로 건조시킨다.

해설
모발 연화(염색 전)
• 저항성모(발수성모), 지성모는 염모제의 침투가 어렵기 때문에 연화제로 전처리한다.
• 20~30분 방치하면 충분히 연화되며, 사전 연화기술을 프레-소프트닝(pre-softening)이라고 한다.

19 메이크업(make-up)을 할 때 얼굴에 입체감을 주기 위해 사용되는 브러시는?

① 아이브로 브러시
② 네일 브러시
③ 립 라인 브러시
✔ 섀도 브러시

해설
① 아이브로 브러시 : 눈썹을 바로 잡는 브러시
② 네일 브러시 : 네일아트 시 섬세한 작업을 할 때 사용
③ 립 라인 브러시 : 입술 라인을 칠하기 위한 브러시

20 1905년 찰스 네슬러가 어느 나라에서 퍼머넌트 웨이브를 발표했는가?

① 독일　　　　　　**✔ 영국**
③ 미국　　　　　　④ 프랑스

해설
근대의 미용
• 마샬 그라또 : 1875년 마샬 아이론 웨이브(프랑스)
• 찰스 네슬러 : 1905년 스파이럴식 웨이브(영국)
• 조셉 메이어 : 1925년 크로키놀식 웨이브(독일)
• 스피크먼 : 1936년 콜드 웨이브(영국)

21 자연독에 의한 식중독 원인 물질과 서로 관계없는 것으로 연결된 것은?

① 테트로도톡신(tetrodotoxin) – 복어
② 솔라닌(solanine) – 감자
③ 무스카린(muscarin) – 독버섯
④ 에르고톡신(ergotoxin) – 조개

해설
• 베네루핀 : 굴, 모시조개
• 에르고톡신 : 보리(맥각)

22 지구의 온난화 현상(global warming)의 주원인이 되는 주된 가스는?

① CO_2
② CO
③ Ne
④ NO

해설
이산화탄소(CO_2)
• 무색, 무취, 비독성 가스, 약산성이다.
• 지구온난화의 주된 원인이다.
• 실내 공기의 오염지표로 사용한다.
• 중독 : 3% 이상일 때 불쾌감을 느끼고 호흡이 빨라지며, 7%일 때 호흡곤란을 느끼고, 10% 이상일 때 의식상실 및 질식사한다.

23 폐흡충증(폐디스토마)의 제1중간숙주는?

① 다슬기
② 왜우렁
③ 게
④ 가재

해설
폐흡충(폐디스토마)
• 제1중간숙주 : 다슬기
• 제2중간숙주 : 게, 가재

24 다음의 영아사망률 계산식에서 (A)에 알맞은 것은?

$$영아사망률 = \frac{(A)}{연간\ 출생아\ 수} \times 100$$

① 연간 생후 28일까지의 사망자 수
② 연간 생후 1년 미만 사망자 수
③ 연간 1~4세 사망자 수
④ 연간 임신 28주 이후 사산 + 출생 1주 이내 사망자 수

해설
영아사망률은 한 국가의 건강 수준을 나타내는 지표로서 연간 생후 1년 미만 사망자 수를 말한다.

25 다음 중 감각온도의 3요소가 아닌 것은?

① 기온
② 기습
③ 기압
④ 기류

해설
감각온도의 3대 요소 : 기온, 기습, 기류

26 다음 중 감염병 관리에 가장 어려움이 있는 사람은?

① 회복기 보균자

② 잠복기 보균자

✔ **③ 건강 보균자**

④ 병후 보균자

해설

건강 보균자은 증상을 전혀 나타내지 않고 보균 상태를 지속하고 있는 자이다. 비율은 감염자 발병률에 따라서 표시되는데, 일반적으로 건강 보균자가 많은 질환에서는 환자의 격리는 그다지 의미가 없고 대책으로서 환경 개선이나 예방접종이 중심이 된다.

27 다음 중 제2급 감염병이 아닌 것은?

✔ **① 말라리아**

② 결핵

③ 백일해

④ 유행성 이하선염

해설

말라리아는 제3급 감염병이다.

28 가족계획과 뜻이 가장 가까운 것은?

① 불임시술

② 임신중절

③ 수태제한

✔ **④ 계획출산**

해설

가족계획 : 계획적인 가족 형성으로 알맞은 수의 자녀를 적당한 터울로 낳아서 양육하여 잘 살 수 있도록 하는 것이 목적이다.

29 진동이 심한 작업장 근무자에게 다발하는 질환으로 청색증과 동통, 저림 증세를 보이는 질병은?

✔ **① 레이노병**

② 진폐증

③ 열경련

④ 잠함병

해설

② 진폐증 : 분진 흡입으로 인해 폐에 조직반응을 일으키는 질병

③ 열경련 : 고온에서 심한 육체노동 시 발생하는 질병

④ 잠함병 : 깊은 수중에서 작업하고 있던 잠수부가 급히 해면으로 올라올 때, 즉 고기압 환경에서 급히 저기압 환경으로 옮길 때 일어나는 질병

30 인구 구성의 기본형 중 생산연령 인구가 많이 유입되는 도시 지역의 인구 구성을 나타내는 것은?

① 피라미드형

✔ **② 별형**

③ 항아리형

④ 종형

해설

① 피라미드형 : 출생률이 증가하고, 사망률이 낮은 형태(후진국형, 인구증가형)

③ 항아리형 : 출생률이 사망률보다 낮은 형태(선진국형, 인구감소형)

④ 종형 : 출생률과 사망률이 모두 낮은 형태(인구정지형)

31 이 · 미용실에서 사용하는 쓰레기통의 소독으로 적절한 약제는?

① 포르말린수　② 에탄올
③ 생석회　④ 역성비누액

해설

생석회
- 산화칼슘을 98% 이상 함유한 백색 분말로 가격이 저렴
- 오물, 분변, 화장실, 하수도 소독에 사용

32 실험기기, 의료용기, 오물 등의 소독에 사용되는 석탄산수의 적절한 농도는?

① 석탄산 0.1% 수용액
② 석탄산 1% 수용액
③ 석탄산 3% 수용액
④ 석탄산 50% 수용액

해설

석탄산
- 고온일수록 효과가 높으며 살균력과 냄새가 강하고 독성이 있음(승홍수 1,000배 살균력)
- 3% 수용액을 사용, 금속을 부식시킴
- 포자나 바이러스에는 효과 없음
- 소독제의 살균력 평가 기준으로 사용

33 다음 중 세균의 포자를 사멸시킬 수 있는 것은?

① 포르말린
② 알코올
③ 음이온 계면활성제
④ 치아염소산소다

해설

포르말린
- 폼알데하이드 36% 수용액으로 온도가 높을수록 소독력이 강함
- 세균의 포자에 강력한 살균작용
- 병실, 고무제품, 플라스틱, 금속 소독 시 사용

34 다음 소독제 중 상처가 있는 피부에 적합하지 않은 것은?

① 승홍수　② 과산화수소수
③ 포비돈　④ 아크리놀

해설

승홍수
- 강력한 살균력이 있어 0.1% 수용액 사용 → 손, 피부 소독
- 상처가 있는 피부에는 적합하지 않음(피부 점막에 자극 강함)
- 금속을 부식시킴

35 양이온 계면활성제의 장점이 아닌 것은?

① 물에 잘 녹는다.

② 색과 냄새가 거의 없다.

☑ **결핵균에 효력이 있다.**

④ 인체에 독성이 적다.

해설

역성비누

• 양이온 계면활성제이며 물에 잘 녹고 세정력은 거의
  없음
• 살균작용이 강함
• 기구, 식기, 손 소독 등에 적당

36 금속기구를 자비소독할 때 탄산나트륨
(Na₂CO₃)을 넣으면 살균력도 강해지고 녹
이 슬지 않는다. 이때 가장 적정한 농도는?

① 0.1~0.5%   ☑ **1~2%**

③ 5~10%   ④ 10~15%

해설

자비소독법

• 100℃의 끓는 물에 15~20분 가열(포자는 죽이지
  못함)
• 아포형성균, B형간염 바이러스에는 부적합
• 물에 탄산나트륨(1~2%), 석탄산(5%), 붕소(2%), 크
  레졸(2~3%)을 넣으면 소독효과가 증대됨
• 의류, 식기, 도자기 등에 사용

37 다음 중 일광소독은 주로 무엇을 이용한
것인가?

① 열선   ② 적외선

③ 가시광선   ☑ **자외선**

해설

일광소독법 : 태양광선 중 자외선을 이용해 살균 →
의류, 침구류 소독

38 100~135℃ 고온의 수증기를 미생물, 아
포 등과 접촉시켜 가열 살균하는 방법은?

① 간헐멸균법

② 건열멸균법

☑ **고압증기멸균법**

④ 자비소독법

해설

고압증기멸균법

• 100~135℃ 고온의 수증기로 포자까지 사멸
• 가장 빠르고 효과적인 방법

39 다음 중 객담이 묻은 휴지의 소독방법으로
가장 알맞은 것은?

① 고압멸균법

☑ **소각소독법**

③ 자비소독법

④ 저온소독법

해설

소각법 : 병원체를 불꽃으로 태워 멸균하는 방법 →
감염병 환자의 배설물, 오염된 가운, 수건 등

40 소독약의 사용과 보존상의 주의사항으로 틀린 것은?

① **모든 소독약은 미리 제조해 둔 뒤에 필요한 양만큼씩 두고 사용한다.**

② 약품은 암냉장소에 보관하고, 라벨이 오염되지 않도록 한다.

③ 소독물체에 따라 적당한 소독약이나 소독방법을 선정한다.

④ 병원미생물의 종류, 저항성 및 멸균·소독의 목적에 의해서 그 방법과 시간을 고려한다.

해설
① 소독약은 미리 만들어 놓지 말고 필요한 양만큼 만들어 쓴다.

41 다음 중 광물성 오일에 속하는 것은?

① 올리브유　　② 스쿠알렌

③ 실리콘 오일　④ **바셀린**

해설
오일의 종류
• 식물성 오일 : 동백 오일, 로즈힙 오일, 아보카도 오일, 올리브 오일, 포도씨 오일 등
• 동물성 오일 : 난황유(달걀), 밍크 오일, 스쿠알렌(상어의 간) 등
• 광물성 오일 : 미네랄 오일, 바셀린 등

42 사마귀(wart, verruca)의 원인은?

① **바이러스**

② 진균

③ 내분비 이상

④ 당뇨병

해설
사마귀(wart, verruca)는 사람유두종바이러스(HPV ; Human Papilloma Virus) 감염으로 피부 및 점막이 증식하여 발생하는 질환이다.

43 표피에서 자외선에 의해 합성되며, 칼슘과 인의 대사를 도와주고, 발육을 촉진시키는 비타민은?

① 비타민 A　　② 비타민 C

③ 비타민 E　　④ **비타민 D**

해설
비타민의 특징

비타민 A (레티놀)	• 노화예방, 상피세포 건강유지 • 결핍 시 : 야맹증, 피부건조, 안구건조
비타민 C (아스코르브산)	• 미백작용, 모세혈관벽 강화, 콜라겐 합성에 관여, 항산화제 • 결핍 시 : 괴혈병, 빈혈
비타민 E (토코페롤)	• 항산화제 역할, 호르몬 생성, 노화방지 • 결핍 시 : 불임, 피부노화, 빈혈 등
비타민 D (칼시페롤)	• 칼슘과 인의 흡수 촉진, 뼈의 성장 촉진, 자외선에 의해 체내에 공급 • 결핍 시 : 구루병, 골다공증

44 한선의 활동을 증가시키는 요인으로 가장 거리가 먼 것은?

① 열
② 운동
③ 내분비선의 자극
④ 정신적 흥분

해설
한선은 땀을 만들어내는 피부의 외분비선이다.

45 다음 중 표피와 무관한 것은?

① 각질층　　　② 유두층
③ 무핵층　　　④ 기저층

해설
표피와 진피의 구조
• 표피 : 각질층, 투명층, 과립층, 유극층, 기저층
• 진피 : 유두층, 망상층

46 직경 1~2mm의 둥근 백색 구진으로 안면 (특히 눈 하부)에 호발하는 것은?

① 비립종　　　② 피지선 모반
③ 한관종　　　④ 표피낭종

해설
비립종 : 피부 표면 가까이에 위치한 내부가 각질로 구성된 작은 낭종으로, 1mm 내외로 크기가 작다.

47 일상생활에서 여드름 치료 시 주의하여야 할 사항으로 적절하지 않은 것은?

① 과로를 피한다.
② 배변이 잘 이루어지도록 한다.
③ 식사 시 버터, 치즈 등을 가급적 많이 먹도록 한다.
④ 적당한 일광을 쪼일 수 없는 경우 자외선을 가볍게 조사받도록 한다.

해설
여드름 피부는 과도한 메이크업을 하지 않는 것이 좋으며 지방성 음식, 단 음식, 알코올 섭취를 피해야 한다.

48 피지선에 대한 설명으로 틀린 것은?

① 피지를 분비하는 선으로 진피층에 위치한다.
② 피지선은 손바닥에는 전혀 없다.
③ 피지의 1일 분비량은 10~20g 정도이다.
④ 피지선이 많은 부위는 코 주위이다.

해설
피지선
• 진피의 망상층에 위치한다.
• 하루 평균 1~2g의 피지를 모공을 통해 밖으로 배출시킨다.
• 모공이 각질이나 먼지에 의해 막혀 피지가 외부로 분출되지 않으면 여드름이 발생한다.
• 남성호르몬 안드로겐은 피지 분비를 활성화시키며, 여성호르몬 에스트로겐은 피지 분비를 억제한다.
• 손바닥, 발바닥을 제외한 전신에 분포한다.

49 다음 중 노화 피부의 전형적인 증세는?

① 지방이 과다 분비하여 번들거린다.
② 항상 촉촉하고 매끈하다.
③ 수분이 80% 이상이다.
④ 유분과 수분이 부족하다.

해설

내인성 노화(자연노화)
• 나이가 들면서 자연스럽게 발생하는 노화
• 피지선의 기능 저하로 피부가 건조하고 윤기가 없음
• 진피층의 콜라겐과 엘라스틴 감소로 주름 발생
• 표피와 진피 두께가 얇아짐
• 랑게르한스 세포 수 감소(피부 면역기능 감소)

50 여러 가지 꽃 향이 혼합된 세련되고 로맨틱한 향으로 아름다운 꽃다발을 안고 있는 듯, 화려하면서도 우아한 느낌을 주는 향수의 타입은?

① 싱글 플로럴(single floral)
② 플로럴 부케(floral bouquet)
③ 우디(woody)
④ 오리엔탈(oriental)

해설

① 싱글 플로럴 : 꽃의 한 종류에서 느껴지는 향
③ 우디 : 로즈우드 등 숲의 나무 향기가 따뜻하고 세련된 향
④ 오리엔탈 : 여운을 남기는 관능적인 이미지의 이국적이고 스파이시한 향기

51 1회용 면도날을 2인 이상의 손님에게 사용한 때 1차 위반 시 행정처분기준은?

① 시정명령
② 경고
③ 영업정지 5일
④ 영업정지 10일

해설

행정처분기준(규칙 [별표 7])
소독을 한 기구와 소독을 하지 않은 기구를 각각 다른 용기에 넣어 보관하지 않거나 1회용 면도날을 2인 이상의 손님에게 사용한 경우
• 1차 위반 : 경고
• 2차 위반 : 영업정지 5일
• 3차 위반 : 영업정지 10일
• 4차 이상 위반 : 영업장 폐쇄명령

52 공중위생영업소의 위생서비스수준 평가는 몇 년마다 실시하는가? (단, 특별한 경우는 제외한다.)

① 1년
② 2년
③ 3년
④ 5년

해설

위생서비스수준의 평가(규칙 제20조)
공중위생영업소의 위생서비스수준 평가는 2년마다 실시하되, 공중위생영업소의 보건·위생관리를 위하여 특히 필요한 경우에는 보건복지부장관이 정하여 고시하는 바에 따라 공중위생영업의 종류 또는 위생관리등급별로 평가주기를 달리할 수 있다.

53 공중위생관리법상 위생교육을 받지 아니한 때 부과되는 과태료의 기준은?

① 30만 원 이하
② 50만 원 이하
③ 100만 원 이하
④ **200만 원 이하**

> **해설**
> 과태료(법 제22조 제2항)
> 다음의 어느 하나에 해당하는 자는 200만 원 이하의 과태료에 처한다.
> • 이·미용업소의 위생관리 의무를 지키지 아니한 자
> • 영업소 외의 장소에서 이용 또는 미용업무를 행한 자
> • 위생교육을 받지 아니한 자

54 미용사 면허를 받지 아니한 자가 미용 업무에 종사하였을 때 벌칙기준은?

① 3년 이하의 징역 또는 1천만 원 이하의 벌금
② 1년 이하의 징역 또는 1천만 원 이하의 벌금
③ **300만 원 이하의 벌금**
④ 200만 원 이하의 벌금

> **해설**
> 벌칙(법 제20조 제4항)
> 다음의 어느 하나에 해당하는 자는 300만 원 이하의 벌금에 처한다.
> • 다른 사람에게 이용사 또는 미용사의 면허증을 빌려주거나 빌린 사람
> • 이용사 또는 미용사의 면허증을 빌려주거나 빌리는 것을 알선한 사람
> • 면허의 취소 또는 정지 중에 이용업 또는 미용업을 한 사람
> • 면허를 받지 아니하고 이용업 또는 미용업을 개설하거나 그 업무에 종사한 사람

55 공중위생관리법규상 위생관리등급의 구분이 아닌 것은?

① 녹색등급
② 백색등급
③ 황색등급
④ **적색등급**

> **해설**
> 위생관리등급의 구분 등(규칙 제21조)
> • 최우수업소 : 녹색등급
> • 우수업소 : 황색등급
> • 일반관리대상 업소 : 백색등급

56 다음 중 공중위생감시원의 직무사항이 아닌 것은?

① 시설 및 설비의 확인에 관한 사항
② 영업자의 준수사항 이행 여부에 관한 사항
③ 위생지도 및 개선명령 이행 여부에 관한 사항
④ **세금납부의 적정 여부에 관한 사항**

> **해설**
> 공중위생감시원의 업무범위(영 제9조)
> • 규정에 의한 시설 및 설비의 확인
> • 공중위생영업 관련 시설 및 설비의 위생상태 확인·검사, 공중위생영업자의 위생관리의무 및 영업자 준수사항 이행 여부의 확인
> • 위생지도 및 개선명령 이행 여부의 확인
> • 공중위생영업소의 영업의 정지, 일부 시설의 사용중지 또는 영업소 폐쇄명령 이행 여부의 확인
> • 위생교육 이행 여부의 확인

57 이 · 미용 영업소 안에 면허증 원본을 게시하지 않은 경우 1차 행정처분기준은?

① 개선명령 또는 경고
② 영업정지 5일
③ 영업정지 10일
④ 영업정지 15일

> **해설**
> 행정처분기준(규칙 [별표 7])
> 미용업 신고증 및 면허증 원본을 게시하지 않거나 업소 내 조명도를 준수하지 않은 경우
> • 1차 위반 : 경고 또는 개선명령
> • 2차 위반 : 영업정지 5일
> • 3차 위반 : 영업정지 10일
> • 4차 이상 위반 : 영업장 폐쇄명령

58 이용업 또는 미용업의 영업장 실내 조명 기준은?

① 30럭스 이상
② 50럭스 이상
③ 75럭스 이상
④ 120럭스 이상

> **해설**
> 영업장 안의 조명도는 75럭스 이상이 되도록 유지하여야 한다(규칙 [별표 4]).

59 공중위생관리법상 위법 사항에 대하여 청문을 시행할 수 없는 기관장은?

① 경찰서장
② 구청장
③ 군수
④ 시장

> **해설**
> 청문(법 제12조)
> 보건복지부장관 또는 시장 · 군수 · 구청장은 다음의 어느 하나에 해당하는 처분을 하려면 청문을 하여야 한다.
> • 이용사와 미용사의 면허취소 또는 면허정지
> • 공중위생영업소의 영업정지명령, 일부 시설의 사용중지명령 또는 영업소 폐쇄명령

60 이 · 미용사 면허증의 재발급 사유가 아닌 것은?

① 성명 또는 주민등록번호 등 면허증의 기재사항에 변경이 있을 때
② 영업장소의 상호 및 소재지가 변경될 때
③ 면허증을 분실했을 때
④ 면허증이 헐어 못쓰게 된 때

> **해설**
> 면허증의 재발급 등(규칙 제10조 제1항)
> 이용사 또는 미용사는 면허증의 기재사항에 변경이 있는 때, 면허증을 잃어버린 때 또는 면허증이 헐어 못쓰게 된 때에는 면허증의 재발급을 신청할 수 있다.

01 헤어컬러링(hair coloring) 용어 중 다이 터치 업(dye touch up)이란?

① 처녀모(virgin hair)에 처음 시술하는 염색
② 자연적인 색채의 염색
③ 탈색된 두발에 대한 염색
④ **염색 후 새로 자라난 두발에만 하는 염색**

해설
다이 터치 업은 두발의 성장에 따라 새로 자란 모근 부분의 머리카락을 염색하는 것으로, 리터치라고도 한다.

02 빗의 기능으로 옳지 않은 것은?

① **비듬 제거에는 사용하지 않는다.**
② 샴푸나 린스할 때 사용한다.
③ 퍼머넌트 웨이브에 사용한다.
④ 커트에 사용한다.

해설
빗은 두발 정리와 두발 장식, 트리트먼트, 비듬 제거, 두피관리 등에 사용한다.

03 헤어 블리치제의 산화제로 오일 베이스제는 무엇에 유황유가 혼합된 것인가?

① 과붕산나트륨
② 탄산마그네슘
③ 라놀린
④ **과산화수소수**

해설
헤어 블리치제의 산화제는 과산화수소수 6%이다.

04 헤어 트리트먼트(hair treatment)의 종류에 속하지 않는 것은?

① 헤어 리컨디셔닝
② 클리핑
③ 헤어 팩
④ **테이퍼링**

해설
④ 테이퍼링 : 레이저로 두발의 양을 쳐내는 기법
헤어 트리트먼트제의 종류

헤어 리컨디셔닝	손상된 모발을 손상 이전 상태로 회복시키는 것이다.
헤어 클리핑	끝이 손상된 모발을 잘라내는 방법이다.
헤어 팩	손상모나 다공성모에 영양분을 흡수시키는 것이다.
신징	갈라지고 손상된 모발에 영양분이 빠져나가는 것을 막고 온열자극으로 두피의 혈액순환을 촉진시키는 것이다.

05 다음 중 퍼머넌트 웨이브가 잘 나올 수 있는 경우는?

① 오버 프로세싱으로 시스틴이 지나치게 파괴된 경우
② 사전 샴푸 시 비누와 경수로 샴푸하여 두발에 금속염이 형성된 경우
③ 두발이 저항성모이거나 발수성모로서 경모인 경우
④ **와인딩 시 텐션(tension)을 적당히 준 경우**

해설

퍼머넌트 웨이브 형성이 안 되는 경우
• 저항성모나 발수성모일 경우
• 극손상모이거나 탄력이 없는 경우
• 경수로 샴푸했을 경우
• 금속성 염모제를 사용했을 경우
• 산화된 제1액을 사용했을 경우
• 오버 프로세싱으로 모발이 손상된 경우

07 핫 오일 샴푸에 대한 설명으로 적절하지 않은 것은?

① 플레인 샴푸하기 전에 실시한다.
② 오일을 따뜻하게 덥혀서 바르고 마사지 한다.
③ **핫 오일 샴푸 후 파마를 시술한다.**
④ 올리브유 등의 식물성 오일이 좋다.

해설

핫 오일 샴푸 : 플레인 샴푸 전에 실시하며 파마나 염색 등의 화학약품으로 건조해진 두피와 모발에 지방을 공급하고 모근을 강화시킨다. 따뜻한 식물성 오일을 두피나 모발에 침투시키는 방법이다.

06 우리나라 고대 미용사에 대한 설명 중 틀린 것은?

① 고구려 시대 여인의 두발 형태는 여러 가지였다.
② 신라시대 부인들은 금은주옥으로 꾸민 가체를 사용하였다.
③ 백제에서 여성은 혼인하면 머리를 틀어 올리고 미혼 여성은 땋아 내렸다.
④ **계급에 상관없이 부인들은 모두 머리 모양이 같았다.**

해설

우리나라 삼국시대에 여성의 두발은 신분과 계급을 나타내며 머리 모양이 달랐다.

08 우리나라 옛 여인의 머리 모양 중 앞머리 양쪽에 틀어 얹은 모양의 머리는?

① 낭자머리
② 쪽진머리
③ 풍기명식 머리
④ **쌍상투 머리**

해설

④ 쌍상투 머리 : 고구려 시대의 머리 모양으로 앞머리 양쪽을 틀어 올려 얹은 머리
①·② 낭자머리(쪽진머리, 쪽머리) : 조선시대 후반 일반 여성의 머리로 뒤통수에 낮게 틀어 올리고 비녀를 꽂은 머리 모양
③ 풍기명식 머리 : 귀 옆쪽에 모발의 일부를 늘어뜨린 형태

09 퍼머넌트 웨이브(permanent wave) 시술 시 두발에 대한 제1액의 작용 정도를 판단하여 정확한 프로세싱 타임을 결정하고 웨이브의 형성 정도를 조사하는 것은?

① 패치 테스트
② 스트랜드 테스트
③ **테스트 컬**
④ 컬러 테스트

해설

테스트 컬
• 모발의 웨이브 형성을 확인하는 방법
• 후두부 쪽의 반 정도 푼 롯드를 잡고 가볍게 두피 쪽으로 밀어 형성된 웨이브와 컬을 확인

10 브러싱에 대한 내용 중 틀린 것은?

① 두발에 윤기를 더해 주며 빠진 두발이나 헝클어진 두발을 고르는 작용을 한다.
② 두피의 근육과 신경을 자극하여 피지선과 혈액순환을 촉진시키고 두피조직에 영양을 공급하는 효과가 있다.
③ **여러 가지 효과를 주므로 브러싱은 어떤 상태에서든 많이 할수록 좋다.**
④ 샴푸 전 브러싱은 두발이나 두피에 부착된 먼지나 노폐물, 비듬을 제거해 준다.

해설

사전 브러싱의 목적
• 모발의 엉킨 부분을 품
• 두피와 모발의 분비물, 먼지 등을 사전에 제거
• 두피의 혈액순환을 촉진
• 피지 분비기능의 활성화 효과

11 헤어 컬의 목적이 아닌 것은?

① 볼륨(volume)을 만들기 위해서
② **컬러(color)를 표현하기 위해서**
③ 웨이브(wave)를 만들기 위해서
④ 플러프(fluff)를 만들기 위해서

해설

컬의 목적
• 웨이브 만들기
• 볼륨 만들기
• 플러프(머리 끝에 변화를 주는 것)

12 두발이 유난히 많은 고객이 윗머리가 짧고 아랫머리로 갈수록 길게 하며, 두발 끝부분을 자연스럽고 차츰 가늘게 커트하는 스타일을 원하는 경우 알맞은 시술방법은?

① **레이어 커트 후 테이퍼링(tapering)**
② 원랭스 커트 후 클리핑(clipping)
③ 그러데이션 커트 후 테이퍼링(tapering)
④ 레이어 커트 후 클리핑(clipping)

해설

• 레이어 커트 : 시술각이 높을수록 단층이 많이 생겨 두상의 톱 부분 모발에서 네이프로 갈수록 길어져 모발이 겹치는 부분이 없어지는 무게감이 없는 커트 스타일이 된다.
• 테이퍼링 : 레이저를 이용하여 가늘게 커트하는 기법으로, 모발 끝을 붓 끝처럼 점차 가늘게 긁어내는 것이다.
• 클리핑 : 클리퍼나 가위로 삐져나온 모발을 제거하는 기법이다.

13 핑거 웨이브의 종류 중 스윙 웨이브(swing wave)에 대한 설명은?

① **큰 움직임을 보는 듯한 웨이브** ✔

② 물결이 소용돌이치는 듯한 웨이브

③ 리지가 낮은 웨이브

④ 리지가 뚜렷하지 않고 느슨한 웨이브

해설
웨이브의 종류
• 스윙 웨이브 : 큰 움직임을 보는 듯한 웨이브
• 스월 웨이브 : 물결이 소용돌이치는 듯한 웨이브
• 하이 웨이브 : 융기점이 높고, 웨이브 형성이 강한 웨이브
• 덜 웨이브 : 융기점이 분명하지 않으며 느슨한 웨이브

14 모발 위에 얹어지는 힘 혹은 당김을 의미하는 말은?

① 엘리베이션(elevation)

② 웨이트(weight)

③ **텐션(tension)** ✔

④ 텍스처(texture)

해설
텐션(tension)이란 모발을 잡아당기는 일정한 힘이다. 스타일링 시 적당한 텐션으로 와인딩하고 고객이 통증을 느낄 만큼 강하게 당기지 않도록 주의한다.

15 다음 중 플러프 뱅(fluff bang)을 설명한 것은?

① 가르마 가까이에 작게 낸 뱅

② **컬을 깃털과 같이 일정한 모양을 갖추지 않고 부풀려서 볼륨을 준 뱅** ✔

③ 두발을 위로 빗고 두발 끝을 플러프해서 내려뜨린 뱅

④ 풀 웨이브 또는 하프 웨이브로 형성한 뱅

해설
플러프 뱅 : 볼륨을 주어 컬을 부풀려 컬이 부드럽고 자연스럽게 보이는 뱅이다.

16 업스타일 핀 중 가볍게 컬을 고정하거나 망과 토대를 고정시킬 때 사용하는 것은?

① 실핀   ② 대핀

③ 핀컬 핀   ④ **U핀** ✔

해설
U핀
• 임시로 고정하거나 면과 면을 연결할 때 사용
• 가볍게 컬을 고정하거나 망과 토대를 고정시킬 때 사용
• 고정력은 실핀이나 대핀에 비해 약함

17 컬의 줄기 부분으로서 베이스(base)에서 피벗(pivot) 점까지의 부분을 무엇이라 하는가?

① 엔드   ✔ 스템
③ 루프   ④ 융기점

해설
스템 : 컬의 줄기 부분으로서 베이스에서 피벗 포인트까지의 부분이다.

18 원랭스 커트(one length cut)의 대표적인 아웃라인 중 이사도라 스타일은?

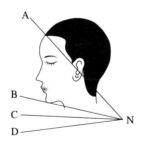

① C-N   ② D-N
③ A-N   ✔ B-N

해설
이사도라형 스타일 : 네이프 포인트에서 0°로 떨어져 시작된 커트 선이 앞쪽(턱선)으로 진행될수록 짧아져 전체적인 커트 형태 선이 둥근 V라인 또는 U라인을 이루어 콘벡스 모양이 되는 스타일

19 가발 손질법 중 틀린 것은?

① 스프레이가 없으면 얼레빗을 사용하여 컨디셔너를 골고루 바른다.
✔ 두발이 빠지지 않도록 차분하게 모근 쪽에서 두발 끝 쪽으로 서서히 빗질을 해 나간다.
③ 두발에만 컨디셔너를 바르고 파운데이션에는 바르지 않는다.
④ 열을 가하면 두발의 결이 변형되거나 윤기가 없어지기 쉽다.

해설
② 가발은 네이프 쪽의 모발 끝부터 모근 쪽으로 빗질해야 한다.

20 강철을 연결시켜 만든 것으로 협신부(鋏身部)는 연강으로 되어 있고 날 부분은 특수강으로 되어 있는 것은?

✔ 착강 가위
② 전강 가위
③ 틴닝 가위
④ 레이저

해설
② 전강 가위 : 가위 전체가 특수강으로 만들어졌다.
③ 틴닝 가위 : 모발의 길이에는 변화를 주지 않고 숱을 감소시키는 데 사용한다.
④ 레이저 : 면도날을 말하며 모발의 끝을 가볍게 만든다.

21 다음 중 파리가 옮기지 않는 병은?

① 장티푸스　　② 이질
③ 콜레라　　④ 유행성출혈열

해설
파리 : 장티푸스, 파라티푸스, 콜레라, 이질, 결핵, 디프테리아

22 다음 영양소 중 인체의 생리적 조절작용에 관여하는 조절소는?

① 단백질　　② 비타민
③ 지방질　　④ 탄수화물

해설
조절영양소
• 대사조절과 생리기능 조절
• 비타민, 무기질, 물

23 무구조충은 다음 중 어느 것을 날것으로 먹었을 때 감염될 수 있는가?

① 돼지고기　　② 잉어
③ 게　　④ 소고기

해설
• 무구조충 : 소
• 유구조충 : 돼지
• 선모충 : 개, 돼지

24 잠함병의 직접적인 원인은?

① 혈중 CO_2 농도 증가
② 체액 및 혈액 속의 질소 기포 증가
③ 혈중 O_2 농도 증가
④ 혈중 CO 농도 증가

해설
잠함병 : 고기압 상태에서 저기압 상태로 갑자기 복귀할 때, 체액 및 지방조직에 질소가스가 주원인이 되어 발생한다.

25 감염병 유행지역에서 입국하는 사람이나 동물 또는 식품 등을 대상으로 실시하며 외국 질병의 국내 침입 방지를 위한 수단으로 쓰이는 것은?

① 격리　　② 검역
③ 박멸　　④ 병원소 제거

해설
• 격리 : 감염병 환자나 면역성이 없는 환자를 다른 곳으로 떼어 놓음
• 검역 : 해외에서 감염병이나 해충이 들어오는 것을 막기 위하여 공항과 항구에서 하는 일들을 통틀어 이르는 말

26 다음 중 산업피로의 대책으로 가장 거리가 먼 것은?

① 작업과정 중 적절한 휴식시간을 배분한다.

② 에너지 소모를 효율적으로 한다.

③ 개인차를 고려하여 작업량을 할당한다.

④ **휴직과 부서 이동을 권고한다.**

산업피로의 대책
• 작업 편의성의 자율화
• 작업환경의 안정화, 위생적 관리
• 작업시간과 휴식시간의 적정 배분
• 작업방법의 합리화

27 다음 중 하수에서 용존산소(DO)가 아주 낮다는 의미는?

① 수생식물이 잘 자랄 수 있는 물의 환경이다.

② 물고기가 잘 살 수 있는 물의 환경이다.

③ **물의 오염도가 높다는 의미이다.**

④ 하수의 BOD가 낮은 것과 동일한 의미이다.

• BOD가 높을수록, DO가 낮을수록 물의 오염도가 높다.
• BOD가 낮을수록, DO가 높을수록 물의 오염도가 낮다.

28 출생 후 4주 이내에 기본접종을 실시하는 것이 효과적인 감염병은?

① 홍역   ② 볼거리

③ **결핵**   ④ 일본뇌염

③ 결핵 : 생후 1개월 이내
①·② 홍역, 볼거리(유행성 이하선염) : 12~15개월
④ 일본뇌염 : 12~23개월

29 우리나라에서 의료보험이 전 국민에게 적용하게 된 시기는 언제부터인가?

① 1964년   ② 1977년

③ 1988년   ④ **1989년**

우리나라에서 의료보험이 전 국민에게 적용하게 된 시기는 1989년이다.

30 한 나라의 건강 수준을 나타내며 다른 나라들과의 보건 수준을 비교할 수 있는 세계보건기구가 제시한 지표는?

① **비례사망지수**

② 국민소득

③ 질병이환율

④ 인구증가율

세계보건기구(WHO)의 보건 수준을 나타내는 대표적 지표 : 비례사망지수, 평균수명, 조사망률

31 다음 중 일광소독법과 가장 직접적인 관계가 있는 것은?

① 높은 온도　　② 높은 조도
③ 적외선　　　④ **자외선**

해설
일광소독법 : 태양광선 중 자외선을 이용해 살균 →
의류, 침구류 소독

32 자비소독 시 살균력을 강하게 하고 금속 기자재가 녹스는 것을 방지하기 위하여 첨가하는 물질이 아닌 것은?

① 2% 탄산나트륨
② 2% 크레졸 비누액
③ 5% 석탄산
④ **5% 승홍수**

해설
물에 탄산나트륨(1~2%), 석탄산(5%), 붕소(2%), 크레졸(2~3%)을 넣으면 살균력이 강해진다.

33 다음 중 물리적 소독방법이 아닌 것은?

① 방사선멸균법
② 건열소독법
③ 고압증기멸균법
④ **생석회 소독법**

해설
생석회
• 산화칼슘을 98% 이상 함유한 백색 분말로 가격이 저렴
• 오물, 분변, 화장실, 하수도 소독에 사용(화학적 소독방법)

34 다음 중 포르말린수 소독에 가장 적합하지 않은 것은?

① 고무제품　　② **배설물**
③ 금속제품　　④ 플라스틱

해설
포르말린
• 폼알데하이드 36% 수용액으로, 온도가 높을수록 소독력이 강함
• 병실, 고무제품, 플라스틱, 금속 소독 시 사용

35 100%의 알코올을 사용해서 70%의 알코올 400mL를 만드는 방법으로 옳은 것은?

① 물 70mL와 100% 알코올 330mL 혼합
② 물 100mL와 100% 알코올 300mL 혼합
③ **물 120mL와 100% 알코올 280mL 혼합**
④ 물 330mL와 100% 알코올 70mL 혼합

해설
소독약과 희석액의 관계

$$농도(\%) = \frac{용질}{용액} \times 100$$

$$\therefore \frac{280}{400} \times 100 = 70\%$$

36 다음 중 도자기류의 소독방법으로 가장 적당한 것은?

① 염소 소독   ② 승홍수 소독
③ **자비소독**   ④ 저온 소독

해설
자비소독법
• 100℃의 끓는 물에 15~20분 가열(포자는 죽이지 못함)
• 아포형성균, B형간염 바이러스에는 부적합
• 물에 탄산나트륨(1~2%), 석탄산(5%), 붕소(2%), 크레졸(2~3%)을 넣으면 소독효과가 증대됨
• 의류, 식기, 도자기 등에 사용

37 살균력은 강하지만 자극성과 부식성이 강해서 상수 또는 하수의 소독에 주로 이용되는 것은?

① 알코올   ② 약용비누
③ 승홍수   ④ **염소**

해설
④ 염소 : 살균력이 강하고 저렴하며 잔류효과가 크고 냄새가 강함 → 상수 또는 하수 소독
① 알코올 : 70% 에탄올 사용 → 미용도구, 손 소독
② 약용비누 : 손 소독, 의료 또는 위생용으로 사용
③ 승홍수 : 0.1% 수용액 사용 → 손, 피부 소독

38 다음 중 피부 자극이 적어 상처 표면의 소독에 가장 적당한 것은?

① 10% 포르말린
② **3% 과산화수소**
③ 15% 염소 화합물
④ 3% 석탄산

해설
② 과산화수소 : 3% 수용액 사용 → 피부 상처 소독

39 소독의 정의로 가장 옳은 것은?

① 모든 미생물을 열이나 약품으로 사멸하는 것
✔ **병원성 미생물을 사멸 또는 제거하여 감염력을 잃게 하는 것**
③ 병원성 미생물에 의한 부패를 방지하는 것
④ 병원성 미생물에 의한 발효를 방지하는 것

해설
소독 : 유해한 병원균 증식과 감염의 위험성을 제거한다 (포자는 제거되지 않음). → 병원성 미생물의 생활력을 파괴 또는 멸살시켜 감염 및 증식력을 없애는 것

40 소독약으로서의 석탄산에 관한 내용 중 틀린 것은?

① 사용 농도는 3% 수용액을 주로 쓴다.
② 고무제품, 의류, 가구, 배설물 등의 소독에 적합하다.
③ 단백질 응고작용으로 살균기능을 가진다.
✔ **세균포자나 바이러스에 효과적이다.**

해설
석탄산
• 고온일수록 효과가 높으며 살균력과 냄새가 강하고 독성이 있음(승홍수 1,000배 살균력)
• 3% 수용액을 사용, 금속을 부식시킴
• 포자나 바이러스에는 효과 없음
• 소독제의 살균력 평가 기준으로 사용

41 다음 중 화학적인 필링제의 성분으로 사용되는 것은?

✔ **AHA(Alpha Hydroxy Acid)**
② 에탄올(ethanol)
③ 카모마일
④ 올리브 오일

해설
AHA(Alpha Hydroxy Acid)
• 과일과 식물에서 추출한 천연산
• 각질 간 지질의 결합을 약화시켜 각질 탈락을 유도

42 피부 색상 결정에 주요한 요인이 되는 멜라닌 색소를 만들어 내는 피부층은?

① 과립층   ② 유극층
✔ **기저층**   ④ 유두층

해설
기저층
• 단층의 원주형 세포로 유핵세포
• 새로운 세포들을 생성
• 멜라닌 세포가 존재하여 피부의 색을 결정
• 물결 모양의 요철이 깊고 많을수록 탄력 있는 피부

43 피서 후의 피부 증상으로 틀린 것은?

① 화상의 증상으로 붉게 달아올라 따끔따끔한 증상을 보일 수 있다.

② 많은 땀의 배출로 각질층의 수분이 부족해져 거칠어지고 푸석푸석한 느낌을 가지기도 한다.

✔ **강한 햇살과 바닷바람 등에 의하여 각질층이 얇아져 피부 자체 방어반응이 어려워지기도 한다.**

④ 멜라닌 색소가 자극을 받아 색소병변이 발전할 수 있다.

해설
자외선(외부 자극)으로부터 피부를 보호하기 위해 각질층이 두꺼워진다.

44 Vitamin C 부족 시 어떤 증상이 주로 일어날 수 있는가?

① 피부가 촉촉해진다.

✔ **색소 기미가 생긴다.**

③ 여드름의 발생 원인이 된다.

④ 지방이 많이 낀다.

해설
비타민 C의 효과 : 미백작용, 모세혈관벽 강화, 콜라겐 합성에 관여, 항산화제

45 티눈의 설명으로 옳은 것은?

✔ **각질층의 한 부위가 두꺼워져 생기는 각질층의 증식현상이다.**

② 주로 발바닥에 생기며 아프지 않다.

③ 각질핵은 각질 윗부분에 있어 자연스럽게 제거된다.

④ 발뒤꿈치에만 생긴다.

해설
티눈 : 피부에 생기는 특수하게 단단해진 각질층으로 중심부에 핵을 포함한다.

46 다음 중 필수지방산이 아닌 것은?

① 리놀레산(linoleic acid)

② 리놀렌산(linolenic acid)

③ 아라키돈산(arachidonic acid)

✔ **타타르산(tartaric acid)**

해설
필수지방산
• 신체의 성장과 여러 가지 생리적 정상 기능 유지에 필요
• 종류 : 리놀레산, 리놀렌산, 아라키돈산

47 강한 유전 경향을 보이는 특별한 습진으로 팔꿈치 안쪽이나 목 등의 피부가 거칠어지고 아주 심한 가려움증을 나타내는 것은?

① 아토피성 피부염
② 일광 피부염
③ 베를로크 피부염
④ 약진

[해설]
아토피성 피부염
• 팔꿈치 안쪽이나 목 등의 피부가 거칠어지고 심한 가려움증을 동반
• 만성적인 염증성 피부질환
• 강한 유전 경향

48 다음 중 건성 피부의 손질로서 가장 적당한 것은?

① 적절한 수분과 유분 공급
② 적절한 일광욕
③ 비타민 복용
④ 카페인 섭취 줄임

[해설]
건성 피부는 수분과 유분이 매우 부족하고 피부의 저항력이 많이 떨어져 있으므로 수분과 유분 위주로 관리하며, 영양크림을 도포하여 유분막(피지막)을 강하게 만든다.

49 피지 분비의 과잉을 억제하고 피부를 수축시켜 주는 것은?

① 소염화장수
② 수렴화장수
③ 영양화장수
④ 유연화장수

[해설]
수렴화장수 : 이완된 피부를 수축시키고 피지가 과잉 분비되는 것을 억제함으로써 산뜻한 감촉을 주며, 피부를 긴장시켜 탄력성 있게 해 준다.

50 관계공무원의 출입 · 검사 기타 조치를 거부 · 방해 또는 기피했을 때의 과태료 부과 기준은?

① 300만 원 이하
② 200만 원 이하
③ 100만 원 이하
④ 50만 원 이하

[해설]
과태료(법 제22조 제1항)
다음의 어느 하나에 해당하는 자는 300만 원 이하의 과태료에 처한다.
• 규정에 의한 보고를 하지 아니하거나 관계공무원의 출입 · 검사 기타 조치를 거부 · 방해 또는 기피한 자
• 개선명령에 위반한 자
• 시 · 군 · 구에 이용업 신고를 하지 아니하고 이용업소 표시 등을 설치한 자

51 주로 40~50대에 보이며 혈액 흐름이 나빠져 모세혈관이 파손되어 코를 중심으로 양 뺨에 나비 형태로 붉어진 증상은?

① 비립종 　② 섬유종
③ 주사 　④ 켈로이드

해설
주사(rosacea) : 주로 코와 뺨 등 얼굴의 중간 부위에 발생하는데, 붉어진 얼굴과 혈관 확장이 주 증상이며 간혹 구진(1cm 미만 크기의 솟아오른 피부 병변), 농포(고름), 부종 등이 관찰되는 만성 질환이다.

52 보건복지부령이 정하는 특별한 사유가 있을 시 영업소 외의 장소에서 이·미용업무를 행할 수 있다. 그 사유에 해당하지 않는 것은?

① 기관에서 특별히 요구하여 단체로 이·미용을 하는 경우
② 질병으로 인하여 영업소에 나올 수 없는 자에 대하여 이·미용을 하는 경우
③ 혼례에 참여하는 자에 대하여 그 의식 직전에 이·미용을 하는 경우
④ 시장·군수·구청장이 특별한 사정이 있다고 인정한 경우

해설
영업소 외에서의 이용 및 미용 업무(규칙 제13조)
• 질병·고령·장애나 그 밖의 사유로 영업소에 나올 수 없는 자에 대하여 이용 또는 미용을 하는 경우
• 혼례나 그 밖의 의식에 참여하는 자에 대하여 그 의식 직전에 이용 또는 미용을 하는 경우
• 사회복지시설에서 봉사활동으로 이용 또는 미용을 하는 경우
• 방송 등의 촬영에 참여하는 사람에 대하여 그 촬영 직전에 이용 또는 미용을 하는 경우
• 이외에 특별한 사정이 있다고 시장·군수·구청장이 인정하는 경우

53 영업소 안에 면허증을 게시하도록 "위생관리기준 등"의 규정에 명시된 자는?

① 이·미용업을 하는 자
② 목욕장업을 하는 자
③ 세탁업을 하는 자
④ 위생관리용역업을 하는 자

해설
영업소 내부에 이·미용업 신고증 및 개설자의 면허증 원본을 게시하여야 한다(규칙 [별표 4]).

54 다음 중 이용사 또는 미용사의 면허를 받을 수 있는 자는?

① 약물 중독자 　② 암 환자
③ 정신질환자 　④ 피성년후견인

해설
이용사 또는 미용사의 면허를 받을 수 없는 자(법 제6조 제2항)
• 피성년후견인
• 정신질환자(전문의가 이용사 또는 미용사로서 적합하다고 인정하는 사람은 그러하지 아니함)
• 공중의 위생에 영향을 미칠 수 있는 감염병환자로서 보건복지부령이 정하는 자
• 마약 기타 대통령령으로 정하는 약물 중독자
• 면허가 취소된 후 1년이 경과되지 아니한 자

55 공중위생관리법상 이·미용업자에게 과태료를 부과·징수할 수 있는 처분권자에 해당되지 않는 자는?

① **시·도지사** ✓

② 시장

③ 군수

④ 구청장

[해설]
과태료는 대통령령으로 정하는 바에 따라 보건복지부장관 또는 시장·군수·구청장이 부과·징수한다(법 제22조 제4항).

56 공중위생의 관리를 위한 지도, 계몽 등을 행하게 하기 위하여 둘 수 있는 것은?

① **명예공중위생감시원** ✓

② 공중위생조사원

③ 공중위생평가단체

④ 공중위생전문교육원

[해설]
시·도지사는 공중위생의 관리를 위한 지도·계몽 등을 행하게 하기 위하여 명예공중위생감시원을 둘 수 있다(법 제15조의2).

57 공중위생관리법상 위생교육에 포함되지 않는 것은?

① 기술교육

② **시사상식 교육** ✓

③ 소양교육

④ 공중위생에 관하여 필요한 내용

[해설]
위생교육(규칙 제23조 제2항)
위생교육의 내용은 공중위생관리법 및 관련 법규, 소양교육(친절 및 청결에 관한 사항을 포함), 기술교육, 그밖에 공중위생에 관하여 필요한 내용으로 한다.

58 이·미용업 영업소에서 손님에게 음란한 물건을 관람·열람하게 한 때에 대한 1차 위반 시 행정처분기준은?

① 영업정지 15일

② 영업정지 1월

③ 영업장 폐쇄명령

④ **경고** ✓

[해설]
행정처분기준(규칙 [별표 7])
음란한 물건을 관람·열람하게 하거나 진열 또는 보관한 경우
• 1차 위반 : 경고
• 2차 위반 : 영업정지 15일
• 3차 위반 : 영업정지 1월
• 4차 이상 위반 : 영업장 폐쇄명령

59 공중위생영업의 신고를 위하여 제출하는 서류에 해당하지 않는 것은?

① 영업시설 및 설비개요서
② 교육수료증
③ 면허증 원본
④ **재산세 납부 영수증**

해설
이 · 미용업 영업신고 신청 시 필요한 구비서류(규칙 제3조)
• 영업시설 및 설비개요서
• 영업시설 및 설비의 사용에 관한 권리를 확보하였음을 증명하는 서류
• 교육수료증(미리 교육을 받은 경우에만 해당)

60 공중위생영업소를 개설하고자 하는 자는 원칙적으로 언제까지 위생교육을 받아야 하는가?

① **개설하기 전**
② 개설 후 3개월 내
③ 개설 후 6개월 내
④ 개설 후 1년 내

해설
위생교육(법 제17조 제2항)
공중위생영업의 신고를 하고자 하는 자는 미리 위생교육을 받아야 한다. 다만, 보건복지부령으로 정하는 부득이한 사유로 미리 교육을 받을 수 없는 경우에는 영업개시 후 6개월 이내에 위생교육을 받을 수 있다.

기출복원문제

01 퍼머넌트 웨이브를 하기 전의 조치사항 중 틀린 것은?

① 필요시 샴푸를 한다.
② 정확한 헤어디자인을 한다.
③ **린스 또는 오일을 바른다.**
④ 두발의 상태를 파악한다.

해설
퍼머넌트 웨이브 시 사전 조치로 상담 및 두피와 모발 상태를 진단하고 스타일을 디자인하며 필요시 샴푸를 한다.
• 사전샴푸(프레 샴푸) : 모발 오염이나 잔류하는 스타일링 제품을 제거할 목적으로 가볍게 실시
• 사전커트(프레 커트) : 모발 길이와 디자인의 변화 또는 와인딩의 편리성

02 가위의 선택방법으로 옳은 것은?

① 양날의 견고함이 동일하지 않아도 무방하다.
② 만곡도가 큰 것을 선택한다.
③ **협신에서 날 끝으로 내곡선상으로 된 것을 선택한다.**
④ 만곡도와 내곡선상을 무시해도 사용상 불편함이 없다.

해설
가위는 양날의 견고함이 동일하고 날 끝으로 갈수록 내곡선인 것이 좋다.

03 헤어스타일에 다양한 변화를 줄 수 있는 뱅은 주로 두부의 어느 부위에 하는가?

① **앞이마**
② 네이프
③ 양 사이드
④ 크라운

해설
뱅(bang) : 이마에 내려뜨린 앞머리를 말하며 헤어스타일에 맞게 적절한 분위기를 연출할 수 있다.

04 염모제를 바르기 전에 스트랜드 테스트 (strand test)를 하는 목적이 아닌 것은?

① 색상 선정이 올바르게 이루어졌는지 알기 위해서
② 원하는 색상을 시술할 수 있는 정확한 염모제의 작용시간을 추정하기 위해서
③ **염모제에 의한 알레르기성 피부염이나 접촉성 피부염 등의 유무를 알아보기 위해서**
④ 퍼머넌트 웨이브나 염색, 탈색 등으로 모발이 단모나 변색될 우려가 있는지 여부를 알기 위해서

해설
• 스트랜드 테스트 : 원하는 색상이 모발에 발색되는지를 확인하기 위해 염색 전 안쪽 스트랜드(적게 나누어 떠낸 모발)에 염색약을 도포해 테스트하는 방법
• 패치 테스트 : 염색 전에 하는 알레르기 검사로, 염색제를 귀 뒤나 팔 안쪽에 바른 후 48시간이 지났을 때 반응을 확인하는 것

05 두발의 다공성에 관한 설명으로 적절하지 않은 것은?

① 다공성모란 두발의 간충물질이 소실되어 보습작용이 적어져서 두발이 건조해지기 쉬운 손상모를 말한다.

② 다공성은 두발이 얼마나 빨리 유액(流液)을 흡수하느냐에 따라 그 정도가 결정된다.

③ 두발의 다공성 정도가 클수록 프로세싱 타임을 짧게 하고, 보다 순한 용액을 사용하도록 해야 한다.

④ 두발의 다공성을 알아보기 위한 진단은 샴푸 후에 해야 하는데 이것은 물에 의해서 두발의 질이 다소 변화하기 때문이다.

해설
다공성모는 모발 내부에 단백질이 빠져나와 구멍이 뚫려 있는 모습이며 모발이 지저분해 보이고 건조 후에 푸석거린다. 샴푸를 하기 전에 모발이 마른 상태에서 다공성을 진단할 수 있다.

06 우리나라에서 현대 미용의 시초라고 볼 수 있는 시기는?

① 조선 말기

② 6·25 이후

③ 해방 이후

④ 한일합방 이후

해설
현대 미용은 한일합방 이후 급격히 발달하였다.

07 빗을 선택하는 방법으로 틀린 것은?

① 전체적으로 비뚤어지거나 휘지 않은 것이 좋다.

② 빗살 끝이 가늘고 빗살 전체가 균등하게 똑바로 나열된 것이 좋다.

③ 빗살 끝이 너무 뾰족하지 않고 되도록 무딘 것이 좋다.

④ 빗살 사이의 간격이 균등한 것이 좋다.

해설
빗살 끝은 너무 뾰족하지 않아야 하며, 너무 무뎌도 안 된다.

08 우리나라 고대 여성의 머리 장식품 중 재료의 이름을 붙여서 만든 비녀로만 된 것은?

① 산호잠, 옥잠

② 석류잠, 호두잠

③ 국잠, 금잠

④ 봉잠, 용잠

해설
장식품(비녀)
• 모양에 따른 분류 : 봉잠, 용잠, 호두잠, 석류잠, 국잠, 각잠 등
• 재료에 따른 분류 : 금잠, 옥잠, 산호잠

09 헤어컬러 시술 마무리 과정에 대한 설명으로 잘못된 것은?

① 고객의 헤어라인에 헤어컬러제가 남은 부분에 알코올 솜으로 가볍게 두드리면서 색소를 제거한다.

② 젖은 수건을 이용하여 피부에 남은 리무버를 부드럽게 닦는다.

③ 고객의 의복을 점검하고 드라이 보를 착용한다.

④ 모발 상태에 맞는 에센스를 이용하여 모발 끝부분부터 전체를 바른다.

해설
고객의 헤어라인에 헤어컬러제가 남은 부분에 탈지면이나 화장 솜에 리무버(크림)를 묻혀 가볍게 두드리면서 색소를 제거한다.

11 스킵 웨이브(skip wave)의 특징으로 가장 거리가 먼 것은?

① 웨이브(wave)와 컬(curl)이 반복 교차된 스타일이다.

② 폭이 넓고 부드럽게 흐르는 웨이브를 만들 때 쓰이는 기법이다.

③ 너무 가는 두발에는 그 효과가 적으므로 피하는 것이 좋다.

④ 퍼머넌트 웨이브가 너무 지나칠 때 이를 수정·보완하기 위해 많이 쓰인다.

해설
스킵 웨이브(skip wave) : 웨이브와 핀컬이 한 단씩 교차되어 조합된 웨이브 형태이다. 강한 퍼머넌트 웨이브 모발의 수정·보완 시에는 사용하지 않는다.

10 헤어 컬링(hair curling)에서 컬(curl)의 목적과 관계가 가장 먼 것은?

① 웨이브를 만들기 위해서

② 머리 끝의 변화를 주기 위해서

③ 텐션을 주기 위해서

④ 볼륨을 만들기 위해서

해설
컬의 목적
• 웨이브 만들기
• 볼륨 만들기
• 플러프(머리 끝에 변화를 주는 것)

12 쿠퍼로즈(couperose)는 어떠한 피부 상태를 표현하는 데 사용하는가?

① 거친 피부

② 매우 건조한 피부

③ 모세혈관이 확장된 피부

④ 피부의 pH 밸런스가 불균형인 피부

해설
쿠퍼로즈(couperose) : 피부의 표피나 진피층의 모세혈관 약화로 모세혈관이 확장되어 실핏줄이 보이는 피부

13 두발이 손상되는 원인이 아닌 것은?

① 헤어 드라이어로 급속하게 건조시킨 경우
② 지나친 브러싱과 백 코밍 시술을 한 경우
✔ **스캘프 매니플레이션과 브러싱을 한 경우**
④ 해수욕 후 염분이나 풀장의 소독용 표백분이 두발에 남아 있을 경우

해설

스캘프 매니플레이션(두피관리)은 혈점을 자극하여 혈액순환을 촉진시키며 스트레스 해소 효과가 있다. 브러싱 또한 두피의 혈액순환을 촉진한다.

14 다음 중 정상 두피에 사용하는 트리트먼트 종류는?

✔ **플레인 스캘프 트리트먼트**
② 드라이 스캘프 트리트먼트
③ 오일리 스캘프 트리트먼트
④ 댄드러프 스캘프 트리트먼트

해설

스캘프 트리트먼트의 종류
• 플레인 스캘프 트리트먼트 : 정상 두피에 사용(유·수분 적당)
• 드라이 스캘프 트리트먼트 : 건성 두피에 사용(두피 건조)
• 오일리 스캘프 트리트먼트 : 지성 두피에 사용(피지 분비 과잉)
• 댄드러프 스캘프 트리트먼트 : 비듬성 두피에 사용(비듬이 많음)

15 다음 중 그러데이션(gradation) 커트에 대한 설명으로 옳은 것은?

① 모든 모발이 동일한 선상에 떨어진다.
✔ **모발의 길이에 변화를 주어 무게(weight)를 더해 줄 수 있는 기법이다.**
③ 모든 모발의 길이를 균일하게 잘라 주어 모발에 무게(weight)를 덜어 줄 수 있는 기법이다.
④ 전체적인 모발의 길이 변화 없이 소수 모발만을 제거하는 기법이다.

해설

그러데이션(그래쥬에이션) 커트
네이프에서 톱 부분으로 올라갈수록 모발의 길이가 길어지는 작은 단차의 커트로 두발 길이에 단차를 주어 스타일을 입체적으로 만든다. 그러데이션은 각도에 따라 로(low), 미디엄(medium), 하이(high)로 나뉜다.

16 고대 미용의 발상지로 가발을 이용하고 진흙으로 두발에 컬을 만들었던 국가는?

① 그리스   ② 프랑스
✔ **이집트**   ④ 로마

해설

이집트는 덥고 태양이 강해서 모발을 밀고 가발을 만들어 착용하였다. 인모, 종려나무의 잎, 양모 등으로 만든 통풍이 잘되는 가발을 착용하였다.

17 일반적으로 대머리 분장을 하고자 할 때 준비해야 할 주요 재료로 가장 거리가 먼 것은?

① 글라잔(glatzan)

② 오브라이트(oblate)

③ 스프리트 검(spirit gum)

④ 라텍스(latex)

해설
② 오브라이트 : 화상 분장에 사용하는 재료이다.
① 글라잔 : 대머리용 볼드캡 제작에 사용된다.
③ 스프리트 검 : 수염이나 가발을 붙이는 접착제이다.
④ 라텍스 : 가발을 붙이거나 화상 분장에 이용하는 재료이다.

18 크로스 체크 커트(cross check cut)를 설명한 내용으로 적절한 것은?

① 최초의 슬라이스선과 교차되도록 체크 커트하는 것

② 모발의 무게감을 없애주는 것

③ 전체적인 길이를 처음보다 짧게 커트하는 것

④ 세로로 잡아 체크 커트하는 것

해설
크로스 체크 커트 : 머리카락의 끝을 교차시켜 길이를 점검하면서 자연스럽게 보이도록 마무리하여 자르는 일

19 헤어 샴푸잉의 목적으로 가장 거리가 먼 것은?

① 두피, 두발의 세정

② 두발 시술의 용이

③ 두발의 건전한 발육 촉진

④ 두피질환 치료

해설
샴푸의 목적
• 모발과 두피의 때, 먼지, 비듬, 이물질을 제거하여 청결함과 상쾌함을 유지한다.
• 두피의 혈액순환과 신진대사를 잘되게 하여 모발 성장에 도움을 준다.
• 다양한 미용시술 시 기초 작업으로 모발 손질을 용이하게 한다.

20 퍼머넌트 직후의 처리로 옳은 것은?

① 플레인 린스

② 샴푸잉

③ 테스트 컬

④ 테이퍼링

해설
플레인 린스
• 38~40℃의 연수 사용
• 파마 시술 시 제1액을 씻어내는 중간 린스로 사용하며 미지근한 물로 헹구어 내는 방법
• 퍼머넌트 직후의 처리로 플레인 린스를 함

21 토양(흙)이 병원소가 될 수 있는 질환은?

① 디프테리아　　② 콜레라
③ 간염　　　　　✔ **파상풍**

> **해설**
> 토양 병원소 : 각종 진균의 병원소, 파상풍

22 오염된 주사기, 면도날 등으로 인해 감염이 잘 되는 만성 감염병은?

① 렙토스피라증　② 트라코마
✔ **B형간염**　　④ 파라티푸스

> **해설**
> 오염된 면도날, 주삿바늘, 칫솔을 공동으로 사용하는 경우 등에서 B형간염 바이러스에 감염될 수 있다.

23 다음 감염병 중 세균성인 것은?

① 말라리아　　　✔ **결핵**
③ 일본뇌염　　　④ 유행성 간염

> **해설**
> 세균(bacteria)
>
> | 호흡기계 | 디프테리아, 결핵, 폐렴, 나병(한센병), 백일해, 수막구균성수막염, 성홍열 |
> |---|---|
> | 소화기계 | 콜레라, 장티푸스, 세균성 이질, 파라티푸스, 파상열 |
> | 피부점막계 | 페스트, 파상풍, 매독, 임질 |

24 인구 구성형태 중 14세 이하 인구가 65세 이상 인구의 2배 정도이며 출생률과 사망률이 모두 낮은 형은?

① 피라미드형(pyramid form)
✔ **종형(bell form)**
③ 항아리형(pot form)
④ 별형(accessive form)

> **해설**
> 인구 구성형태
> • 피라미드형 : 출생률이 증가하고, 사망률이 낮은 형태(후진국형, 인구증가형) → 14세 이하 인구가 65세 이상 인구의 2배 이상
> • 항아리형 : 출생률이 사망률보다 낮은 형태(선진국형, 인구감소형) → 14세 이하 인구가 65세 이상 인구의 2배 이하
> • 별형 : 생산연령 인구가 많이 유입되는 형태(도시형, 인구유입형) → 생산층(15~49세) 인구가 전체 인구의 50% 이상

25 인수공통감염병이 아닌 것은?

① 페스트　　　　② 우형 결핵
✔ **한센병**　　　④ 야토병

> **해설**
> 인수공통감염병 : 동물과 사람 사이에 상호 전파되는 병원체에 의해 감염된다.
> • 페스트 : 페스트균은 숙주 동물인 쥐에 기생하는 벼룩에 의해 사람에게 전파된다. 인수공통감염병이나 사람 간 전파도 일어날 수 있다.
> • 우형 결핵 : 소에게 결핵을 일으키는 우형(牛型) 결핵균이 사람에게 감염되어서 결핵을 일으키는 경우도 외국에서는 드물게 있다.
> • 야토병 : 야토균(야생토끼) 감염에 의한 인수공통질환으로 감염된 매개체나 동물병원소와의 접촉이 주요 원인이다.

26 공중보건학의 목적으로 옳지 않은 것은?

① 질병 예방
② 수명 연장
③ 육체적, 정신적 건강 및 효율의 증진
④ **물질적 풍요**

해설
공중보건학의 목표 : 질병 예방, 수명 연장, 신체적·정신적 건강증진

27 조도불량, 현휘(눈부심)가 과도한 장소에서 장시간 작업하여 눈에 긴장을 강요함으로써 발생되는 불량 조명에 기인하는 직업병이 아닌 것은?

① 안정피로   ② 근시
③ **원시**   ④ 안구진탕증

해설
불량 조명 : 전안부의 압박감, 안통증, 두통, 시력감퇴 등의 증상이 나타나며 안정피로, 근시, 안구진탕증(눈떨림) 등의 직업병이 생긴다.

28 공기의 자정작용과 가장 관련이 먼 것은?

① 이산화탄소와 일산화탄소의 교환작용
② 자외선의 살균작용
③ 강우, 강설에 의한 세정작용
④ **기온역전 작용**

해설
공기의 자정작용 : 희석작용, 세정작용, 산화작용, CO_2와 O_2의 교환작용, 살균작용

29 다음 중 환경오염 방지대책과 가장 거리가 먼 것은?

① 환경오염의 실태 파악
② 환경오염의 원인 규명
③ 행정대책과 법적 규제
④ **경제개발 억제 정책**

해설
환경오염 방지대책으로 경제개발 억제 정책은 관련이 없다.

30 미생물의 발육과 그 작용을 제거하거나 정지시켜 음식물의 부패나 발효를 방지하는 것은?

① **방부**   ② 소독
③ 살균   ④ 살충

해설
소독 관련 용어

멸균	병원균이나 포자까지 완전히 사멸시켜 제거한다.
살균	미생물을 물리적, 화학적으로 급속히 죽이는 것(내열성 포자 존재)이다.
소독	유해한 병원균 증식과 감염의 위험성을 제거한다(포자는 제거되지 않음).
방부	병원성 미생물의 발육을 정지시켜 음식의 부패나 발효를 방지한다.

31 질병 발생의 3대 요인으로 연결된 것은?

① 숙주 – 병인 – 환경
② 숙주 – 병인 – 유전
③ 숙주 – 병인 – 병소
④ 숙주 – 병인 – 저항력

해설

질병 발생의 3대 요인 : 병인, 숙주, 환경

32 승홍수의 설명으로 틀린 것은?

① 금속을 부식시키는 성질이 있다.
② 피부 소독에는 0.1%의 수용액을 사용한다.
③ 염화칼륨을 첨가하면 자극성이 완화된다.
④ 살균력이 일반적으로 약한 편이다.

해설

승홍수
• 강력한 살균력이 있어 0.1% 수용액 사용 → 손, 피부 소독
• 상처가 있는 피부에는 적합하지 않음(피부 점막에 자극 강함)
• 금속을 부식시킴

33 자비소독 시 금속제품이 녹스는 것을 방지하기 위하여 첨가하는 물질이 아닌 것은?

① 2% 붕소
② 2% 탄산나트륨
③ 5% 알코올
④ 2~3% 크레졸 비누액

해설

자비소독법 : 물에 탄산나트륨(1~2%), 석탄산(5%), 붕소(2%), 크레졸(2~3%)을 넣으면 소독효과가 증대된다.

34 음용수 소독에 사용할 수 있는 소독제는?

① 승홍수
② 페놀
③ 염소
④ 아이오딘(요오드)

해설

염소
• 살균력이 강하고 저렴하며 잔류효과가 크고 냄새가 강함
• 상수 또는 하수의 소독에 주로 사용

35 EO 가스의 폭발 위험성을 감소시키기 위하여 흔히 혼합하여 사용하는 물질은?

① 질소
② 산소
③ 아르곤
④ 이산화탄소

해설

에틸렌옥사이드 가스멸균법(EO) : 50~60℃ 저온에서 멸균하는 방법으로 EO 가스의 폭발 위험이 있어서 프레온가스 또는 이산화탄소를 혼합 사용한다. → 고무장갑, 플라스틱 소독

36 다음 중 오물, 배설물의 소독에 가장 적당한 것은?

✔ ① 크레졸   ② 오존

③ 염소   ④ 승홍

해설

크레졸
- 3% 수용액 사용
- 석탄산 소독력의 2배의 효과가 있음
- 손 소독 시 1~2% 수용액 사용
- 오물, 배설물의 소독, 이·미용실 실내나 바닥 소독에 사용

37 다음 계면활성제 중 살균보다는 세정의 효과가 더 큰 것은?

① 양성 계면활성제

② 비이온 계면활성제

③ 양이온 계면활성제

✔ ④ 음이온 계면활성제

해설

계면활성제
- 양이온성 계면활성제 : 살균과 소독작용이 우수하고, 정전기 발생을 억제한다.
- 음이온성 계면활성제 : 세정작용과 기포작용이 우수하다.
- ※ 세정력이 큰 순서 : 음이온 계면활성제 > 양쪽성 계면활성제 > 양이온 계면활성제 > 비이온 계면활성제

38 화학적 소독제의 이상적인 구비 조건에 해당하지 않는 것은?

① 가격이 저렴해야 한다.

② 독성이 적고 사용자에게 자극이 없어야 한다.

✔ ③ 소독효과가 서서히 증대되어야 한다.

④ 희석된 상태에서 화학적으로 안정되어야 한다.

해설

소독제의 조건
- 살균력이 강하고 미량으로도 빠르게 침투하여 효과가 우수해야 한다.
- 냄새가 강하지 않고 인체에 독성이 없어야 한다.
- 대상물을 부식시키지 않고 표백이 되지 않아야 한다.
- 안정성 및 용해성이 있어야 한다.
- 사용법이 간단하고 경제적이어야 한다.
- 환경오염을 유발하지 않아야 한다.

39 자외선의 파장 중 가장 강한 범위는?

① 200~220nm

✔ ② 260~280nm

③ 300~320nm

④ 360~380nm

해설

자외선 파장 중 특히 260nm 부근이 바이러스나 박테리아를 살균하는 데 가장 효과적이지만 인체에 많이 노출되면 화상이나 피부암, 백내장을 일으킨다.

40 다음 중 습열멸균법에 속하는 것은?

✔① 자비소독법

② 화염멸균법

③ 여과멸균법

④ 소각법

해설
습열멸균법
• 자비소독법 : 100℃의 끓는 물에 15~20분 가열(포자는 죽이지 못함)
• 고압증기멸균법 : 100~135℃ 고온의 수증기로 포자까지 사멸
• 저온살균법 : 62~63℃의 낮은 온도에서 30분간 소독

41 백반증에 관한 내용 중 틀린 것은?

✔① 멜라닌 세포의 과다한 증식으로 일어난다.

② 백색 반점이 피부에 나타난다.

③ 후천적 탈색소 질환이다.

④ 원형, 타원형 또는 부정형의 흰색 반점이 나타난다.

해설
저색소 침착(멜라닌 색소 감소로 발생)
• 백반증 : 백색 반점이 피부에 나타나는 후천적 탈색소성 질환
• 백색증 : 멜라닌 합성의 결핍으로 인해 눈, 피부, 털 등에 색소 감소를 나타내는 선천성 유전질환

42 모발을 태우면 노린내가 나는데 이는 어떤 성분 때문인가?

① 나트륨

② 이산화탄소

✔③ 유황

④ 탄소

해설
모발은 케라틴 단백질로 구성되어 있으며, 케라틴 단백질에는 황(S) 성분이 포함되어 있는데, 이것이 모발을 태웠을 때 나는 특유한 냄새의 원인이다.

43 포인트 메이크업(point make-up) 화장품에 속하지 않는 것은?

① 블러셔

② 아이섀도

✔③ 파운데이션

④ 립스틱

해설
③ 파운데이션은 베이스 메이크업 화장품에 해당한다.

44 무기질의 설명으로 틀린 것은?

① 조절작용을 한다.

② 수분과 산, 염기의 평형조절을 한다.

③ 뼈와 치아의 주요 성분이다.

✔④ 에너지 공급원으로 이용된다.

해설
무기질
• 인체 내의 대사과정을 조절하는 중요 성분
• 신체의 골격과 치아조직의 형성에 관여
• 신경자극 전달, 체액의 산과 알칼리 평형 조절에 관여

45 피부 본래의 표면에 알칼리성의 용액을 pH 환원시키는 표피의 능력을 무엇이라 하는가?

① 환원작용

② **알칼리 중화능(中和能)**

③ 산화작용

④ 산성 중화능

> **해설**
> 건강한 피부 표면은 약산성(pH 4.5~6.5)을 유지한다. 이때 피부의 산성도가 파괴되어도 알칼리성을 중화해 본래의 pH 농도로 돌아가는 능력을 알칼리 중화능력이라고 한다.

46 태선화에 대한 설명으로 옳은 것은?

① 표피가 얇아지는 것으로, 표피세포 수의 감소와 관련이 있으며 종종 진피의 변화와 동반된다.

② 둥글거나 불규칙한 모양의 굴착으로 점진적인 괴사에 의해서 표피와 함께 진피의 소실이 오는 것이다.

③ 질병이나 손상에 의해 진피와 심부에 생긴 결손을 메우는 새로운 결체조직의 생성으로 생기며 정상 치유과정의 하나이다.

④ **표피 전체와 진피의 일부가 가죽처럼 두꺼워지는 현상이다.**

> **해설**
> 태선화 : 표피 전체가 가죽처럼 두꺼워지며 딱딱해지는 현상

47 진피의 4/5를 차지할 정도로 가장 두꺼운 부분이며, 옆으로 길고 섬세한 섬유가 그물 모양으로 구성된 층은?

① **망상층**

② 유두층

③ 유두하층

④ 과립층

> **해설**
> 망상층
> • 유두층의 아래에 위치하며 피하조직과 연결되는 층
> • 진피층에서 가장 두꺼운 층으로 그물 형태로 구성
> • 교원섬유와 탄력섬유 사이를 채우고 있는 간충물질과 섬유아세포로 구성
> • 피부의 탄력과 긴장을 유지

48 다음 중 2도 화상에 속하는 것은?

① 햇볕에 탄 피부

② **진피층까지 손상되어 수포가 발생한 피부**

③ 피하지방층까지 손상된 피부

④ 피하지방층 아래의 근육까지 손상된 피부

> **해설**
> 화상
>
> | 1도 화상 | • 피부의 가장 겉 부분인 표피만 손상된 단계
• 빨갛게 붓고 달아오르는 증상과 통증 |
> | --- | --- |
> | 2도 화상 | • 진피도 어느 정도 손상된 단계
• 수포를 생성
• 피하조직의 부종과 통증 |
> | 3도 화상 | • 피부의 전 층 모두 화상으로 손상된 단계
• 체액 손상 및 감염 |

49 액취증의 원인이 되는 아포크린선이 분포 되어 있지 않은 곳은?

① 배꼽 주변　　② 겨드랑이
③ 사타구니　　④ 발바닥

해설

한선

에크린선(소한선)	아포크린선(대한선)
• 손바닥, 발바닥, 겨드랑이, 등, 앞가슴, 코 부위에 분포 • 약산성의 무색·무취 • 노폐물 배출 • 체온 조절기능	• 겨드랑이, 유두 주위, 배꼽 주위, 성기 주위, 항문 주위 등 특정한 부위에 분포 • 사춘기 이후 주로 분비 • 단백질 함유량이 많은 땀을 생산 • 세균에 의해 부패되어 불쾌한 냄새

50 다음 중 공기의 접촉 및 산화와 관계있는 것은?

① 흰 면포
② 검은 면포
③ 구진
④ 팽진

해설

면포 : 모공 내 표피세포의 과각질화로 모공으로 빠져나와야 할 피지가 모공 내부에 갇혀서 얼굴, 이마, 콧등에 발생한다. 각질이 덮여 있으면 흰 면포(화이트헤드), 공기와 접촉하여 산화된 면포는 검은 면포(블랙헤드)가 된다.

51 이·미용업소에서 업소 내 조명도를 준수 하지 않은 때의 1차 위반 행정처분기준은?

① 경고 또는 개선명령
② 영업정지 5일
③ 영업허가 취소
④ 영업장 폐쇄명령

해설

행정처분기준(규칙 [별표 7])
이·미용업 신고증 및 면허증 원본을 게시하지 않거나 업소 내 조명도를 준수하지 않은 경우
• 1차 위반 : 경고 또는 개선명령
• 2차 위반 : 영업정지 5일
• 3차 위반 : 영업정지 10일
• 4차 이상 위반 : 영업장 폐쇄명령

52 면허의 정지명령을 받은 자는 그 면허증을 누구에게 제출해야 하는가?

① 보건복지부장관
② 시·도지사
③ 시장·군수·구청장
④ 이·미용사 중앙회장

해설

면허가 취소되거나 면허의 정지명령을 받은 자는 지체 없이 관할 시장·군수·구청장에게 면허증을 반납하여야 한다(규칙 제12조 제1항).

53 행정처분사항 중 1차 처분이 경고에 해당하는 것은?

① 손님에게 도박 그 밖에 사행행위를 하게 한 경우

② 정당한 사유 없이 6개월 이상 계속 휴업하는 경우

③ 영업을 하지 않기 위하여 영업시설의 전부를 철거한 경우

④ **소독을 한 기구와 소독을 하지 않은 기구를 각각 다른 용기에 넣어 보관하지 않은 경우**

> **해설**
> ① 1차 처분은 영업정지 1월이다.
> ②·③ 1차 처분은 영업장 폐쇄명령이다.

54 다음 중 이·미용업을 개설할 수 있는 경우는?

① **이·미용사 면허를 받은 자**

② 이·미용사의 감독을 받아 이·미용을 행하는 자

③ 이·미용사의 자문을 받아서 이·미용을 행하는 자

④ 위생관리용역업 허가를 받은 자로서 이·미용에 관심이 있는 자

> **해설**
> 이용사 및 미용사의 업무범위 등(법 제8조 제1항)
> 이용사 또는 미용사의 면허를 받은 자가 아니면 이용업 또는 미용업을 개설하거나 그 업무에 종사할 수 없다. 다만, 이용사 또는 미용사의 감독을 받아 이용 또는 미용 업무의 보조를 행하는 경우에는 그러하지 아니하다.

55 면허증을 다른 사람에게 대여한 때의 2차 위반 행정처분기준은?

① **면허정지 6월**　② 면허정지 3월

③ 영업정지 3월　④ 영업정지 6월

> **해설**
> 행정처분기준(규칙 [별표 7])
> 면허증을 다른 사람에게 대여한 경우
> • 1차 위반 : 면허정지 3월
> • 2차 위반 : 면허정지 6월
> • 3차 위반 : 면허취소

56 영업소 외의 장소에서 이용 및 미용의 업무를 할 수 있는 경우가 아닌 것은?

① 질병으로 영업소에 나올 수 없는 경우

② 혼례 직전에 미용을 하는 경우

③ **야외에서 단체로 미용을 하는 경우**

④ 사회복지시설에서 봉사활동으로 미용을 하는 경우

> **해설**
> 영업소 외에서의 이용 및 미용 업무(규칙 제13조)
> • 질병·고령·장애나 그 밖의 사유로 영업소에 나올 수 없는 자에 대하여 이용 또는 미용을 하는 경우
> • 혼례나 그 밖의 의식에 참여하는 자에 대하여 그 의식 직전에 이용 또는 미용을 하는 경우
> • 사회복지시설에서 봉사활동으로 이용 또는 미용을 하는 경우
> • 방송 등의 촬영에 참여하는 사람에 대하여 그 촬영 직전에 이용 또는 미용을 하는 경우
> • 이외에 특별한 사정이 있다고 시장·군수·구청장이 인정하는 경우

57 공중위생영업에 해당하지 않는 것은?

① 세탁업 　　 ✓ **위생관리업**

③ 미용업 　　 ④ 목욕장업

> **해설**
> "공중위생영업"이라 함은 다수인을 대상으로 위생관리 서비스를 제공하는 영업으로서 숙박업·목욕장업·이용업·미용업·세탁업·건물위생관리업을 말한다(법 제2조 제1항).

58 이·미용업소의 시설 및 설비기준으로 적합한 것은?

✓ **소독을 한 기구와 소독을 하지 아니한 기구를 구분하여 보관할 수 있는 용기를 비치하여야 한다.**

② 소독기·적외선 살균기 등 기구를 소독하는 장비를 갖추어야 한다.

③ 밀폐된 별실을 24개 이상 둘 수 있다.

④ 작업장소와 응접장소·상담실·탈의실 등을 분리하여 칸막이를 설치하려는 때에는 각각 전체 벽 면적의 2분의 1 이상은 투명하게 하여야 한다.

> **해설**
> 이·미용업의 시설 및 설비기준(규칙 [별표 1])

이 용 업	• 이용기구는 소독을 한 기구와 소독을 하지 아니한 기구를 구분하여 보관할 수 있는 용기를 비치하여야 한다. • 소독기, 자외선 살균기 등 이용기구를 소독하는 장비를 갖추어야 한다. • 영업소 안에는 별실 그 밖에 이와 유사한 시설을 설치하여서는 아니 된다.
미 용 업	• 미용기구는 소독을 한 기구와 소독을 하지 아니한 기구를 구분하여 보관할 수 있는 용기를 비치하여야 한다. • 소독기, 자외선 살균기 등 미용기구를 소독하는 장비를 갖추어야 한다.

59 위생서비스평가의 결과에 따른 조치에 해당되지 않는 것은?

① 이·미용업자는 위생관리등급 표지를 영업소 출입구에 부착할 수 있다.

② 시·도지사는 위생서비스의 수준이 우수하다고 인정되는 영업소에 대한 포상을 실시할 수 있다.

③ 시장·군수는 위생관리등급별로 영업소에 대한 위생감시를 실시할 수 있다.

✓ **구청장은 위생관리등급의 결과를 세무서장에게 통보할 수 있다.**

> **해설**
> 위생관리등급 공표 등(법 제14조 제1항)
> 시장·군수·구청장은 보건복지부령이 정하는 바에 의하여 위생서비스평가의 결과에 따른 위생관리등급을 해당 공중위생영업자에게 통보하고 이를 공표하여야 한다.

60 이·미용의 업무를 영업장소 외에서 행하였을 때 이에 대한 처벌기준은?

① 3년 이하의 징역 또는 1천만 원 이하의 벌금

② 500만 원 이하의 과태료

✓ **200만 원 이하의 과태료**

④ 100만 원 이하의 벌금

> **해설**
> 과태료(법 제22조 제2항)
> 다음의 어느 하나에 해당하는 자는 200만 원 이하의 과태료에 처한다.
> • 이·미용업소의 위생관리 의무를 지키지 아니한 자
> • 영업소 외의 장소에서 이용 또는 미용업무를 행한 자
> • 위생교육을 받지 아니한 자

제4회 기출복원문제

01
다음 중 콜드 퍼머넌트 웨이브 시술 시 두발에 부착된 제1액을 씻어 내는 데 가장 적합한 린스는?

① 에그 린스(egg rinse)
② 산성 린스(acid rinse)
③ 레몬 린스(lemon rinse)
④ **플레인 린스(plain rinse)**

해설
플레인 린스
• 38~40℃의 연수 사용
• 파마 시술 시 제1액을 씻어내는 중간 린스로 사용하며 미지근한 물로 헹구어 내는 방법
• 퍼머넌트 직후의 처리로 플레인 린스를 함

02
클리퍼 커트방법 중 하이 그래쥬에이션 커트 시 빗의 각도는?

① 30°
② 45°
③ **65°**
④ 90°

해설
클리퍼를 이용한 그래쥬에이션 커트의 각도
• 로 그래쥬에이션 커트 시 빗의 각도 : 30°
• 미디엄 그래쥬에이션 커트 시 빗의 각도 : 45°
• 하이 그래쥬에이션 커트 시 빗의 각도 : 65°

03
퍼머넌트 웨이브 시술 중 테스트 컬(test curl)을 하는 목적으로 가장 적합한 것은?

① 제2액의 작용 여부를 확인하기 위해서이다.
② 굵은 모발 혹은 가는 두발에 따라 롯드가 제대로 선택되었는지 확인하기 위해서이다.
③ 산화제의 작용이 미묘하기 때문에 확인하기 위해서이다.
④ **정확한 프로세싱 시간을 결정하고 웨이브 형성 정도를 조사하기 위해서이다.**

해설
제1액의 작용 여부를 판단하여 웨이브 형성이 잘되었는지를 정확한 프로세싱 시간으로 결정한다.

04
스트로크 커트(stroke cut) 테크닉에 사용하기 가장 적합한 것은?

① 리버스 시저스(reverse scissors)
② 미니 시저스(mini scissors)
③ 직선날 시저스(cutting scissors)
④ **곡선날 시저스(R-scissors)**

해설
가위가 미끄러지듯이 커팅하는 테크닉이므로 곡선날 시저스가 적당하다.

05 가는 롯드를 사용한 콜드 퍼머넌트 직후에 나오는 웨이브로 가장 가까운 것은?

① 내로 웨이브(narrow wave)

② 와이드 웨이브(wide wave)

③ 섀도 웨이브(shadow wave)

④ 호리존탈 웨이브(horizontal wave)

해설
내로 웨이브 : 물결상(파장)이 극단적으로 많고 리지와 리지 사이의 폭이 좁은 웨이브

06 두발의 양이 많고, 굵은 경우 와인딩과 롯드의 관계가 옳은 것은?

① 스트랜드를 크게 하고, 롯드의 직경도 큰 것을 사용

② 스트랜드를 적게 하고, 롯드의 직경도 작은 것을 사용

③ 스트랜드를 크게 하고, 롯드의 직경은 작은 것을 사용

④ 스트랜드를 적게 하고, 롯드의 직경은 큰 것을 사용

해설
와인딩과 롯드의 관계
• 굵은 모발 : 스트랜드를 적게 하고 롯드의 직경도 작은 것을 사용
• 가는 모발 : 스트랜드를 크게 하고 롯드의 직경도 큰 것을 사용

07 염모제 도포와 관련한 설명한 것으로 잘못된 것은?

① 모발 길이와 각화 정도에 따라 약제의 침투와 발색에 영향을 받으므로 염모제 도포방법을 달리해야 한다.

② 붓의 각도에 따라 도포할 염모제 양의 조절이 가능하고 도포할 부분이 달라진다.

③ 붓을 45°에 가깝게 세웠을 때에는 소량을 섬세하게 원하는 부분만 바를 수 있다.

④ 붓을 낮은 각도로 눕혔을 때에는 넓은 부분을 빠르게 도포할 수 있다.

해설
붓을 90°에 가깝게 세웠을 때에는 소량을 빗질하듯이 도포할 수 있고, 섬세하게 원하는 부분만 바를 수 있다.

08 두발을 탈색한 후 초록색으로 염색하고 얼마 동안의 기간이 지난 후 다시 다른 색으로 바꾸고 싶을 때 보색관계를 이용하여 초록색의 흔적을 없애려면 어떤 색을 사용하면 좋은가?

① 노란색 　　　　② 오렌지색

③ 적색 　　　　　④ 청색

해설
보색이란 색상환의 반대쪽 색으로서 초록색의 보색은 적색이다. 보색을 혼합하면 무채색이 된다.

09 헤어 린스의 목적과 관계없는 것은?

① 두발의 엉킴 방지
② 모발의 윤기 부여
✓③ 이물질 제거
④ 알칼리성을 약산성화

해설
③ 이물질 제거는 샴푸의 기능이다.
헤어 린스의 목적
• 샴푸제 사용 후 건조해진 모발에 유분과 수분을 공급
• 두발 표면을 보호하고 유연성 부여
• pH는 3~5 정도로, 알칼리화된 모발을 약산성화시킴

10 화장법으로는 흑색과 녹색의 두 가지 색으로 윗눈꺼풀에 악센트를 넣었으며, 붉은 찰흙에 샤프란을 조금씩 섞어서 볼에 붉게 칠하고 입술연지로도 사용한 시대는?

① 고대 그리스
② 고대 로마
✓③ 고대 이집트
④ 중국 당나라

해설
이집트 시대의 미용
• 눈꺼풀에 흑색과 녹색을 사용(아이섀도)
• 눈가에 코올(kohl)을 발라 흑색 아이라인을 넣음
• 샤프란으로 뺨을 붉게 하고 입술연지로 사용

11 현대 미용에 있어서 1920년대에 최초로 단발머리를 함으로써 우리나라 여성들의 머리형에 혁신적인 변화를 일으키게 된 계기가 된 사람은?

① 이숙종   ✓② 김활란
③ 김상진   ④ 오엽주

해설
② 김활란 : 단발머리
① 이숙종 : 높은머리(다까머리)
③ 김상진 : 현대 미용학원
④ 오엽주 : 화신미용실

12 업스타일을 시술할 때 백 코밍의 효과를 크게 하고자 세모난 모양의 파트로 섹션을 잡는 것은?

① 스퀘어 파트
✓② 트라이앵귤러 파트
③ 카울릭 파트
④ 렉탱귤러 파트

해설
② 트라이앵귤러 파트 : 세모난 모양의 파트로 업스타일 시 사용
①·④ 스퀘어, 렉탱귤러 파트 : 사각형 파트
③ 카울릭 파트 : 방사상으로 모발의 흐름에 따라 나눈 파트

13 원랭스의 정의로 가장 적합한 것은?

① 두발의 길이에 단차가 있는 상태의 커트

✔ **완성된 두발을 빗으로 빗어 내렸을 때 모든 두발이 하나의 선상으로 떨어지도록 자르는 커트**

③ 전체의 머리 길이가 똑같은 커트

④ 머릿결을 맞추지 않아도 되는 커트

해설
원랭스의 정의
• 일직선의 동일 선상에서 같은 길이가 되도록 커트, 자연 시술 각도 0°를 적용
• 네이프의 길이가 짧고 톱으로 갈수록 길어지면서 모발에 층이 없이 동일 선상으로 자르는 커트 스타일
• 면을 강조하는 스타일로 무게감이 최대에 이르고 질감이 매끄러움
• 커트 라인에 따라 패럴렐 보브(평행 보브), 스파니엘, 이사도라, 머시룸 커트 등으로 분류

14 고객이 추구하는 미용의 목적과 필요성을 시각적으로 느끼게 하는 과정은 어디에 해당하는가?

① 소재 파악　　② 구상

③ 제작　　　　✔ **보정**

해설
미용은 소재를 관찰한 후 구상하여 제작하고 마지막으로 고객의 의사를 반영하여 보정을 하게 된다.

15 플랫 컬의 특징을 가장 잘 표현한 것은?

✔ **컬의 루프가 두피에 대하여 0° 각도로 평평하고 납작하게 형성된 컬을 말한다.**

② 일반적 컬 전체를 말한다.

③ 루프가 반드시 90° 각도로 두피 위에 세워진 컬로 볼륨을 내기 위한 헤어스타일에 주로 이용된다.

④ 두발의 끝에서부터 말아온 컬을 말한다.

해설
플랫 컬은 두피에 루프가 평평하고 납작하게 형성되어 볼륨이 없다.

16 다음 눈썹에 대한 설명 중 틀린 것은?

① 눈썹은 눈썹머리, 눈썹산, 눈썹꼬리로 크게 나눌 수 있다.

✔ **눈썹산의 표준 형태는 전체 눈썹의 1/2 되는 지점에 위치하는 것이다.**

③ 눈썹산이 전체 눈썹의 1/2 되는 지점에 위치해 있으면 볼이 넓게 보이게 된다.

④ 수평상 눈썹은 긴 얼굴을 짧게 보이게 할 때 효과적이다.

해설
눈썹산의 표준 형태는 전체 눈썹의 1/3 되는 지점에 위치하는 형태이다.

17 완성된 두발선 위를 가볍게 다듬어 커트하는 방법은?

① 테이퍼링(tapering)
② 틴닝(thinning)
③ **트리밍(trimming)**
④ 싱글링(shingling)

해설
① 테이퍼링 : 레이저를 이용하여 가늘게 커트하는 기법으로, 모발 끝을 붓 끝처럼 점차 가늘게 긁어내는 커트방법
② 틴닝 : 틴닝 가위를 이용해 모발의 길이는 짧게 하지 않으면서 숱을 감소시키는 기법
④ 싱글링 : 모발에 빗을 대고 위로 이동하면서 가위나 클리퍼로 네이프 부분은 짧게 하는 쇼트 헤어커트 기법

18 레이저(razor)에 대한 설명 중 가장 거리가 먼 것은?

① 셰이핑 레이저를 이용하여 커팅하면 안정적이다.
② **초보자는 오디너리 레이저를 사용하는 것이 좋다.**
③ 솜털 등을 깎을 때 외곡선상의 날이 좋다.
④ 녹이 슬지 않게 관리를 한다.

해설
레이저
• 오디너리(일상용) 레이저 : 숙련자가 사용하기에 적합하며 섬세한 작업이 가능함
• 셰이핑 레이저 : 초보자가 사용하기에 적합

19 이마의 양쪽 끝과 턱의 끝부분을 진하게, 뺨 부분을 엷게 화장하면 가장 잘 어울리는 얼굴형은?

① 삼각형 얼굴
② 원형 얼굴
③ 사각형 얼굴
④ **역삼각형 얼굴**

해설
역삼각형 얼굴형은 뺨을 볼륨 있게 보이도록 하고 이마 양쪽은 어둡게 하는 것이 좋다.

20 다공성 모발에 대한 사항 중 틀린 것은?

① 다공성모란 두발의 간충물질이 소실되어 두발 조직 중에 공동이 많고 보습작용이 적어져서 두발이 건조해지기 쉬우므로 손상모를 말한다.
② 다공성모는 두발이 얼마나 빨리 유액을 흡수하느냐에 따라 그 정도가 결정된다.
③ 다공성의 정도에 따라서 콜드 웨이빙의 프로세싱 타임과 웨이빙의 용액의 정도가 결정된다.
④ **다공성의 정도가 클수록 모발의 탄력이 적으므로 프로세싱 타임을 길게 한다.**

해설
다공성모
• 모발의 간충물질이 유출되어 내부가 공동화되고 모발 안에 구멍이 많아 모발이 건조해지고 손상된 상태
• 손상도가 심한 부분에 간충물질을 대신할 수 있는 PPT 용액 도포
• 프로세싱 타임을 짧게 하고 시스테인 용액을 사용

21 언더 메이크업을 가장 잘 설명한 것은?

① 베이스 컬러라고도 하며 피부색과 피부결을 정돈하여 자연스럽게 해 준다.

② 유분과 수분, 색소의 양과 질, 제조 공정에 따라 여러 종류로 구분된다.

③ 효과적인 보호막을 결정해 주며 피부의 결점을 감추려 할 때 효과적이다.

☑ **파운데이션이 고루 잘 펴지게 하며 화장이 오래 잘 지속되게 해 주는 작용을 한다.**

해설

언더 메이크업은 파운데이션을 바르기 전에 하는 메이크업이며, 파운데이션이 고르게 잘 발라져서 피부를 매끈하게 표현해 준다.

22 다음 중 특별한 장치를 설치하지 아니한 일반적인 경우에 실내의 자연적인 환기에 가장 큰 비중을 차지하는 요소는?

① 실내외 공기 중 CO_2의 함량의 차이

② 실내외 공기의 습도 차이

☑ **실내외 공기의 기온 차이 및 기류**

④ 실내외 공기의 불쾌지수 차이

해설

자연환기는 자연이 갖는 에너지에 의해 이루어지는 것이며, 실내외의 온도차, 기류, 기체의 확산작용 등이 있다.

23 비타민 결핍증인 불임증 및 생식불능과 피부의 노화방지 작용 등과 가장 관계가 깊은 것은?

① 비타민 A

② 비타민 B 복합체

☑ **비타민 E**

④ 비타민 D

해설

비타민 E
• 항산화제 역할, 호르몬 생성, 노화방지
• 결핍 시 : 불임, 피부노화, 빈혈 등
• 식품 : 식물성 기름, 견과류, 녹황색 채소 등

24 환경오염의 발생 요인인 산성비의 가장 주요한 원인과 산도는?

① 이산화탄소 pH 5.6 이하

☑ **아황산가스 pH 5.6 이하**

③ 염화불화탄소 pH 6.6 이하

④ 탄화수소 pH 6.6 이하

해설

산성비는 pH(수소이온농도) 5.6 이하의 비를 말하며, 원인 물질로는 아황산가스와 질소산화물이 있다.

25 세계보건기구(WHO)에서 규정된 건강의 정의를 가장 적절하게 표현한 것은?

① 육체적으로 완전히 양호한 상태
② 정신적으로 완전히 양호한 상태
③ 질병이 없고 허약하지 않은 상태
④ **육체적, 정신적, 사회적 안녕이 완전한 상태**

해설
건강은 단순히 질병이 없는 상태만이 아니고 육체적, 정신적, 사회적으로 모두 완전한 상태를 의미한다.

26 주로 7~9월에 많이 발생되며, 어패류가 원인이 되어 발병·유행하는 식중독은?

① 포도상구균 식중독
② 살모넬라 식중독
③ 보툴리누스균 식중독
④ **장염비브리오 식중독**

해설
① 포도상구균 식중독 : 육류 및 그 가공품과 우유, 크림, 버터, 치즈 등
② 살모넬라 식중독 : 사람, 가축, 가금류의 식육 및 가금류의 알, 하수와 하천수 등에 감염
③ 보툴리누스균 식중독 : 통조림 및 소시지 등에 증식

27 돼지와 관련이 있는 질환으로 거리가 먼 것은?

① 유구조충
② 살모넬라증
③ 일본뇌염
④ **발진티푸스**

해설
• 돼지 : 렙토스피라증, 탄저, 일본뇌염, 살모넬라증, 브루셀라(파상열)
• 이 : 발진티푸스, 재귀열, 참호열

28 실내 공기의 오염지표인 이산화탄소의 실내(8시간 기준) 서한량은?

① 1%
② 0.01%
③ **0.1%**
④ 0.001%

해설
실내 공기 오염의 지표로 이산화탄소를 활용하며, 실내 허용치는 0.1%로 1,000ppm이다.

29 위생해충의 구제방법으로 가장 효과적이고 근본적인 방법은?

① 성충 구제
② 살충제 사용
③ 유충 구제
④ **발생원 제거**

해설
위생해충의 구제방법
• 환경적 방법 : 해충의 발생원 및 서식처를 제거하는 방법
• 물리적 방법 : 각종 도구를 이용하여 해충을 제거하는 기계적인 방법
• 화학적 방법 : 살충제, 유인제 등을 이용하는 방법
• 생물학적 방법 : 해충의 천적을 이용하는 방법
※ 가장 효과적이고 근본적인 방법은 환경적 방법이다.

30 다음 중 파리에 의해 주로 전파될 수 있는 감염병은?

① 페스트 ✔ **장티푸스**
③ 사상충증 ④ 황열

해설
파리 : 장티푸스, 파라티푸스, 콜레라, 이질, 결핵, 디프테리아

31 기온 측정 등에 관한 설명 중 틀린 것은?

① 실내에서는 통풍이 잘되는 직사광선을 받지 않는 곳에 매달아 놓고 측정하는 것이 좋다.
② 평균 기온은 높이에 비례하여 하강하는데, 고도 11,000m 이하에서는 보통 100m당 0.5~0.7℃ 정도이다.
③ 측정할 때 수은주 높이와 측정자의 눈의 높이가 같아야 한다.
✔ **정상적인 날의 하루 중 기온이 가장 낮을 때는 밤 12시경이고 가장 높을 때는 오후 2시경이 일반적이다.**

해설
④ 기온이 가장 낮을 때는 새벽 4~5시경이고, 가장 높을 때는 오후 2시경이다.

32 고압멸균기를 사용하여 소독하기에 가장 적합하지 않은 것은?

① 유리기구 ② 금속기구
③ 약액 ✔ **가죽제품**

해설
고압증기멸균법
• 100~135℃ 고온의 수증기로 포자까지 사멸
• 가장 빠르고 효과적인 방법
• 고무, 유리기구, 금속기구, 의료기구, 무균실 기구, 약액 등에 사용

33 다음 중 소독의 정의로 가장 적절한 것은?

① 미생물의 발육과 생활을 제지 또는 정지시켜 부패 또는 발효를 방지할 수 있는 것
✔ **병원성 미생물의 생활력을 파괴 또는 멸살시켜 감염 또는 증식력을 없애는 조작**
③ 모든 미생물의 생활력을 파괴 또는 멸살시키는 조작
④ 오염된 미생물을 깨끗이 씻어내는 작업

해설
소독 : 유해한 병원균 증식과 감염의 위험성을 제거한다 (포자는 제거되지 않음). → 병원성 미생물의 생활력을 파괴 또는 멸살시켜 감염 및 증식력을 없애는 것이다.

34 병원성 미생물이 일반적으로 증식이 가장 잘 되는 pH의 범위는?

① 3.5~4.5　　② 4.5~5.5
③ 5.5~6.5　　✔ 6.5~7.5

해설
세균이 잘 자라는 수소이온농도(pH)는 6.5~7.50이다.

35 다음 중 일회용 면도기 사용으로 예방 가능한 질병은? (단, 정상적인 사용의 경우를 말한다.)

① 옴(개선)병　　② 일본뇌염
✔ B형간염　　④ 무좀

해설
B형간염은 혈액을 통해 감염되므로 면도기를 소독하지 않거나 비위생적으로 사용할 경우 감염의 위험성이 높아진다.

36 소독약의 살균력 지표로 가장 많이 이용되는 것은?

① 알코올　　② 크레졸
✔ 석탄산　　④ 폼알데하이드

해설
석탄산
• 고온일수록 효과가 높으며 살균력과 냄새가 강하고 독성이 있음(승홍수 1,000배 살균력)
• 3% 수용액을 사용, 금속을 부식시킴
• 포자나 바이러스에는 효과 없음
• 소독제의 살균력 평가 기준으로 사용

37 산소가 있어야만 잘 성장할 수 있는 균은?

✔ 호기성균
② 혐기성균
③ 통기혐기성균
④ 호혐기성균

해설
산소 유무에 따른 세균의 분류
• 호기성 세균 : 산소가 필요한 균
　예 결핵균, 디프테리아균 등
• 혐기성 세균 : 산소가 없어야 하는 균
　예 파상풍균, 보툴리누스균 등
• 통성혐기성 세균 : 산소의 유무와 관계없는 균
　예 살모넬라균, 포도상구균 등

38 다음 중 화학적 살균법이라고 할 수 없는 것은?

✔ 자외선살균법
② 알코올살균법
③ 염소살균법
④ 과산화수소살균법

해설
자외선살균법 : 200~290nm의 파장 범위의 자외선 조사(특히 260nm 부근에서 살균력이 강함), 높은 살균효과와 빠른 처리 속도 → 용기, 각종 기구, 식품, 물, 공기 무균실, 수술실, 약제실 등

39 소독약의 조건에 해당하지 않는 것은?

① 높은 살균력을 가질 것
② 인축에 해가 없어야 할 것
③ 저렴하고 구입과 사용이 간편할 것
④ 기름, 알코올 등에 잘 용해되어야 할 것

해설
소독제의 조건
• 살균력이 강하고 미량으로도 빠르게 침투하여 효과가 우수해야 한다.
• 냄새가 강하지 않고 인체에 독성이 없어야 한다.
• 대상물을 부식시키지 않고 표백이 되지 않아야 한다.
• 안정성 및 용해성이 있어야 한다.
• 사용법이 간단하고 경제적이어야 한다.
• 환경오염을 유발하지 않아야 한다.

40 다음 중 세균의 단백질 변성과 응고작용에 의한 기전을 이용하여 살균하고자 할 때 주로 이용되는 방법은?

① 가열
② 희석
③ 냉각
④ 여과

해설
단백질은 가열하면 응고되어 세균의 기능을 상실한다.

41 소독액을 표시할 때 사용하는 단위로 용액 100mL 속에 용질의 함량을 표시하는 수치는?

① 푼
② 퍼센트
③ 퍼밀리
④ 피피엠

해설
푼은 용액 10mL 속 용질의 함량, 퍼센트는 용액 100mL 속 용질의 함량, 퍼밀리는 용액 1,000mL 속 용질의 함량, 피피엠은 용액 1,000,000mL 속 용질의 함량을 말한다.

42 피부의 구조 중 진피에 속하는 것은?

① 과립층
② 유극층
③ 유두층
④ 기저층

해설
표피와 진피의 구조
• 표피 : 각질층, 투명층, 과립층, 유극층, 기저층
• 진피 : 유두층, 망상층

43 안면의 각질 제거를 용이하게 하는 것은?

① 비타민 C
② 토코페롤
③ AHA
④ 비타민 E

해설
① 비타민 C : 미백작용, 모세혈관벽 강화, 콜라겐 합성에 관여, 항산화제
②・④ 비타민 E(토코페롤) : 항산화제 역할, 호르몬 생성, 노화방지

44 피부의 산성도가 외부의 충격으로 파괴된 후 자연 재연되는 데 걸리는 최소한의 시간은?

① 약 1시간 경과 후

② **약 2시간 경과 후**

③ 약 3시간 경과 후

④ 약 4시간 경과 후

해설

피부의 중화능 : 알칼리 중화능이라고도 하며, 세안 등으로 피부의 산성막이 파괴되었을 때 일정 시간(2시간 정도)이 지나면 자연적으로 회복되는 능력을 말한다.

45 다음 중 결핍 시 피부 표면이 경화되어 거칠어지는 주된 영양물질은?

① **단백질과 비타민 A**

② 비타민 D

③ 탄수화물

④ 무기질

해설

단백질은 새로운 세포가 생성되기 위해 필요하며, 비타민 A는 피부의 신진대사를 원활하게 하고 노화예방, 상피세포 건강유지에 도움을 준다.

46 피부색소의 멜라닌을 만드는 색소형성 세포는 어느 층에 위치하는가?

① 과립층   ② 유극층

③ 각질층   ④ **기저층**

해설

기저층에는 각질형성 세포, 멜라닌 세포, 머켈세포가 있다.

47 한선(땀샘)의 설명으로 틀린 것은?

① 체온을 조절한다.

② 땀은 피부의 피지막과 산성막을 형성한다.

③ 땀을 많이 흘리면 영양분과 미네랄을 잃는다.

④ **땀샘은 손, 발바닥에는 없다.**

해설

한선(땀샘)은 전신에 분포되어 있으며 손, 발바닥에는 에크린선(소한선)이 특히 많이 분포되어 있다.

48 다음 중 피부의 면역기능과 관련이 있는 것은?

① 각질형성 세포   ② **랑게르한스 세포**

③ 멜라닌 세포   ④ 머켈세포

해설

표피의 구성세포
• 각질형성 세포 : 새로운 각질세포 형성
• 멜라닌 세포 : 피부색 결정, 색소 형성
• 랑게르한스 세포 : 면역기능
• 머켈세포 : 촉각을 감지

49 세포의 분열·증식으로 모발이 만들어지는 곳은?

① 모모(毛母)세포

② 모유두

③ 모구

④ 모표피

① 모모세포 : 모유두에 접하고 세포분열과 증식작용을 통해 새로운 머리카락을 형성한다.
② 모유두 : 모모세포에 영양분을 전달하여 모발을 형성시켜 주고, 모발 성장의 근원이 된다.
③ 모구 : 모세포와 멜라닌 세포가 존재하며, 세포분열이 일어난다.
④ 모표피 : 모발의 가장 바깥쪽으로 모발을 외부 물리적·화학적 자극으로부터 보호한다.

50 세안용 화장품의 구비 조건으로 부적당한 것은?

① 안정성 – 물이 묻거나 건조해지면 형과 질이 잘 변해야 한다.

② 용해성 – 냉수나 온탕에 잘 풀려야 한다.

③ 기포성 – 거품이 잘나고 세정력이 있어야 한다.

④ 자극성 – 피부를 자극시키지 않고 쾌적한 방향이 있어야 한다.

① 안정성 : 제품이 변색, 변질, 변취, 미생물 오염이 되지 않아야 한다.

51 이·미용소의 조명시설은 얼마 이상이어야 하는가?

① 50lx

② 75lx

③ 100lx

④ 125lx

영업장 안의 조명도는 75lx 이상이 되도록 유지하여야 한다(규칙 [별표 4]).

52 이·미용사의 면허를 받을 수 없는 자는?

① 전문대학에서 이용 또는 미용에 관한 학과를 졸업한 자

② 교육부장관이 인정하는 학교에서 이·미용에 관한 학과를 졸업한 자

③ 교육부장관이 인정하는 고등기술학교에서 6개월 수학한 자

④ 국가기술자격법에 의한 이·미용사 자격 취득자

이·미용사 면허 발급 대상자(법 제6조 제1항)
• 전문대학 또는 이와 같은 수준 이상의 학력이 있다고 교육부장관이 인정하는 학교에서 이용 또는 미용에 관한 학과를 졸업한 자
• 「학점인정 등에 관한 법률」에 따라 대학 또는 전문대학을 졸업한 자와 같은 수준 이상의 학력이 있는 것으로 인정되어 같은 법에 따라 이용 또는 미용에 관한 학위를 취득한 자
• 고등학교 또는 이와 같은 수준의 학력이 있다고 교육부장관이 인정하는 학교에서 이용 또는 미용에 관한 학과를 졸업한 자
• 초·중등교육법령에 따른 특성화고등학교, 고등기술학교나 고등학교 또는 고등기술학교에 준하는 각종 학교에서 1년 이상 이용 또는 미용에 관한 소정의 과정을 이수한 자
• 「국가기술자격법」에 의한 이용사 또는 미용사 자격을 취득한 자

53 다음 중 이·미용업 영업자가 변경신고를 해야 하는 것을 모두 고른 것은?

> ㄱ. 영업소의 주소
> ㄴ. 영업장 면적의 3분의 1 이상의 증감
> ㄷ. 종사자의 변동사항
> ㄹ. 영업자의 재산 변동사항

① ㄱ   ② ㄱ, ㄴ
③ ㄱ, ㄴ, ㄷ   ④ ㄱ, ㄴ, ㄷ, ㄹ

해설
변경신고 대상(규칙 제3조의2 제1항)
• 영업소의 명칭 또는 상호
• 영업소의 주소
• 신고한 영업장 면적의 1/3 이상의 증감
• 대표자의 성명 또는 생년월일
• 미용업 업종 간 변경 또는 업종의 추가

54 시장·군수·구청장이 영업정지가 이용자에게 심한 불편을 주거나 그 밖에 공익을 해할 우려가 있는 경우에 영업정지처분에 갈음한 과징금을 부과할 수 있는 금액 기준은?

① 3천만 원 이하   ② 5천만 원 이하
③ 1억 원 이하   ④ 2억 원 이하

해설
과징금처분(법 제11조의2 제1항)
시장·군수·구청장은 영업정지가 이용자에게 심한 불편을 주거나 그 밖에 공익을 해할 우려가 있는 경우에는 영업정지 처분에 갈음하여 1억 원 이하의 과징금을 부과할 수 있다.

55 영업소 외에서의 이용 및 미용업무를 할 수 없는 경우는?

① 관할 소재 동지역 내에서 주민에게 이·미용을 하는 경우
② 질병, 기타의 사유로 인하여 영업소에 나올 수 없는 자에 대하여 미용을 하는 경우
③ 혼례나 기타 의식에 참여하는 자에 대하여 그 의식 직전에 미용을 하는 경우
④ 특별한 사정이 있다고 시장·군수·구청장이 인정하는 경우

해설
영업소 외에서의 이용 및 미용 업무(규칙 제13조)
• 질병·고령·장애나 그 밖의 사유로 영업소에 나올 수 없는 자에 대하여 이용 또는 미용을 하는 경우
• 혼례나 그 밖의 의식에 참여하는 자에 대하여 그 의식 직전에 이용 또는 미용을 하는 경우
• 사회복지시설에서 봉사활동으로 이용 또는 미용을 하는 경우
• 방송 등의 촬영에 참여하는 사람에 대하여 그 촬영 직전에 이용 또는 미용을 하는 경우
• 이외에 특별한 사정이 있다고 시장·군수·구청장이 인정하는 경우

56 다음 중 위생교육을 실시하는 단체를 고시하는 자는?

① 영업소 대표
② 시·도지사
③ 시장·군수·구청장
④ 보건복지부장관

해설
위생교육을 실시하는 단체는 보건복지부장관이 고시한다(규칙 제23조 제8항).

57 공중위생영업자의 지위를 승계한 자는 몇 월 이내에 시장·군수·구청장에게 신고를 하여야 하는가?

☑ ① 1월　　　② 2월
③ 6월　　　④ 12월

해설
공중위생영업자의 지위를 승계한 자는 1월 이내에 보건복지부령이 정하는 바에 따라 시장·군수 또는 구청장에게 신고하여야 한다(법 제3조의2 제4항).

58 이용사 또는 미용사의 면허를 받지 아니한 자 중 이용사 또는 미용사 업무에 종사할 수 있는 자는?

① 이·미용 업무에 숙달된 자로 이·미용사 자격증이 없는 자
② 이·미용사로서 업무정지처분 중에 있는 자
☑ ③ 이·미용업소에서 이·미용사의 감독을 받아 이·미용업무를 보조하고 있는 자
④ 학원법에 의하여 설립된 학원에서 3월 이상 이용 또는 미용에 관한 강습을 받은 자

해설
이용사 및 미용사의 업무범위 등(법 제8조 제1항)
이용사 또는 미용사의 면허를 받은 자가 아니면 이용업 또는 미용업을 개설하거나 그 업무에 종사할 수 없다. 다만, 이용사 또는 미용사의 감독을 받아 이용 또는 미용업무의 보조를 행하는 경우에는 그러하지 아니하다.

59 다음 위법사항 중 가장 무거운 벌칙기준에 해당하는 자는?

☑ ① 미용업 신고를 하지 아니하고 영업한 자
② 변경신고를 하지 아니하고 영업한 자
③ 면허정지처분을 받고 그 정지기간 중 업무를 행한 자
④ 관계공무원 출입, 검사를 거부한 자

해설
① 1년 이하의 징역 또는 1천만 원 이하의 벌금에 처한다(법 제20조 제2항).
② 6월 이하의 징역 또는 500만 원 이하의 벌금에 처한다(법 제20조 제3항).
③ 300만 원 이하의 벌금에 처한다(법 제20조 제4항).
④ 300만 원 이하의 과태료에 처한다(법 제22조 제1항).

60 미용업 영업자가 위생교육을 받지 아니한 때에 대한 과태료 처분기준은?

① 100만 원 이하의 과태료
☑ ② 200만 원 이하의 과태료
③ 300만 원 이하의 과태료
④ 500만 원 이하의 과태료

해설
과태료(법 제22조 제2항)
다음의 어느 하나에 해당하는 자는 200만 원 이하의 과태료에 처한다.
• 이·미용업소의 위생관리 의무를 지키지 아니한 자
• 영업소 외의 장소에서 이용 또는 미용업무를 행한 자
• 위생교육을 받지 아니한 자

제 5 회 기출복원문제

01 물에 적신 모발을 와인딩한 후 퍼머넌트 웨이브 1제를 도포하는 방법은?

✔ **① 워터래핑** ② 슬래핑
③ 스파이럴 랩 ④ 크로키놀 랩

> 해설
> 워터래핑은 젖은 모발에 와인딩한 후 1제를 도포하는 방법이다.

02 우리나라 현대 미용사에 대한 설명 중 옳은 것은?

① 경술국치 이후 일본인들에 의해 미용이 발달했다.
② 1933년 일본인이 우리나라에 처음으로 미용원을 열었다.
③ 해방 전 우리나라 최초의 미용교육기관은 정화고등기술학교이다.
✔ **④ 오엽주가 화신백화점 내에 미용원을 열었다.**

> 해설
> 현대 미용
> • 오엽주 : 화신미용실
> • 김활란 : 단발머리
> • 김상진 : 현대 미용학원
> • 이숙종 : 높은머리(다까머리)

03 파마 제1액 처리에 따른 프로세싱 중 언더 프로세싱의 설명으로 틀린 것은?

✔ **① 언더 프로세싱은 프로세싱 타임 이상으로 제1액을 두발에 방치한 것을 말한다.**
② 언더 프로세싱일 때에는 두발의 웨이브가 거의 나오지 않는다.
③ 언더 프로세싱일 때에는 처음에 사용한 솔루션보다 약한 제1액을 다시 사용한다.
④ 제1액의 처리 후 두발의 테스트 컬로 언더 프로세싱 여부가 판명된다.

> 해설
> 언더 프로세싱은 프로세싱 타임을 짧게 한 상태를 말하고, 오버 프로세싱은 프로세싱 타임을 길게 해서 모발을 방치한 상태를 말한다.

04 헤어컬러링 기술에서 만족할 만한 색채효과를 얻기 위해서는 색채의 기본적인 원리를 이해하고 이를 응용할 수 있어야 하는데, 색의 3속성 중 명도만을 갖고 있는 무채색에 해당하는 것은?

① 적색 ② 황색
③ 청색 ✔ **④ 백색**

> 해설
> 무채색은 백색에서부터 회색, 진한 회색, 검정까지 이어지는 색이다.

05 아이론의 열을 이용하여 웨이브를 형성하는 것은?

① **마샬 웨이브**　② 콜드 웨이브

③ 핑거 웨이브　④ 섀도 웨이브

해설
② 콜드 웨이브 : 콜드 웨이브 용액을 이용하여 형성하는 웨이브
③ 핑거 웨이브 : 핑거 젤(세트로션)을 이용하여 빗과 손가락으로 형성하는 웨이브
④ 섀도 웨이브 : 웨이브가 뚜렷하지 않고 느슨하게 형성됨

06 다음 중 산성 린스의 종류가 아닌 것은?

① 레몬 린스　② 비니거 린스

③ **오일 린스**　④ 구연산 린스

해설
유성 린스
• 파마, 염색, 탈색 등으로 건조해진 모발에 유분 공급
• 오일 린스, 크림 린스

07 다음 중 블런트 커트와 같은 의미인 것은?

① **클럽 커트**　② 싱글링

③ 클리핑　④ 트리밍

해설
블런트 커트는 직선으로 커트하는 방법이며 클럽 커트라고도 한다.

08 브러시 세정법으로 옳은 것은?

① 세정 후 털은 아래로 향하게 하여 양지에서 말린다.

② **세정 후 털은 아래로 향하게 하여 응달에서 말린다.**

③ 세정 후 털은 위로 향하게 하여 양지에서 말린다.

④ 세정 후 털은 위로 향하게 하여 응달에서 말린다.

해설
브러시 세정 후 형태가 변형되지 않도록 털을 아래로 하여 그늘에서 말린다.

09 콜드 퍼머넌트 시 제1액을 바르고 비닐캡을 씌우는 이유로 거리가 가장 먼 것은?

① 체온으로 솔루션의 작용을 빠르게 하기 위하여

② 제1액의 작용이 두발 전체에 골고루 행하여지게 하기 위하여

③ 휘발성 알칼리의 휘산작용을 방지하기 위하여

④ **두발을 구부러진 형태 대로 정착시키기 위하여**

해설
웨이브 정착은 제2액에서 진행된다.

10 미용의 특수성에 해당하지 않는 것은?

    ☑ **자유롭게 소재를 선택한다.**

    ② 시간적 제한을 받는다.

    ③ 손님의 의사를 존중한다.

    ④ 여러 가지 조건에 제한을 받는다.

> **해설**
> 미용의 특수성
> • 의사표현의 제한
> • 소재 선정의 제한
> • 시간적 제한
> • 미적 효과의 고려
> • 부용예술로서의 제한

11 유기합성 염모제에 대한 설명으로 옳지 않은 것은?

    ① 유기합성 염모제 제품은 알칼리성의 제1액과 산화제인 제2액으로 나누어진다.

    ② 제1액은 산화염료가 암모니아수에 녹아 있다.

    ☑ **제1액의 용액은 산성을 띤다.**

    ④ 제2액은 과산화수소로서 멜라닌 색소의 파괴와 산화염료를 산화시켜 발색시킨다.

> **해설**
> 유기합성 염모제 제1액은 알칼리성이며 제2액은 산성을 띠고 있다.

12 염모제로서 헤나를 처음으로 사용했던 나라는?

    ① 그리스   ☑ **이집트**

    ③ 로마   ④ 중국

> **해설**
> 이집트에서 B.C. 1500년경 헤나를 진흙에 개어 모발에 발라 흑색 모발을 다양하게 보이게 사용했다.

13 빗의 보관 및 관리에 관한 설명 중 옳은 것은?

    ① 빗은 사용 후 소독액에 계속 담가 보관한다.

    ② 소독액에서 빗을 꺼낸 후 물로 닦지 않고 그대로 사용해야 한다.

    ③ 증기소독은 자주 해주는 것이 좋다.

    ☑ **소독액은 석탄산수, 크레졸 비누액 등이 좋다.**

> **해설**
> 빗은 미온수에 세제액으로 세척하여 이물질 제거 후 자외선소독기에 보관하며 오염이 심한 경우 석탄산수, 크레졸 비누액 등으로 세척한다. 이때 소독액에 오래 담가두거나 증기소독을 하면 형태가 변형될 수 있다.

14 비듬이 없고 두피가 정상적인 상태일 때 실시하는 것은?

① 댄드러프 스캘프 트린트먼트
② 오일리 스캘프 트린트먼트
✓ **플레인 스캘프 트린트먼트**
④ 드라이 스캘프 트린트먼트

해설
스캘프 트리트먼트의 종류
• 플레인 스캘프 트리트먼트 : 정상 두피에 사용
• 드라이 스캘프 트리트먼트 : 건성 두피에 사용
• 오일리 스캘프 트리트먼트 : 지성 두피에 사용
• 댄드러프 스캘프 트리트먼트 : 비듬성 두피에 사용

15 땋거나 스타일링하기에 쉽도록 3가닥 혹은 1가닥으로 만들어진 헤어피스는?

① 웨프트   ✓ **스위치**
③ 폴   ④ 위글렛

해설
② 스위치 : 1~3가닥의 긴 모발을 땋은 모발이나 묶은 모발의 형태로 제작
① 웨프트 : 머리카락 상단을 가로줄로 연결하여 일렬로 결합해 놓은 것
③ 폴 : 쇼트 헤어를 일시적으로 롱 헤어로 변화시키는 경우 사용
④ 위글렛 : 두상의 톱과 크라운 지역에 풍성함과 높이를 형성하기 위하여 사용

16 다음 중 옳게 짝지어진 것은?

① 아이론 웨이브 – 1830년 프랑스의 무슈 끄로샤트
✓ **콜드 웨이브 – 1936년 영국의 스피크먼**
③ 스파이럴 퍼머넌트 웨이브 – 1925년 영국의 조셉 메이어
④ 크로키뇰식 웨이브 – 1875년 프랑스의 마샬 그라또

해설
② 콜드 웨이브 : 1936년 스피크먼
① 아이론 웨이브 : 1875년 마샬 그라또
③ 스파이럴 퍼머넌트 웨이브 : 1905년 찰스 네슬러
④ 크로키뇰식 웨이브 : 1925년 조셉 메이어

17 헤어스타일 또는 메이크업에서 개성미를 발휘하기 위한 첫 단계는?

① 구상
② 보정
✓ **소재의 확인**
④ 제작

해설
미용은 소재 → 구상 → 제작 → 보정의 순서로 이루어진다.

18 두정부의 가마로부터 방사상으로 나눈 파트는?

☑ **① 카울릭 파트**
② 이어 투 이어 파트
③ 센터 파트
④ 스퀘어 파트

해설
카울릭 파트는 두정부의 가마로부터 방사선 형태로 나눈 파트이다.

19 컬의 목적으로 가장 옳은 것은?

① 텐션, 루프, 스템을 만들기 위해
☑ **② 웨이브, 볼륨, 플러프를 만들기 위해**
③ 슬라이싱, 스퀘어, 베이스를 만들기 위해
④ 세팅, 뱅을 만들기 위해

해설
컬의 목적
• 웨이브 만들기
• 볼륨 만들기
• 플러프(머리 끝에 변화를 주는 것)

20 간흡충증(간디스토마)의 제1중간숙주는?

① 다슬기
☑ **② 쇠우렁이**
③ 피라미
④ 게

해설
간흡충증 : 제1중간숙주는 쇠우렁이며 제2중간숙주는 민물고기이다.

21 매직 스트레이트 헤어펌 마무리에 대한 설명으로 옳지 않은 것은?

☑ **① 헤어스타일링을 위해 모발을 50%만 건조시킨다.**
② 헤어스타일링 제품을 용도에 맞게 선택하여 사용한다.
③ 고객에게 사후 손질방법을 설명한다.
④ 고객에게 헤어 파마의 결과에 대한 만족 여부를 확인한다.

해설
매직 스트레이트 헤어펌 마무리 과정
• 헤어스타일링을 위해 모발을 건조시킨다.
• 헤어스타일링 제품을 용도에 맞게 선택하여 사용한다.
• 고객에게 사후 모발 손질방법을 설명한다.
• 고객에게 헤어 파마의 결과에 대한 만족 여부를 확인한다.

22 납 중독과 가장 거리가 먼 증상은?

① 빈혈
② 신경마비
③ 뇌중독증상
④ **과다행동장애**

해설
납 중독은 빈혈, 피로, 사지마비, 신경계통, 위장계통 장애를 일으킨다.

23 발생을 계속 감시할 필요가 있어 발생 또는 유행 시 24시간 이내에 신고하여야 하는 감염병은?

① **말라리아**
② 페스트
③ 디프테리아
④ 신종인플루엔자

해설
제3급 감염병
• 그 발생을 계속 감시할 필요가 있어 발생 또는 유행 시 24시간 이내에 신고하여야 하는 감염병
• 파상풍, B형간염, 일본뇌염, C형간염, 말라리아, 레지오넬라증, 비브리오패혈증 등

24 수질오염의 지표로 사용하는 "생물학적 산소요구량"을 나타내는 용어는?

① **BOD**
② DO
③ COD
④ SS

해설
BOD는 생물학적 산소요구량, DO는 용존산소량, COD는 화학적 산소요구량, SS는 부유물질을 말한다.

25 국가의 건강 수준을 나타내는 지표로서 가장 대표적으로 사용하고 있는 것은?

① 인구증가율
② 조사망률
③ **영아사망률**
④ 질병발생률

해설
한 국가의 건강 수준을 나타내는 지표로서 대표적인 것은 영아사망률(1,000명당 1년 이내 사망자 수)이다.

26 지역사회에서 노인층 인구에 가장 적절한 보건교육 방법은?

① 신문
② 집단교육
③ **개별 접촉**
④ 강연회

해설
노인층은 개인별로 가정방문하여 교육하는 방법이 가장 적절하다.

27 예방접종에서 생균제제를 사용하는 것은?

① 장티푸스
② 파상풍
③ **결핵**
④ 디프테리아

해설
생균백신은 결핵, 폴리오, 홍역, 탄저, 광견병, 황열 등에 사용한다.

28 저온폭로에 의한 건강장애는?

① 동상 – 무좀 – 전신체온 상승
② **참호족 – 동상 – 전신체온 하강**
③ 참호족 – 동상 – 전신체온 상승
④ 동상 – 기억력 저하 – 참호족

해설
저온폭로에 의한 건강장애는 참호족과 침수족, 동상, 알레르기 반응, 피로 증상 등이 일어나며 전신체온이 하강한다.

29 다음 식중독 중에서 치명률이 가장 높은 것은?

① 살모넬라증
② 포도상구균 식중독
③ 연쇄상구균 식중독
④ **보툴리누스균 식중독**

해설
보툴리누스균은 통조림이나 소시지 등 혐기성 상태의 식품 등에서 발생하며 치명률이 가장 높다.

30 다음 중 파리가 전파할 수 있는 소화기계 감염병은?

① 페스트 　　　② 일본뇌염
③ **장티푸스** 　　④ 황열

해설
파리가 전파할 수 있는 소화기계 감염병은 이질, 파라티 푸스, 콜레라, 장티푸스 등이 있다.

31 소독의 정의로 옳은 것은?

① 모든 미생물 일체를 사멸하는 것
② 모든 미생물을 열과 약품으로 완전히 죽이거나 또는 제거하는 것
③ **병원성 미생물의 생활력을 파괴하여 죽이거나 또는 제거하여 감염력을 없애 는 것**
④ 균을 적극적으로 죽이지 못하더라도 발 육을 저지하고 목적하는 것을 변화시키 지 않고 보존하는 것

해설
소독 : 유해한 병원균 증식과 감염의 위험성을 제거한다 (포자는 제거되지 않음). → 병원성 미생물의 생활력을 파괴 또는 멸살시켜 감염 및 증식력을 없애는 것이다.

32 AIDS나 B형간염 등과 같은 질환의 전파를 예방하기 위한 이·미용기구의 가장 좋은 소독방법은?

① **고압증기멸균기**
② 자외선 소독기
③ 음이온 계면활성제
④ 알코올

해설
고압증기멸균법
• 100~135℃ 고온의 수증기로 포자까지 사멸
• 가장 빠르고 효과적인 방법

33 일반적으로 사용되는 소독용 알코올의 적정 농도는?

① 30% ☑ **70%**

③ 50% ④ 100%

해설
소독용 알코올은 일반적으로 70%의 농도를 사용한다.

34 다음 중 이·미용사의 손을 소독하려 할 때 가장 알맞은 것은?

☑ **역성비누액** ② 석탄산수

③ 포르말린수 ④ 과산화수소수

해설
역성비누
• 양이온 계면활성제이며 물에 잘 녹고 세정력은 거의 없음
• 살균작용이 강함
• 기구, 식기, 손 소독 등에 적당

35 다음 중 음용수 소독에 사용되는 약품은?

① 석탄산 ☑ **액체염소**

③ 승홍 ④ 알코올

해설
염소
• 살균력이 강하고 저렴하며 잔류효과가 크고 냄새가 강함
• 상수 또는 하수의 소독에 주로 사용

36 소독에 영향을 미치는 인자가 아닌 것은?

① 온도 ② 수분

③ 시간 ☑ **풍속**

해설
소독인자는 수분, 시간, 온도, 농도 등으로 소독에 영향을 미치는 요인이다.

37 소독제의 구비 조건으로 부적합한 것은?

☑ **장시간에 걸쳐 소독의 효과가 서서히 나타나야 한다.**

② 소독 대상물에 손상을 입혀서는 안 된다.

③ 인체 및 가축에 해가 없어야 한다.

④ 방법이 간단하고 비용이 적게 들어야 한다.

해설
소독제의 조건
• 살균력이 강하고 미량으로도 빠르게 침투하여 효과가 우수해야 한다.
• 냄새가 강하지 않고 인체에 독성이 없어야 한다.
• 대상물을 부식시키지 않고 표백이 되지 않아야 한다.
• 안정성 및 용해성이 있어야 한다.
• 사용법이 간단하고 경제적이어야 한다.
• 환경오염을 유발하지 않아야 한다.

38 소독제의 살균력 측정검사의 지표로 사용되는 것은?

① 알코올　　② 크레졸

③ 석탄산　　④ 포르말린

해설

석탄산
- 고온일수록 효과가 높으며 살균력과 냄새가 강하고 독성이 있음(승홍수 1,000배 살균력)
- 3% 수용액을 사용, 금속을 부식시킴
- 포자나 바이러스에는 효과 없음
- 소독제의 살균력 평가 기준으로 사용

39 화장실, 하수도, 쓰레기통 소독에 가장 적합한 것은?

① 알코올　　② 염소

③ 승홍수　　④ 생석회

해설

생석회
- 산화칼슘을 98% 이상 함유한 백색 분말로 가격이 저렴
- 오물, 분변, 화장실, 하수도 소독에 사용

40 상처 소독에 적당하지 않은 것은?

① 과산화수소　　② 아이오딘팅크제

③ 승홍수　　④ 머큐로크롬

해설

승홍수
- 강력한 살균력이 있어 0.1% 수용액 사용 → 손, 피부 소독
- 상처가 있는 피부에는 적합하지 않음(피부 점막에 자극 강함)
- 금속을 부식시킴

41 생명력이 없는 상태의 무색, 무핵층으로서 손바닥과 발바닥에 주로 있는 층은?

① 각질층　　② 과립층

③ 투명층　　④ 기저층

해설

투명층은 손바닥, 발바닥에만 존재하며 무핵의 납작하고 투명한 상피세포로 구성된다.

42 천연보습인자(NMF)에 속하지 않는 것은?

① 아미노산　　② 암모니아

③ 젖산염　　④ 글리세린

해설

천연보습인자(NMF)는 아미노산, 젖산, 피롤리돈카복실산, 요소, 암모니아 등으로 구성되어 있다.

43 즉시 색소침착 작용을 하는 광선으로 인공 선탠에 사용되는 것은?

① UV A ✓
② UV B
③ UV C
④ UV D

해설
자외선의 종류

구분	파장	특징
UV-A (장파장)	320~400nm	• 진피층까지 침투 • 즉각 색소침착 • 광노화 유발 • 피부탄력 감소
UV-B (중파장)	290~320nm	• 표피의 기저층까지 침투 • 홍반 발생, 일광화상 • 색소침착(기미)
UV-C (단파장)	200~290nm	• 오존층에서 흡수 • 강력한 살균작용 • 피부암 원인

44 갑상선의 기능과 관계있으며 모세혈관 기능을 정상화시키는 것은?

① 칼슘
② 인
③ 철분
④ 아이오딘 ✓

해설
아이오딘(요오드)
• 갑상선 호르몬인 티록신 합성
• 기초대사율 조절
• 단백질 합성 촉진
• 중추신경계 발달에 관여
• 결핍 시 갑상선 기능 장애

45 피부의 생리작용 중 지각작용은?

① 피부 표면에 수증기가 발산한다.
② 피부에는 땀샘, 피지선 모근은 피부 생리작용을 한다.
③ 피부 전체에 퍼져 있는 신경에 의해 촉각, 온각, 냉각, 통각 등을 느낀다. ✓
④ 피부의 생리작용에 의해 생긴 노폐물을 운반한다.

해설
지각기능(감각기능) : 외부 자극으로부터 촉각, 온각, 냉각, 압각, 통각 등의 감각을 느끼는 것이다.

46 교원섬유(collagen)와 탄력섬유(elastin)로 구성되어 있으며 강한 탄력성을 지닌 곳은?

① 표피
② 진피 ✓
③ 피하조직
④ 근육

해설
진피의 구성

교원섬유 (콜라겐)	• 피부에 탄력성, 신축성, 보습성을 부여 • 진피의 70~90%를 차지(콜라겐으로 구성) • 피부장력 제공 및 상처 치유에 도움
탄력섬유 (엘라스틴)	• 피부 탄력에 기여하는 중요한 요소 • 탄력섬유가 파괴되면 피부가 이완되고 주름이 발생

47 자외선의 부정적인 효과는?

✔ **① 홍반반응**
② 비타민 D 형성
③ 살균효과
④ 강장효과

해설
자외선의 영향
• 긍정적 영향 : 비타민 D 합성, 살균 및 소독, 강장효과 및 혈액순환 촉진
• 부정적 영향 : 홍반, 색소침착, 노화, 일광화상, 피부암

48 피부에서 땀과 함께 분비되는 천연 자외선 흡수제는?

✔ **① 우로칸산**　　② 글리콜산
③ 글루탐산　　④ 레틴산

해설
우로칸산은 땀에 포함되어 있으며 비타민 B를 차단하며 피부의 균형을 유지시켜 준다.

49 광노화와 거리가 먼 것은?

① 피부 두께가 두꺼워진다.
② 섬유아세포 수의 양이 감소한다.
✔ **③ 콜라겐이 비정상적으로 늘어난다.**
④ 점다당질이 증가한다.

해설
광노화는 자외선 노출에 의한 피부노화이며, 자외선에 대한 방어반응으로 피부가 두꺼워지고 색이 짙어지며 콜라겐이나 엘라스틴을 변성시켜 피부 탄력을 잃게 한다.

50 피지 분비와 가장 관계가 있는 호르몬은?

① 에스트로겐　　② 프로게스트론
③ 인슐린　　✔ **④ 안드로겐**

해설
남성호르몬 안드로겐은 피지 분비를 활성화시키며, 여성호르몬 에스트로겐은 피지 분비를 억제한다.

51 이·미용업 영업자의 지위를 승계한 자가 관계기관에 신고를 해야 하는 기간은?

① 1년 이내　　② 3월 이내
③ 6월 이내　　✔ **④ 1월 이내**

해설
공중위생영업자의 지위를 승계한 자는 1월 이내에 보건복지부령이 정하는 바에 따라 시장·군수 또는 구청장에게 신고하여야 한다(법 제3조의2 제4항).

52 이용업 및 미용업은 다음 중 어디에 속하는가?

✔ **① 공중위생영업**
② 위생관련영업
③ 위생처리업
④ 위생관리용역업

해설
"공중위생영업"이라 함은 다수인을 대상으로 위생관리 서비스를 제공하는 영업으로서 숙박업·목욕장업·이용업·미용업·세탁업·건물위생관리업을 말한다(법 제2조 제1항).

53 다음 빈칸에 들어갈 알맞은 내용은?

> 이·미용업 영업자가 성매매처벌법 등을 위반하여 관계 행정기관의 장의 요청이 있는 때에는 (　) 이내의 기간을 정하여 영업의 정지 또는 일부 시설의 사용중지를 명하거나 영업소 폐쇄 등을 명할 수 있다.

① 3월　　　　　　**✅ ② 6월**
③ 1년　　　　　　④ 2년

해설
공중위생영업소의 폐쇄 등(법 제11조 제1항)
시장·군수·구청장은 공중위생영업자가 성매매처벌법 등을 위반하여 관계 행정기관의 장으로부터 그 사실을 통보받은 경우에 해당하면 6월 이내의 기간을 정하여 영업의 정지 또는 일부 시설의 사용중지를 명하거나 영업소 폐쇄 등을 명할 수 있다.

54 이·미용업소 내 반드시 게시하여야 할 사항으로 옳은 것은?

① 요금표 및 준수사항만 게시하면 된다.
② 이·미용업 신고증만 게시하면 된다.
③ 이·미용업 신고증 및 면허증 사본, 요금표를 게시하면 된다.
✅ ④ 이·미용업 신고증, 면허증 원본, 요금표를 게시하여야 한다.

해설
공중위생영업자가 준수하여야 하는 위생관리기준 등 (규칙 [별표 4])
• 영업소 내부에 이·미용업 신고증 및 개설자의 면허증 원본을 게시하여야 한다.
• 영업소 내부에 최종지급요금표를 게시 또는 부착하여야 한다.

55 다음 중 이·미용사의 면허정지를 명할 수 있는 자는?

① 행정안전부장관
② 시·도지사
✅ ③ 시장·군수·구청장
④ 경찰서장

해설
이용사 및 미용사의 면허취소 등(법 제7조 제1항)
시장·군수·구청장은 이용사 또는 미용사의 면허를 취소하거나 6월 이내의 기간을 정하여 그 면허의 정지를 명할 수 있다.

56 이·미용 영업소에서 1회용 면도날을 손님 2인에게 사용한 때의 1차 위반 시 행정처분은?

① 시정명령　　　　② 개선명령
✅ ③ 경고　　　　④ 영업정지 5일

해설
행정처분기준(규칙 [별표 7])
소독을 한 기구와 소독을 하지 않은 기구를 각각 다른 용기에 넣어 보관하지 않거나 1회용 면도날을 2인 이상의 손님에게 사용한 경우
• 1차 위반 : 경고
• 2차 위반 : 영업정지 5일
• 3차 위반 : 영업정지 10일
• 4차 이상 위반 : 영업장 폐쇄명령

57 공중위생영업소의 위생관리 수준을 향상시키기 위하여 위생서비스 평가계획을 수립하는 자는?

① 대통령
② 보건복지부장관
③ **시·도지사**
④ 공중위생관련협회 또는 단체

> 해설
> 위생서비스 수준의 평가(법 제13조 제1항)
> 시·도지사는 공중위생영업소(관광숙박업 제외)의 위생관리 수준을 향상시키기 위하여 위생서비스 평가계획을 수립하여 시장·군수·구청장에게 통보하여야 한다.

58 신고를 하지 않고 영업소 명칭 및 상호를 변경한 경우에 대한 1차 위반 시의 행정처분은?

① 주의
② **경고 또는 개선명령**
③ 영업정지 15일
④ 영업정지 1월

> 해설
> 행정처분기준(규칙 [별표 7])
> 신고를 하지 않고 영업소의 명칭 및 상호, 미용업 업종 간 변경을 하였거나 영업장 면적의 3분의 1 이상을 변경한 경우
> • 1차 위반 : 경고 또는 개선명령
> • 2차 위반 : 영업정지 15일
> • 3차 위반 : 영업정지 1월
> • 4차 이상 위반 : 영업장 폐쇄명령

59 이·미용업 영업자의 지위를 승계받을 수 있는 자의 자격은?

① 자격증이 있는 자
② **면허를 소지한 자**
③ 보조원으로 있는 자
④ 상속권이 있는 자

> 해설
> 공중위생영업의 승계(법 제3조의2 제3항)
> 이용업 또는 미용업의 경우에는 면허를 소지한 자에 한하여 공중위생영업자의 지위를 승계할 수 있다.

60 다음 중 과태료 처분 대상에 해당되지 않는 자는?

① 관계공무원의 출입·검사 등 업무를 기피한 자
② **영업소 폐쇄명령을 받고도 영업을 계속한 자**
③ 이·미용업소 위생관리 의무를 지키지 아니한 자
④ 위생교육 대생자 중 위생교육을 받지 아니한 자

> 해설
> 벌칙(법 제20조 제2항)
> 다음의 어느 하나에 해당하는 자는 1년 이하의 징역 또는 1천만 원 이하의 벌금에 처한다.
> • 신고를 하지 아니하고 공중위생영업(숙박업 제외)을 한 자
> • 영업정지명령 또는 일부 시설의 사용중지명령을 받고도 그 기간 중에 영업을 하거나 그 시설을 사용한 자 또는 영업소 폐쇄명령을 받고도 계속하여 영업을 한 자

01 다음 용어의 설명으로 틀린 것은?

☑ 버티컬 웨이브(vertical wave) – 웨이브 흐름이 수평
② 리세트(reset) – 세트를 다시 마는 것
③ 호리존탈 웨이브(horizontal wave) – 웨이브 흐름이 가로 방향
④ 오리지널 세트(original set) – 기초가 되는 최초의 세트

해설
① 버티컬 웨이브 : 웨이브의 리지가 수직으로 되어 있는 웨이브이다.

02 다음 중 핑거 웨이브(finger wave)와 관계없는 것은?

① 세팅 로션, 물, 빗
② 크레스트(crest), 리지(ridge), 트로프(trough)
③ 포워드 비기닝(forward beginning), 리버스 비기닝(reverse beginning)
☑ 테이퍼링(tapering), 싱글링(shingling)

해설
• 테이퍼링 : 레이저를 이용하여 가늘게 커트하는 기법으로, 모발 끝을 붓 끝처럼 점차 가늘게 긁어내는 커트 방법이다.
• 싱글링 : 모발에 빗을 대고 위로 이동하면서 가위나 클리퍼로 네이프 부분은 짧게 하는 쇼트 헤어커트 기법이다.

03 스캘프 트리트먼트(scalp treatment) 시 술과정 중 화학적 방법과 관련 없는 것은?

① 양모제
② 헤어 토닉
③ 헤어 크림
☑ 헤어 스티머

해설
헤어 스티머 : 입자가 작은 미온의 스팀이 두피의 각질을 연화시키고 수분을 공급해 주는 기기

04 빗(comb)의 손질법에 대한 설명으로 틀린 것은? (단, 금속 빗은 제외한다.)

① 빗살 사이의 때는 솔로 제거하거나 심한 경우는 비눗물에 담근 후 브러시로 닦고 나서 소독한다.
☑ 증기소독과 자비소독 등 열에 의한 소독과 알코올 소독을 해 준다.
③ 빗을 소독할 때는 크레졸수, 역성비누액 등이 이용되며 세정이 바람직하지 않은 재질은 자외선으로 소독한다.
④ 소독용액에 오랫동안 담가두면 빗이 휘어지는 경우가 있어 주의하고 끄집어낸 후 물로 헹구고 물기를 제거한다.

해설
빗은 미온수에 크레졸수, 역성비누액 등의 세제액으로 세척하여 이물질 제거 후 자외선소독기에 보관한다. 플라스틱 재질의 빗은 열에 의해 변형될 수 있으므로 피한다.

05 다음 중 헤어 블리치에 관한 설명으로 틀린 것은?

① 과산화수소는 산화제이고 암모니아수는 알칼리제이다.

② 헤어 블리치는 산화제의 작용으로 두발의 색소를 옅게 한다.

③ 헤어 블리치제는 과산화수소에 암모니아수 소량을 더하여 사용한다.

④ **과산화수소에서 방출된 수소가 멜라닌 색소를 파괴시킨다.**

해설
제1제(알칼리제)는 모발을 팽창시키고, 제2제(산화제)의 과산화수소는 산소를 발생시킬 수 있도록 작용하면서 멜라닌 색소를 분해한다.

06 스파이럴 기법에 속하는 와인딩은?

① 세로 와인딩

② 오블롱 패턴 와인딩

③ 아웃 컬 와인딩

④ **트위스트 와인딩**

해설
트위스트 와인딩은 모발을 꼬면서 감는 것이다. 스파이럴식 기법으로 와인딩을 하며 긴 머리에 적용한다. 웨이브가 세로로 만들어지며 비교적 강하고 일정하게 형성된다. 트위스트 와인딩을 할 때 두피 쪽에서 모발 끝쪽으로 하거나, 모발 끝에서 두피 쪽으로 와인딩을 할 수 있다.

07 두발이 지나치게 건조해 있을 때나 두발의 염색에 실패했을 때의 가장 적합한 샴푸 방법은?

① 플레인 샴푸

② **에그 샴푸**

③ 약산성 샴푸

④ 토닉 샴푸

해설
에그 샴푸 : 건조한 모발이나 염색, 파마 등으로 노화되고 손상된 모발에 영양을 준다.

08 미용의 과정이 바른 순서로 나열된 것은?

① **소재 → 구상 → 제작 → 보정**

② 소재 → 보정 → 구상 → 제작

③ 구상 → 소재 → 제작 → 보정

④ 구상 → 제작 → 보정 → 소재

해설
미용은 소재 → 구상 → 제작 → 보정의 순서로 이루어진다.

• 소재 : 미용의 소재는 고객의 신체 일부로 제한적이다.

• 구상 : 고객 각자의 개성을 충분히 표현해 낼 수 있는 생각과 계획을 하는 단계이다.

• 제작 : 구상의 구체적인 표현이므로 제작과정은 미용인에게 가장 중요하다.

• 보정 : 제작 후 전체적인 스타일과 조화를 살펴보고 수정·보완하는 단계이다.

09 다음 중 커트를 하기 위한 순서로 가장 옳은 것은?

☑ 위그 → 수분 조절 → 빗질 → 블로킹 → 슬라이스 → 스트랜드

② 위그 → 수분 조절 → 빗질 → 블로킹 → 스트랜드 → 슬라이스

③ 위그 → 수분 조절 → 슬라이스 → 빗질 → 블로킹 → 스트랜드

④ 위그 → 수분 조절 → 스트랜드 → 빗질 → 블로킹 → 슬라이스

해설
커트 순서 : 위그 → 수분 조절 → 빗질 → 블로킹 → 슬라이스 → 스트랜드

10 첩지에 대한 내용으로 틀린 것은?

① 첩지의 모양은 봉과 개구리 등이 있다.

② 첩지는 조선시대 사대부의 예장 때 머리 위 가르마를 꾸미는 장식품이다.

☑ 왕비는 은 개구리첩지를 사용하였다.

④ 첩지는 내명부나 외명부의 신분을 밝혀 주는 중요한 표시이기도 했다.

해설
첩지는 내명부나 외명부의 신분을 밝혀주는 중요한 표시로 왕비는 도금한 용첩지를, 비와 빈은 봉첩지를, 내외명부는 개구리첩지를 썼다.

11 샴푸제의 성분이 아닌 것은?

① 계면활성제   ② 점증제

③ 기포증진제   ☑ 산화제

해설
샴푸제의 성분 : 계면활성제, 점증제, 기포증진제, 보습제, 방부제, 컨디셔닝제, pH 조절제, 기타 성분제

12 레이어드 커트(layered cut)의 특징이 아닌 것은?

☑ 커트 라인이 얼굴 정면에서 네이프 라인과 일직선인 스타일이다.

② 두피 면에서의 모발의 각도를 90° 이상으로 커트한다.

③ 머리형이 가볍고 부드러워 다양한 스타일을 만들 수 있다.

④ 네이프 라인에서 톱 부분으로 올라가면서 모발의 길이가 점점 짧아지는 커트이다.

해설
레이어 헤어커트의 특징
• 90° 이상의 높은 시술 각도가 적용되는 커트 스타일로, 시술각으로 층이 조절된다.
• 시술각이 높을수록 단층이 많이 생겨 두상의 톱 부분 모발에서 네이프로 갈수록 길어져 모발이 겹치는 부분이 없어지는 무게감이 없는 커트 스타일이 된다.
• 두상이 튀어나온 부분이나 얼굴형이 통통한 경우를 보완하며 날렵하고 날씬하게 만들고 싶을 때와 비교적 경쾌하고 발랄한 이미지를 나타내고자 할 때 많이 이용된다.
• 레이어 헤어커트는 모발 길이, 슬라이스 라인, 베이스, 시술 각도를 변화시켜 다양한 형태의 커트 스타일을 디자인해서 만들어 낼 수 있다.

13 두발 커트 시 두발 끝 1/3 정도를 테이퍼링 하는 것은?

① 노멀 테이퍼링
② 딥 테이퍼링
③ **엔드 테이퍼링**
④ 보스 사이드 테이퍼

> **해설**
> 테이퍼링
> • 노멀 테이퍼링 : 두발 끝 1/2 정도를 테이퍼링
> • 딥 테이퍼링 : 두발 끝 2/3 정도를 테이퍼링
> • 엔드 테이퍼링 : 두발 끝 1/3 정도를 테이퍼링

14 시스테인 퍼머넌트에 대한 설명으로 틀린 것은?

① 아미노산의 일종인 시스테인을 사용한 것이다.
② **환원제로 티오글리콜산염이 사용된다.**
③ 모발에 대한 잔류성이 높아 주의가 필요하다.
④ 염색모, 손상모의 시술에 적합하다.

> **해설**
> 시스테인 퍼머넌트
> • 모발을 구성하는 아미노산 일종인 시스테인이 들어가 있음
> • 비휘발성으로 냄새는 적지만 모발에 잔류함
> • 모발 손상은 적지만 환원력이 약함
> • 자연스러운 웨이브 시술
> • 손상모, 염색모에 사용

15 영구 염모제에 대한 설명 중 틀린 것은?

① 제1액의 알칼리제로는 휘발성이라는 점에서 암모니아가 사용된다.
② **제2제인 산화제는 모피질 내로 침투하여 수소를 발생시킨다.**
③ 제1제 속의 알칼리제가 모표피를 팽윤시켜 모피질 내 인공색소와 과산화수소를 침투시킨다.
④ 모피질 내의 인공색소는 큰 입자의 유색 염료를 형성하여 영구적으로 착색된다.

> **해설**
> 영구적 염모제 : 모발에 염모제를 도포하면 제1제의 알칼리 성분이 모표피를 팽윤시킨다. 팽윤된 모표피를 통과하여 모피질 속으로 들어간 염모제는 제2제인 과산화수소의 분해작용에 의해 멜라닌 색소가 파괴되면서 탈색이 일어난다.

16 두피 타입에 알맞은 스캘프 트리트먼트 (scalp treatment)의 시술방법을 연결한 것으로 틀린 것은?

① 건성 두피 – 드라이 스캘프 트리트먼트
② 지성 두피 – 오일리 스캘프 트리트먼트
③ **비듬성 두피 – 핫 오일 스캘프 트리트먼트**
④ 정상 두피 – 플레인 스캘프 트리트먼트

> **해설**
> 비듬성 두피에는 댄드러프 스캘프 트리트먼트가 사용된다.

17 파운데이션 사용 시 양 볼은 어두운색으로, 이마 상단과 턱의 하부는 밝은색으로 표현하면 좋은 얼굴형은?

① 긴형   ❷ 둥근형

③ 사각형   ④ 삼각형

해설
둥근형 얼굴일 경우 양 볼은 어두운색으로, 이마 상단과 턱의 하부는 밝은색으로 표현하여 갸름해 보이도록 한다.

18 가위에 대한 설명 중 틀린 것은?

① 양날의 견고함이 동일해야 한다.

② 가위의 길이나 무게가 미용사의 손에 맞아야 한다.

❸ 가위 날이 반듯하고 두꺼운 것이 좋다.

④ 협신에서 날 끝으로 갈수록 약간 내곡선 인 것이 좋다.

해설
가위는 모발을 커트하고 형태를 만들기 위해 사용한다. 양날의 견고함이 동일하고 날 끝으로 갈수록 내곡선인 것이 좋으며, 두꺼운 것보다 날렵한 것이 좋다.

19 모발의 측쇄 결합으로 볼 수 없는 것은?

① 시스틴 결합(cystine bond)

② 염 결합(salt bond)

③ 수소 결합(hydrogen bond)

❹ 폴리펩타이드 결합(polypeptide bond)

해설
주쇄 결합은 폴리펩타이드 결합이 있으며, 측쇄 결합은 시스틴 결합, 수소 결합, 염 결합이 해당된다.

20 두발에서 퍼머넌트 웨이브의 형성과 직접 관련이 있는 아미노산은?

❶ 시스틴(cystine)

② 알라닌(alanine)

③ 멜라닌(melanin)

④ 티로신(tyrosin)

해설
모발의 시스틴 결합을 화학적으로 절단시키고 구조를 변화시켜 웨이브를 형성하는 작용으로, 시스틴 결합의 환원반응과 산화반응의 화학작용의 원리를 이용한 것 이다.

21 수질오염을 측정하는 지표로서 물에 녹아 있는 유리산소를 의미하는 것은?

✔ **용존산소량(DO)**

② 생물학적 산소요구량(BOD)

③ 화학적 산소요구량(COD)

④ 수소이온농도(pH)

해설
② 생물학적 산소요구량(BOD) : 물속에 유기물질이 호기성 미생물에 의해 산화되고 분해될 때 필요한 산소량 → 수질오염을 나타내는 대표적인 지표
③ 화학적 산소요구량(COD) : 물속의 오염물질을 화학적으로 산화시킬 때 소비되는 산소의 양
④ 수소이온농도(pH) : 물질의 산성과 알칼리성 정도를 나타내는 수치

22 출생률보다 사망률이 낮으며 14세 이하 인구가 65세 이상 인구의 2배를 초과하는 인구 구성형은?

✔ **피라미드형**　② 종형

③ 항아리형　　④ 별형

해설
피라미드형은 인구증가형으로 14세 이하 인구가 65세 이상 인구의 2배를 초과하는 인구 구성형이다.

23 다음 보건행정에 대한 설명으로 가장 적절한 것은?

✔ **공중보건의 목적을 달성하기 위해 공공의 책임하에 수행하는 행정활동**

② 개인보건의 목적을 달성하기 위해 공공의 책임하에 수행하는 행정활동

③ 국가 간의 질병 교류를 막기 위해 공공의 책임하에 수행하는 행정활동

④ 공중보건의 목적을 달성하기 위해 개인의 책임하에 수행하는 행정활동

해설
보건행정은 공중보건의 목적을 달성하기 위한 활동을 말하며 공공의 책임으로 국가나 지방자체단체가 주도하여 국민의 보건 향상을 위해 시행하는 행정활동을 말한다.

24 콜레라 예방접종은 어떤 면역방법인가?

① 인공수동면역

✔ **인공능동면역**

③ 자연수동면역

④ 자연능동면역

해설
② 인공능동면역 : 예방접종 후 획득하는 면역
① 인공수동면역 : 인공제제를 주사하여 항체를 얻는 면역
③ 자연수동면역 : 모체로부터 태반, 수유를 통해 얻는 면역
④ 자연능동면역 : 감염병에 감염된 후 형성되는 면역

25 기생충의 인체 내 기생 부위 연결이 잘못된 것은?

　① 구충증 – 폐
　② 간흡충증 – 간의 담도
　③ 요충증 – 직장
　④ 폐흡충 – 폐

> **해설**
> 구충은 소장에서 성충으로 발육한다.

26 다음 중 불량 조명에 의해 발생되는 직업병이 아닌 것은?

　① 안정피로　　　② 근시
　③ 근육통　　　　④ 안구진탕증

> **해설**
> 근육통은 주로 근육의 과도한 사용으로 생기며, 감염성 질환을 비롯한 수없이 많은 질환이나 장애에서도 근육통은 발생할 수 있다.

27 주로 여름철에 발병하며 어패류 등의 생식이 원인이 되어 복통, 설사 등의 급성위장염 증상을 나타내는 식중독은?

　① 포도상구균 식중독
　② 병원성 대장균 식중독
　③ 장염비브리오 식중독
　④ 보툴리누스균 식중독

> **해설**
> 식중독의 특징

황색포도상구균	• 육류 및 그 가공품과 우유, 크림, 버터, 치즈 등과 이들을 재료로 한 과자류와 유제품 • 어지러움, 위경련, 구토, 발열, 설사 • 실온에 방치하지 말고 5℃ 이하에 냉장 보관
병원성 대장균	• 채소류, 생고기 또는 완전히 조리되지 않은 식품, 오염된 조리도구 • 장내염증과 설사
보툴리누스균	• 통조림 및 소시지 등에 증식 • 현기증, 시야의 흐림, 호흡 불가, 삼킴 장애, 무기력, 호흡기 정지 • 치명적인 신경독소를 만들어내는 아주 위험한 세균

28 다음 중 비타민(Vitamin)과 그 결핍증의 연결이 틀린 것은?

　① Vitamin B_2 – 구순염
　② Vitamin D – 구루병
　③ Vitamin A – 야맹증
　④ Vitamin C – 각기병

> **해설**
> 비타민 C 부족 시 괴혈병이 나타나고, 비타민 B_1 부족 시 각기병이 발병한다.

29 일반적으로 돼지고기 생식에 의해 감염될 수 없는 것은?

① 유구조충 ② 무구조충
③ 선모충 ④ 살모넬라

해설
무구조충은 소고기 생식으로 감염될 수 있다.

30 실내에 다수인이 밀집한 상태에서 실내 공기의 변화는?

① 기온 상승 – 습도 증가 – 이산화탄소 감소
② 기온 하강 – 습도 증가 – 이산화탄소 감소
③ 기온 상승 – 습도 증가 – 이산화탄소 증가
④ 기온 상승 – 습도 감소 – 이산화탄소 증가

해설
실내에 다수인이 밀집한 상태에서는 실내 공기의 기온, 습도, 이산화탄소가 모두 증가한다.

31 고압증기멸균법에서 20파운드(lbs)의 압력에서는 몇 분간 처리하는 것이 가장 적절한가?

① 40분 ② 30분
③ 15분 ④ 5분

해설
고압증기멸균법
• 10파운드(lbs) : 115℃ → 30분간
• 15파운드(lbs) : 121℃ → 20분간
• 20파운드(lbs) : 126℃ → 15분간

32 광견병의 병원체는 어디에 속하는가?

① 세균(bacteria)
② 바이러스(virus)
③ 리케차(rickettsia)
④ 진균(fungi)

해설
바이러스(Virus)
• 크기가 가장 작은 미생물로서 살아 있는 세포 내에만 존재하고 동식물이나 세균에 기생하며 살아간다.
• 수두, 인플루엔자, 천연두, 폴리오, 후천성 면역결핍증(AIDS), 광견병 등

33 다음 중 열에 대한 저항력이 커서 자비소독법으로 사멸되지 않는 균은?

① 콜레라균
② 결핵균
③ 살모넬라균
④ B형간염 바이러스

해설
자비소독법
• 100℃의 끓는 물에 15~20분 가열(포자는 죽이지 못함)
• 아포형성균, B형간염 바이러스에는 부적합

34 레이저(razor) 사용 시 헤어살롱에서 교차 감염을 예방하기 위해 주의할 점이 아닌 것은?

① 매 고객마다 새로 소독된 면도날을 사용해야 한다.
② 면도날을 매번 고객마다 갈아 끼우기 어렵지만, 하루에 한 번은 반드시 새것으로 교체해야만 한다.
③ 레이저 날이 한 몸체로 분리가 안 되는 경우 70% 알코올을 적신 솜으로 반드시 소독 후 사용한다.
④ 면도날을 재사용해서는 안 된다.

해설
레이저는 소독된 일회용 면도날을 사용하며 면도날은 손님 1인에 한하여 사용하여야 한다.

35 손 소독과 주사할 때 피부 소독 등에 사용되는 에틸알코올(ethylalcohol)은 어느 정도의 농도에서 가장 많이 사용되는가?

① 20% 이하
② 60% 이하
③ 70~80%
④ 90~100%

해설
70~80% 알코올이 소독용으로 살균력이 가장 강하다.

36 이·미용업소에서 일반적 상황에서의 수건 소독법으로 가장 적합한 것은?

① 석탄산 소독
② 크레졸 소독
③ 자비소독
④ 적외선 소독

해설
수건은 자비소독 또는 세탁하여 일광소독 후 사용한다.

37 이·미용업소에서 B형간염의 감염을 방지하려면 다음 중 어느 기구를 가장 철저히 소독하여야 하는가?

① 수건
② 머리 빗
③ 면도칼
④ 클리퍼(전동형)

해설
B형간염은 B형간염 바이러스에 감염되어 발생하는 간의 염증성 질환으로, 면도기를 소독하지 않거나 재사용할 경우 감염될 수 있으므로 철저히 소독해야 한다.

38 소독제의 살균력을 비교할 때 기준이 되는 소독약은?

① 아이오딘
② 승홍수
③ 석탄산 ✓
④ 알코올

[해설]
석탄산
• 고온일수록 효과가 높으며 살균력과 냄새가 강하고 독성이 있음(승홍수 1,000배 살균력)
• 3% 수용액을 사용, 금속을 부식시킴
• 포자나 바이러스에는 효과 없음
• 소독제의 살균력 평가 기준으로 사용

39 3%의 크레졸 비누액 900mL를 만드는 방법으로 옳은 것은?

① 크레졸 원액 270mL에 물 630mL를 가한다.
② 크레졸 원액 27mL에 물 873mL를 가한다. ✓
③ 크레졸 원액 300mL에 물 600mL를 가한다.
④ 크레졸 원액 200mL에 물 700mL를 가한다.

[해설]

$$농도(\%) = \frac{용질}{용액} \times 100$$

$$\frac{원액}{900} \times 100 = 3\%$$

∴ 3%의 크레졸 비누액 900mL는 크레졸 원액 27mL에 물 873mL를 가하면 만들 수 있다.

40 소독약의 구비 조건으로 틀린 것은?

① 값이 비싸고 위험성이 없다. ✓
② 인체에 해가 없으며 취급이 간편하다.
③ 살균하고자 하는 대상물을 손상시키지 않는다.
④ 살균력이 강하다.

[해설]
① 가격이 경제적이고 안전성이 있어야 한다.

41 피부의 각질, 털, 손톱, 발톱의 구성 성분인 케라틴을 가장 많이 함유한 것은?

① 동물성 단백질 ✓
② 동물성 지방질
③ 식물성 지방질
④ 탄수화물

[해설]
케라틴은 경단백질로 동물성 단백질에 함유되어 있다.

42 노화 피부의 특징이 아닌 것은?

✔️ ① **노화 피부는 탄력이 있고 수분이 없다.**

② 피지 분비가 원활하지 못하다.

③ 주름이 형성되어 있다.

④ 색소침착 불균형이 나타난다.

해설

노화 피부
- 콜라겐과 엘라스틴의 변화로 탄력이 없고, 잔주름이 많다.
- 피지 및 수분의 감소로 피부가 건조하고 당김이 심하다.
- 자외선에 대한 방어력이 떨어져 색소침착이 일어난다.
- 각질 형성과정의 주기가 길어져 표피가 거칠다.

44 다음 중 기미를 악화시키는 주요 원인이 아닌 것은?

① 경구피임약의 복용

② 임신

✔️ ③ **자외선 차단**

④ 내분비 이상

해설

기미 : 안면, 특히 눈 밑이나 이마에 발생하는 갈색의 색소침착 현상이다. 원인으로 임신, 자외선 과다 노출, 내분비 장애, 경구피임약의 복용 등이 있다.

45 다음 중 피지선과 관련이 깊은 질환은?

① 사마귀　　　✔️ ② **주사(rosacea)**

③ 한관종　　　④ 백반증

해설

주사는 주로 코와 뺨 등 얼굴의 중간 부위에 발생하는데, 붉어진 얼굴과 혈관 확장이 주 증상이다.

43 피부진균에 의하여 발생하며 습한 곳에서 발생빈도가 가장 높은 것은?

① 모낭염　　　✔️ ② **족부백선**

③ 붕소염　　　④ 티눈

해설

족부백선(무좀)은 피부사상균이 발 피부의 각질층에 감염을 일으켜 발생하는 표재성 곰팡이 질환으로, 습한 환경과 비위생적인 습관으로 인해 발생한다.

46 박하(peppermint)에 함유된 시원한 느낌으로 혈액순환 촉진 성분은?

① 자일리톨(xylitol)

✔️ ② **멘톨(menthol)**

③ 알코올(alcohol)

④ 마조람 오일(majoram oil)

해설

박하의 주성분은 멘톨이다(살균, 방부, 진통효과).

47 다음 중 표피에 존재하며, 면역과 가장 관계가 깊은 세포는?

① 멜라닌 세포

✓② 랑게르한스 세포

③ 머켈세포

④ 섬유아세포

해설
표피의 구성세포
• 각질형성 세포 : 새로운 각질세포 형성
• 멜라닌 세포 : 피부색 결정, 색소 형성
• 랑게르한스 세포 : 면역기능
• 머켈세포 : 촉각을 감지

48 다음 중 필수 아미노산이 아닌 것은?

① 트립토판　　② 트레오닌
③ 발린　　　✓④ 알라닌

해설
아미노산의 종류
• 필수 아미노산 : 우리 몸에서 만들어질 수 없어 반드시 외부에서 공급되어야 하는 아미노산(류신, 아이소류신, 라이신, 메티오닌, 페닐알라닌, 트레오닌, 트립토판, 발린, 히스티딘, 아르지닌)
• 비필수 아미노산 : 우리 몸에서 생성되는 아미노산

49 AHA(Alpha Hydroxy Acid)에 대한 설명으로 틀린 것은?

① 화학적 필링

② 글리콜산, 젖산, 주석산, 능금산, 구연산

✓③ 각질세포의 응집력 강화

④ 미백작용

해설
AHA : 각질층을 녹여 멜라닌 색소를 제거한다.

50 다음 정유(essential oil) 중에서 살균, 소독작용이 가장 강한 것은?

✓① 타임 오일(thyme oil)

② 주니퍼 오일(juniper oil)

③ 로즈마리 오일(rosemary oil)

④ 클라리세이지 오일(clarysage oil)

해설
① 타임 오일 : 살균, 소독작용, 염증 제거에 도움
② 주니퍼 오일 : 독소와 노폐물을 배출
③ 로즈마리 오일 : 수렴, 진정, 항산화, 기미 예방, 항알레르기, 항염증, 항균작용
④ 클라리세이지 오일 : 여성호르몬의 균형을 조절, 염증 완화, 피지 조절

51 변경신고를 하지 아니하고 영업소의 소재지를 변경한 때 3차 위반 시 행정처분은?

① 경고
② 면허정지 6월
③ 면허취소
④ **영업장 폐쇄명령**

해설
행정처분기준(규칙 [별표 7])
신고를 하지 않고 영업소의 소재지를 변경한 경우
• 1차 위반 : 영업정지 1월
• 2차 위반 : 영업정지 2월
• 3차 위반 : 영업장 폐쇄명령

52 이 · 미용업에 있어 청문을 실시하여야 하는 경우가 아닌 것은?

① 면허취소 처분을 하고자 하는 경우
② 면허정지 처분을 하고자 하는 경우
③ 일부 시설의 사용중지처분을 하고자 하는 경우
④ **위생교육을 받지 아니하여 1차 위반한 경우**

해설
청문(법 제12조)
보건복지부장관 또는 시장 · 군수 · 구청장은 다음의 어느 하나에 해당하는 처분을 하려면 청문을 하여야 한다.
• 이용사와 미용사의 면허취소 또는 면허정지
• 공중위생영업소의 영업정지명령, 일부 시설의 사용중지명령 또는 영업소 폐쇄명령

53 이 · 미용업소에서의 면도기 사용에 대한 설명으로 가장 적절한 것은?

① **1회용 면도날은 손님 1인에 한하여 사용해야 한다.**
② 정비용 면도기를 손님 1인에 한하여 사용해야 한다.
③ 정비용 면도기를 주기적으로 소독하여 사용해야 한다.
④ 매 손님마다 소독한 정비용 면도기를 교체 사용한다.

해설
1회용 면도날은 손님 1인에 한하여 사용하여야 한다(규칙 [별표 4]).

54 부득이한 사유가 없는 한 공중위생영업소를 개설하려는 자는 언제 위생교육을 받아야 하는가?

① 영업개시 후 2월 이내
② 영업개시 후 1월 이내
③ **영업개시 전**
④ 영업개시 후 3월 이내

해설
위생교육(법 제17조 제2항)
공중위생영업의 신고를 하고자 하는 자는 미리 위생교육을 받아야 한다. 다만, 보건복지부령으로 정하는 부득이한 사유로 미리 교육을 받을 수 없는 경우에는 영업개시 후 6개월 이내에 위생교육을 받을 수 있다.

55 다음 중 공중위생영업을 하고자 할 때 필요한 것은?

① 허가　　　② 통보
③ 인가　　　✔ **신고**

> **해설**
> 공중위생영업의 신고 및 폐업신고(법 제3조 제1항)
> 공중위생영업을 하고자 하는 자는 공중위생영업의 종류별로 보건복지부령이 정하는 시설 및 설비를 갖추고 시장·군수·구청장(자치구의 구청장에 한함)에게 신고하여야 한다. 보건복지부령이 정하는 중요사항을 변경하고자 하는 때에도 또한 같다.

56 공중위생영업자가 준수하여야 할 위생관리기준은 다음 중 어느 것으로 정하고 있는가?

① 대통령령
② 국무총리령
③ 고용노동부령
✔ **보건복지부령**

> **해설**
> 공중위생영업자의 위생관리의무 등(법 제4조 제7항)
> 공중위생영업자가 준수하여야 할 위생관리기준 기타 위생관리서비스의 제공에 관하여 필요한 사항으로서 건전한 영업질서유지를 위하여 영업자가 준수하여야 할 사항은 보건복지부령으로 정한다.

57 이·미용 영업자에게 과태료를 부과·징수할 수 있는 처분권자에 해당되지 않는 자는?

① 시장　　　② 군수
③ 구청장　　✔ **시·도지사**

> **해설**
> 과태료는 대통령령으로 정하는 바에 따라 보건복지부장관 또는 시장·군수·구청장이 부과·징수한다(법 제22조 제4항).

58 이용 또는 미용의 면허가 취소된 후 계속하여 업무를 행한 자에 대한 벌칙사항은?

① 1년 이하의 징역 또는 1천만 원 이하의 벌금
② 500만 원 이하의 벌금
✔ **300만 원 이하의 벌금**
④ 200만 원 이하의 벌금

> **해설**
> 벌칙(법 제20조 제4항)
> 다음의 어느 하나에 해당하는 자는 300만 원 이하의 벌금에 처한다.
> • 다른 사람에게 이용사 또는 미용사의 면허증을 빌려주거나 빌린 사람
> • 이용사 또는 미용사의 면허증을 빌려주거나 빌리는 것을 알선한 사람
> • 면허의 취소 또는 정지 중에 이용업 또는 미용업을 한 사람
> • 면허를 받지 아니하고 이용업 또는 미용업을 개설하거나 그 업무에 종사한 사람

59 대통령령이 정하는 바에 의하여 관계전문기관에 공중위생관리 업무의 일부를 위탁할 수 있는 자는?

① 시·도지사
② 시장·군수·구청장
③ **보건복지부장관**
④ 보건소장

해설
위임 및 위탁(법 제18조 제2항)
보건복지부장관은 대통령령이 정하는 바에 의하여 관계전문기관에 그 업무의 일부를 위탁할 수 있다.

60 다음 중 이·미용사 면허증의 재발급을 받을 수 있는 자는?

① 공중위생관리법의 규정에 의한 명령을 위반한 자
② 뇌전증환자
③ 면허증을 다른 사람에게 대여한 자
④ **면허증이 헐어 못쓰게 된 자**

해설
면허증의 재발급 등(규칙 제10조 제1항)
이용사 또는 미용사는 면허증의 기재사항에 변경이 있는 때, 면허증을 잃어버린 때 또는 면허증이 헐어 못쓰게 된 때에는 면허증의 재발급을 신청할 수 있다.

제 7 회 기출복원문제

01 주로 짧은 헤어스타일의 헤어커트 시 두부 상부에 있는 두발은 길고 하부로 갈수록 짧게 커트해서 두발의 길이에 작은 단차가 생기게 한 커트기법은?

① 스퀘어 커트(square cut)
② 원랭스 커트(one length cut)
③ 레이어 커트(layer cut)
④ **그러데이션 커트(gradation cut)**

> **해설**
> 그래쥬에이션(그러데이션) 커트 : 그러데이션은 단계적 변화, 점진적인 단차(층)를 뜻한다. 두상에서 아래가 짧고 위로 올라갈수록 모발이 길어지며 층이 나는 스타일이다.

02 한국의 미용 발달사를 설명한 것 중 틀린 것은?

① **헤어스타일(모발형)에 관해서 문헌에 기록된 고구려 벽화는 없었다.**
② 헤어스타일(모발형)은 신분의 귀천을 나타냈다.
③ 헤어스타일(모발형)은 조선시대 때 쪽진 머리, 큰머리, 조짐머리가 성행하였다.
④ 헤어스타일(모발형)에 관해서 삼한시대에 기록된 내용이 있다.

> **해설**
> 고구려 고분벽화(무용총, 쌍영총 등)를 통하여 그 당시의 머리 모양을 알 수 있다.

03 미용의 필요성으로 가장 거리가 먼 것은?

① 인간의 심리적 욕구를 만족시키고 생산 의욕을 높이는 데 도움을 주므로 필요하다.
② 미용의 기술로 외모의 결점 부분까지도 보완하여 개성미를 연출해 주므로 필요하다.
③ **노화를 전적으로 방지해 주므로 필요하다.**
④ 현대생활에서는 상대방에게 불쾌감을 주지 않는 것이 중요하므로 필요하다.

> **해설**
> 노화를 어느 정도 예방해 주고 늦춰 줄 수는 있으나 전적으로 노화를 방지할 수는 없다.

04 파마의 일반적인 과정에서 모발의 상태 혹은 제품에 따라 생략될 수 있는 과정은?

① 제1액 도포
② **열처리**
③ 중간 린스
④ 제2액 도포

> **해설**
> 모발의 손상도나 제품에 따라 열처리 과정은 생략될 수 있다.

05 동물의 부드럽고 긴 털을 사용한 것이 많고 얼굴이나 턱에 붙은 털이나 비듬 또는 백분을 떨어내는 데 사용하는 브러시는?

① 포마드 브러시
② 쿠션 브러시
③ **페이스 브러시**
④ 롤 브러시

해설
페이스 브러시 : 부드러운 브러시로 얼굴, 목 등에 붙은 머리카락을 털어내는 데 사용된다.

06 누에고치에서 추출한 성분과 난황성분을 함유한 샴푸제로서 모발에 영양을 공급해 주는 샴푸는?

① 산성 샴푸(acid shampoo)
② 컨디셔닝 샴푸(conditioning shampoo)
③ **프로테인 샴푸(protein shampoo)**
④ 드라이 샴푸(dry shampoo)

해설
③ 프로테인 샴푸 : 단백질(케라틴)을 원료로 만든 샴푸로 모발의 탄력과 강도를 높여준다.
① 산성 샴푸 : pH 4.5 정도이며 파마나 염색 후 알칼리성을 중화시킨다.
② 컨디셔닝 샴푸 : 손상 모발에 사용한다.
④ 드라이 샴푸(파우더 드라이 샴푸) : 백토에 카올린, 붕사, 탄산마그네슘 등을 섞은 분말을 사용하여 지방성 물질을 흡수하는 방법이다.

07 전체적인 머리 모양을 종합적으로 관찰하여 수정·보완시켜 완전히 끝맺도록 하는 것은?

① 통칙
② 제작
③ **보정**
④ 구상

해설
미용의 과정
• 소재 : 미용의 소재는 고객의 신체 일부로 제한적이다.
• 구상 : 고객 각자의 개성을 충분히 표현해 낼 수 있는 생각과 계획을 하는 단계이다.
• 제작 : 구상의 구체적인 표현이므로 제작과정은 미용인에게 가장 중요하다.
• 보정 : 제작 후 전체적인 스타일과 조화를 살펴보고 수정·보완하는 단계이다.

08 과산화수소(산화제) 6%의 설명으로 맞는 것은?

① 10볼륨
② **20볼륨**
③ 30볼륨
④ 40볼륨

해설
과산화수소(산화제)

농도	산소 방출량
3%	10볼륨
6%	20볼륨
9%	30볼륨
12%	40볼륨

09 헤어세트용 빗의 사용과 취급방법에 대한 설명 중 틀린 것은?

① 두발의 흐름을 아름답게 매만질 때는 빗살이 고운살로 된 세트빗을 사용한다.

② 엉킨 두발을 빗을 때는 빗살이 얼레살로 된 얼레빗을 사용한다.

③ 빗은 사용 후 브러시로 털거나 비눗물에 담가 브러시로 닦은 후 소독하도록 한다.

④ 빗의 소독은 손님 약 5인에게 사용했을 때 1회씩 하는 것이 적합하다.

[해설]
빗은 1인 사용 후 소독하여야 한다.

10 마샬 웨이브 시술에 관한 설명으로 옳지 않은 것은?

① 프롱은 아래쪽, 그루브는 위쪽을 향하도록 한다.

② 아이론의 온도는 120~140℃를 유지시킨다.

③ 아이론을 회전시키기 위해서는 먼저 아이론을 정확하게 쥐고 반대쪽에 45° 각도로 위치시킨다.

④ 아이론의 온도가 균일할 때 웨이브가 일률적으로 완성된다.

[해설]
마샬 아이론 사용법 : 프롱은 위쪽, 그루브는 아래쪽을 향하도록 하고, 위쪽 손잡이는 오른손의 엄지와 검지 사이에 잡고 아래쪽 손잡이는 소자와 약지로 잡는다.

11 모발의 결합 중 수분에 의해 일시적으로 변형되며, 드라이어의 열을 가하면 다시 재결합되어 형태가 만들어지는 결합은?

① s-s 결합　　② 펩타이드 결합

③ 수소 결합　　④ 염 결합

[해설]
모발의 결합

염 결합	• 염 : 산성 물질과 알칼리성 물질이 결합해서 생긴 중성물질 • 산과 알칼리의 밸런스가 무너지면 염 결합은 끊어지고 열리게 됨
시스틴 결합	• 두 개의 황(S) 원자 사이에서 형성되는 일종의 공유결합 • 물리적으로는 강한 결합이나, 알칼리에 약함(물, 알코올, 약산성, 소금류에 강함) • 화학적으로 반응시켜 절단시키고 다시 재결합시킬 수도 있음
수소 결합	• 모발의 결합 중 세트 및 드라이에 관여하는 결합 • 수분에 의해 절단되었다가 건조하면 재결합됨

12 염색 시 모표피의 안정과 염색의 퇴색을 방지하기 위해 가장 적합한 것은?

① 샴푸(shampoo)

② 플레인 린스(plain rinse)

③ 알칼리 린스(akali rinse)

④ 산성균형 린스(acid balanced rinse)

[해설]
① 샴푸 : 모발과 두피의 때, 먼지, 비듬, 이물질을 제거하여 청결함과 상쾌함을 유지
② 플레인 린스 : 파마 시술 시 제1액을 씻어내는 중간 린스로 사용하며 미지근한 물로 헹구어 내는 방법
③ 알칼리 린스 : 화학적 시술(펌, 염색) 전에 모발을 팽윤시켜 빠른 작용을 위해 사용하는 방법

13 그래쥬에이션 커트 마무리 시 수정·보완에 대한 설명으로 옳지 않은 것은?

① 필요한 경우 수정 및 보정 커트를 한다.
② 롤 브러시를 사용하여 후두부 중앙의 아래 네이프에서부터 모발을 가볍게 편다.
③ 볼륨이 필요한 곳은 패널을 약 120° 이상 들어 올려 블로 드라이한다.
④ 그래쥬에이션 커트를 블로 드라이로 마무리한다.

해설
볼륨이 필요한 곳은 패널을 약 90° 이상 들어 올려 블로 드라이한다.

14 두부 라인의 명칭 중에서 코의 중심을 통해 두부 전체를 수직으로 나누는 선은?

① 정중선   ② 측중선
③ 수평선   ④ 측두선

해설
② 측중선 : 톱 포인트(T.P)와 이어 포인트(E.P)에서 수직으로 내린 선
③ 수평선 : 이어 포인트(E.P)의 높이에서 수평으로 2등분 하는 선
④ 측두선 : 프런트 사이드 포인트(F.S.P)에서 측중선까지 연결한 선

15 다음 중 스퀘어 파트에 대한 설명으로 적절한 것은?

① 이마의 양쪽은 사이드 파트를 하고, 두정부 가까이에서 얼굴의 두발이 난 가장자리와 수평이 되도록 모나게 가르마를 타는 것
② 이마의 양각에서 나누어진 선이 두정부에서 함께 만난 세모꼴의 가르마를 타는 것
③ 사이드(side) 파트로 나눈 것
④ 파트의 선이 곡선으로 된 것

해설
스퀘어 파트 : 이마의 양쪽 끝부분과 두정부에서(T.P 부분) 헤어라인에 수평으로 나눈 가르마(직사각형)

16 샴푸의 목적과 가장 거리가 먼 것은?

① 두피와 두발에 영양을 공급
② 헤어 트리트먼트를 쉽게 할 수 있는 기초
③ 두발의 건전한 발육 촉진
④ 청결한 두피와 두발을 유지

해설
샴푸의 목적
• 모발과 두피의 때, 먼지, 비듬, 이물질을 제거하여 청결함과 상쾌함을 유지한다.
• 두피의 혈액순환과 신진대사를 잘되게 하여 모발 성장에 도움을 준다.
• 다양한 미용시술 시 기초 작업으로 모발 손질을 용이하게 한다.

17 헤어펌 2제의 브롬산나트륨 농도로 적절한 것은?

① 1~2%   ② 3~5%

③ 6~7.5%   ④ 8~9.5%

해설
브롬산나트륨
• 작용 시간은 10~15분으로 천천히 반응한다.
• 중화 속도가 느려 2번 도포한다.
• 적정 농도는 3~5%이며, 시스테인 파마에 주로 사용한다.
• 손상이 적고, 탈색이나 변색작용이 낮다.

18 옛 여인들의 머리 모양 중 뒤통수에 낮게 머리를 땋아 틀어 올리고 비녀를 꽂은 머리 모양은?

① 민머리
② 얹은머리
③ 풍기병식 머리
④ 쪽진머리

해설
쪽(쪽진)머리 : 조선시대 후기 일반 여성의 머리

19 건강 모발의 pH 범위는?

① pH 3~4

② pH 4.5~5.5

③ pH 6.5~7.5

④ pH 8.5~9.5

해설
건강 모발의 pH는 4.5~5.50이다.

20 모발의 구조와 성질을 설명한 내용으로 옳지 않은 것은?

① 두발은 주요 부분을 구성하고 있는 모표피, 모피질, 모수질 등으로 이루어졌으며, 주로 탄력성이 풍부한 단백질로 이루어져 있다.
② 케라틴은 다른 단백질에 비하여 유황의 함유량이 많은데, 황(S)은 시스틴에 함유되어 있다.
③ 시스틴 결합(-S-S)은 알칼리에는 강한 저항력을 갖고 있으나 물, 알코올, 약산성이나 소금류에 대해서 약하다.
④ 케라틴의 폴리펩타이드는 쇠사슬 구조로서, 두발의 장축방향(長軸方向)으로 배열되어 있다.

해설
시스틴 결합 : 물, 알코올, 약산성이나 소금류에는 강한 저항력을 갖고 있으나 알칼리에 대해서는 매우 약하다.

21 미나마타병과 관계가 가장 깊은 것은?

① 규소   ② 납

③ **수은**   ④ 카드뮴

해설

수은은 미나마타병의 원인 물질로 언어장애, 지각이상, 보행곤란 등을 일으킨다.

22 접촉자의 색출 및 치료가 가장 중요한 질병은?

① **성병**   ② 암

③ 당뇨병   ④ 일본뇌염

해설

성병은 매개물 없이 사람 간 직접 전파되며, 접촉자 발견이 어렵고 기타 합병증을 유발하므로 접촉자의 색출 및 치료가 가장 중요하다.

23 다음 기생충 중 산란과 동시에 감염능력이 있으며 건조에 저항성이 커서 집단감염이 가장 잘 되는 기생충은?

① 회충   ② 십이지장충

③ 광절열두조충   ④ **요충**

해설

요충 : 집단감염이 가장 잘 되는 기생충으로 맹장, 충수돌기, 결장 등에서 기생하며, 항문 주위에서 산란, 부화한다.

24 보건행정의 정의에 포함되는 내용과 가장 거리가 먼 것은?

① 국민의 수명 연장

② 질병 예방

③ 공적인 행정활동

④ **수질 및 대기보전**

해설

보건행정 : 국민의 건강 유지와 증진을 위한 공적인 활동(질병 예방, 수명 연장 등)을 말하며 국가나 지방자체단체가 주도하여 국민의 보건 향상을 위해 시행하는 행정활동이다.

25 생물학적 산소요구량(BOD)과 용존산소량(DO)의 값은 어떤 관계가 있는가?

① BOD와 DO는 무관하다.

② BOD가 낮으면 DO는 낮다.

③ **BOD가 높으면 DO는 낮다.**

④ BOD가 높으면 DO도 높다.

해설

• BOD가 높을수록, DO가 낮을수록 물의 오염도가 높다.
• BOD가 낮을수록, DO가 높을수록 물의 오염도가 낮다.

26 장티푸스, 결핵, 파상풍 등의 예방접종은 어떤 면역인가?

✔ ① 인공능동면역

② 인공수동면역

③ 자연능동면역

④ 자연수동면역

해설
② 인공수동면역 : 인공제제를 주사하여 항체를 얻는 면역
③ 자연능동면역 : 감염병에 감염된 후 형성되는 면역
④ 자연수동면역 : 모체로부터 태반, 수유를 통해 얻는 면역

27 식품을 통한 식중독 중 독소형 식중독은?

✔ ① 포도상구균 식중독

② 살모넬라균에 의한 식중독

③ 장염비브리오 식중독

④ 병원성 대장균 식중독

해설
세균성 식중독의 분류
• 감염형 식중독 : 살모넬라 식중독, 장염비브리오 식중독, 병원성 대장균 식중독
• 독소형 식중독 : 포도상구균 식중독, 보툴리누스 식중독

28 야간작업의 폐해가 아닌 것은?

① 주야가 바뀐 부자연스러운 생활

② 수면 부족과 불면증

✔ ③ 피로회복 능력 강화와 영양 저하

④ 식사시간, 습관의 파괴로 소화불량

해설
야간작업의 폐해는 수면 부족과 불면증, 주야가 바뀐 부자연스러운 식사시간, 소화불량 등이 있다.

29 일반적으로 이·미용업소의 실내 쾌적 습도 범위로 가장 알맞은 것은?

① 10~20%　　② 20~40%

✔ ③ 40~70%　　④ 70~90%

해설
이·미용업소의 기온 및 습도
• 기온 : 실내 18±2℃
• 기습 : 쾌적 습도 40~70%
• 기류 : 0.2~0.3m/s(실내)

30 다음 중 환경보전에 영향을 미치는 공해 발생 원인으로 관계가 먼 것은?

☑ 실내의 흡연
② 산업장 폐수 방류
③ 공사장의 분진 발생
④ 공사장의 굴착작업

해설
공해의 발생 원인으로는 생산 공장의 폐수, 대기오염, 농약에 의한 농산물·토지·수질 등의 오염, 격증하는 자동차의 배기가스, 연탄가스나 그 폐기물 등이 있다.

31 소독과 멸균에 관련된 용어 해설 중 틀린 것은?

① 살균 – 생활력을 가지고 있는 미생물을 여러 가지 물리·화학적 작용에 의해 급속히 죽이는 것을 말한다.
② 방부 – 병원성 미생물의 발육과 그 작용을 제거하거나 정지시켜서 음식물의 부패나 발효를 방지하는 것을 말한다.
☑ 소독 – 사람에게 유해한 미생물을 파괴시켜 감염의 위험성을 제거하는 비교적 강한 살균작용으로 세균의 포자까지 사멸하는 것을 말한다.
④ 멸균 – 병원성 또는 비병원성 미생물 및 포자를 가진 것을 전부 사멸 또는 제거하는 것을 말한다.

해설
소독 : 유해한 병원균 증식과 감염의 위험성을 제거한다 (포자는 제거되지 않음). → 병원성 미생물의 생활력을 파괴 또는 멸살시켜 감염 및 증식력을 없애는 것이다.

32 소독약 10mL를 용액(물) 40mL에 혼합시키면 몇 %의 수용액이 되는가?

① 2%
② 10%
☑ 20%
④ 50%

해설
$$농도(\%) = \frac{용질\ 10}{용액(용질\ 10 + 용매\ 40)} \times 100$$

33 이상적인 소독제의 구비 조건과 거리가 먼 것은?

① 생물학적 작용을 충분히 발휘할 수 있어야 한다.
② 빨리 효과를 내고 살균 소요시간이 짧을수록 좋다.
③ 독성이 적으면서 사용자에게도 자극성이 없어야 한다.
☑ 원액 혹은 희석된 상태에서 화학적으로는 불안정된 것이어야 한다.

해설
소독제의 조건
• 살균력이 강하고 미량으로도 효과가 우수해야 한다.
• 냄새가 강하지 않고 인체에 독성이 없어야 한다.
• 대상물을 부식시키지 않고 표백이 되지 않아야 한다.
• 안정성 및 용해성이 있어야 한다.
• 사용법이 간단하고 경제적이어야 한다.
• 환경오염을 유발하지 않아야 한다.

34 건열멸균법에 대한 설명 중 틀린 것은?

① 드라이 오븐(dry oven)을 사용한다.

② 유리제품이나 주사기 등에 적합하다.

③ 젖은 손으로 조작하지 않는다.

④ 110~130℃에서 1시간 내에 실시한다.

해설

건열멸균법
- 건열멸균기를 이용하는 방법
- 보통 멸균기 내의 온도 160~180℃에서 1~2시간 가열
- 유리제품, 금속류, 사기그릇 등의 멸균에 이용(미생물과 포자를 사멸).

35 이·미용업소에서 종업원이 손을 소독할 때 가장 보편적이고 적당한 것은?

① 승홍수　　　② 과산화수소

③ 역성비누　　④ 석탄수

해설

역성비누 : 양이온 계면활성제로, 살균작용이 강하며 기구, 식기, 손 소독 등에 적당하다.

36 살균력이 좋고 자극성이 적어서 상처 소독에 많이 사용되는 것은?

① 승홍수　　　② 과산화수소

③ 포르말린　　④ 석탄산

해설

② 과산화수소 : 3% 수용액 사용 → 피부 상처 소독

37 다음 중 음용수의 소독에 사용되는 것은?

① 표백분

② 염산

③ 과산화수소

④ 아이오딘팅크

해설

표백분
- 소석회 분말에 염소 가스를 흡수시켜 얻어지는 물질로 유효염소 30~38%의 백색 분말이다.
- 염소의 살균, 표백작용을 이용하므로 수돗물, 과채, 수영장, 목욕탕, 각종 기기의 살균·소독의 목적으로 이용한다.

38 다음 중 음료수의 소독방법으로 가장 적당한 방법은?

① 일광소독

② 자외선등 사용

③ 염소소독

④ 증기소독

해설

염소
- 살균력이 강하고 저렴하며 잔류효과가 크고 냄새가 강함
- 상수 또는 하수의 소독에 주로 사용

39 이·미용실의 기구(가위, 레이저) 소독으로 가장 적당한 약품은?

✔ ① 70~80%의 알코올

② 100~200배 희석 역성비누

③ 5% 크레졸 비누액

④ 50%의 페놀액

해설
가위, 레이저 : 70%의 알코올(에탄올)로 소독

41 다음 중 탄수화물, 지방, 단백질의 3가지 지칭하는 것은?

① 구성영양소

✔ ② 열량영양소

③ 조절영양소

④ 구조영양소

해설
영양소의 구성

구성영양소	• 신체조직을 구성 • 단백질, 지방, 무기질, 물
열량영양소	• 에너지로 사용 • 탄수화물, 지방, 단백질
조절영양소	• 대사조절과 생리기능 조절 • 비타민, 무기질, 물

40 소독작용에 영향을 미치는 요인에 대한 설명으로 틀린 것은?

① 온도가 높을수록 소독효과가 크다.

✔ ② 유기물질이 많을수록 소독효과가 크다.

③ 접촉시간이 길수록 소독효과가 크다.

④ 농도가 높을수록 소독효과가 크다.

해설
온도와 농도가 높고, 접촉시간이 길수록 소독효과는 크다. 그러나 유기물질이 많을수록 소독효과는 작다.

42 다음 중 기초 화장품의 주된 사용 목적에 속하지 않는 것은?

① 세안

② 피부정돈

③ 피부보호

✔ ④ 피부채색

해설
④ 피부채색은 메이크업 화장품의 목적이다.
기초 화장품은 세안·청결, 피부정돈, 피부보호·영양 공급 등의 목적으로 사용된다.

43 상피조직의 신진대사에 관여하며 각화 정상화 및 피부재생을 돕고 노화 방지에 효과가 있는 비타민은?

① 비타민 C
② 비타민 E
③ 비타민 A
④ 비타민 K

해설
① 비타민 C : 미백작용, 모세혈관벽 강화, 콜라겐 합성에 관여(대표적인 항산화제)
② 비타민 E : 항산화제, 호르몬 생성, 노화 방지
④ 비타민 K : 골격 성장을 촉진, 모세혈관 강화

44 다음 중 일반적으로 건강한 모발의 상태를 나타내는 것은?

① 단백질 10~20%, 수분 10~15%, pH 2.5~4.5
② 단백질 20~30%, 수분 70~80%, pH 4.5~5.5
③ 단백질 50~60%, 수분 25~40%, pH 7.5~8.5
④ 단백질 70~80%, 수분 10~15%, pH 4.5~5.5

해설
모발의 성분은 단백질 70~80%, 수분 10~15%, 색소 1%, 지질 3~6% 등으로 구성되어 있으며 수분 함량은 약 10~15%(건강모), pH는 4.5~5.5이다.

45 다음 중 글리세린의 가장 중요한 작용은?

① 소독작용
② 수분 유지작용
③ 탈수작용
④ 금속염 제거작용

해설
글리세린 : 천연보습제로 화장품이나 비누를 만들 때 사용한다. 보습효과를 주며 공기 중의 수분을 흡수하는 능력이 우수하다.

46 다음 중 멜라닌 색소를 함유하고 있는 부분은?

① 모표피
② 모피질
③ 모수질
④ 모유두

해설
① 모표피 : 모발의 가장 바깥쪽으로 모발을 외부 물리적·화학적 자극으로부터 보호하고 수분 증발을 억제시킨다.
③ 모수질 : 모발의 중심으로 공기를 함유하고 있으며, 연모나 가는 모발에는 없는 경우도 있다.
④ 모유두 : 모모세포에 영양분을 전달하여 모발을 형성시켜 주고, 모발 성장의 근원이 된다.

47 피지선의 활성을 높여주는 호르몬은?

    ☑ **안드로겐**

    ② 에스트로겐

    ③ 인슐린

    ④ 멜라닌

해설

남성호르몬 안드로겐은 피지 분비를 활성화시키며, 여성호르몬 에스트로겐은 피지 분비를 억제한다.

48 다음 중 식물성 오일이 아닌 것은?

    ① 아보카도 오일

    ② 피마자 오일

    ③ 올리브 오일

    ☑ **실리콘 오일**

해설

④ 실리콘 오일은 화학적 합성 오일이다.

오일의 종류
- 식물성 오일 : 동백 오일, 로즈힙 오일, 아보카도 오일, 올리브 오일, 피마자 오일, 포도씨 오일 등
- 동물성 오일 : 난황유(달걀), 밍크 오일, 스콸렌(상어의 간) 등
- 광물성 오일 : 미네랄 오일, 바셀린 등

49 피부의 기능이 아닌 것은?

    ① 피부는 강력한 보호작용을 지니고 있다.

    ☑ **피부는 체온의 외부 발산을 막고 외부 온도 변화가 내부로 전해지는 작용을 한다.**

    ③ 피부는 땀과 피지를 통해 노폐물을 분비, 배설한다.

    ④ 피부도 호흡한다.

해설

피부는 혈관의 확장과 수축작용을 통해 체온조절 기능을 수행한다.

50 여러 가지 꽃 향이 혼합된 세련되고 로맨틱한 향으로 아름다운 꽃다발을 안고 있는 듯, 화려하면서도 우아한 느낌을 주는 향수의 타입은?

    ① 싱글 플로럴(single floral)

    ☑ **플로럴 부케(floral boupuet)**

    ③ 우디(woody)

    ④ 오리엔탈(oriental)

해설

① 싱글 플로럴 : 꽃의 한 종류에서 느껴지는 향
③ 우디 : 로즈우드 등 숲의 나무 향기가 따뜻하고 세련된 향
④ 오리엔탈 : 여운을 남기는 관능적인 이미지의 이국적이고 스파이시한 향기

51 이 · 미용업무의 보조를 할 수 있는 자는?

☑ ① 이 · 미용사의 감독을 받는 자

② 이 · 미용사 응시자

③ 이 · 미용학원 수강자

④ 시 · 도지사가 인정한 자

> **해설**
> 이용사 및 미용사의 업무범위 등(법 제8조 제1항)
> 이용사 또는 미용사의 면허를 받은 자가 아니면 이용업 또는 미용업을 개설하거나 그 업무에 종사할 수 없다. 다만, 이용사 또는 미용사의 감독을 받아 이용 또는 미용업무의 보조를 행하는 경우에는 그러하지 아니하다.

52 영업소 외의 장소에서 이 · 미용 업무를 행할 수 있는 경우가 아닌 것은?

① 질병으로 영업소에 나올 수 없는 경우

② 결혼식 등의 의식 직전인 경우

☑ ③ 손님의 간곡한 요청이 있을 경우

④ 시장 · 군수 · 구청장이 인정하는 경우

> **해설**
> 영업소 외에서의 이용 및 미용 업무(규칙 제13조)
> • 질병 · 고령 · 장애나 그 밖의 사유로 영업소에 나올 수 없는 자에 대하여 이용 또는 미용을 하는 경우
> • 혼례나 그 밖의 의식에 참여하는 자에 대하여 그 의식 직전에 이용 또는 미용을 하는 경우
> • 사회복지시설에서 봉사활동으로 이용 또는 미용을 하는 경우
> • 방송 등의 촬영에 참여하는 사람에 대하여 그 촬영 직전에 이용 또는 미용을 하는 경우
> • 이외에 특별한 사정이 있다고 시장 · 군수 · 구청장이 인정하는 경우

53 공중위생영업자의 지위를 승계한 자로서 신고를 하지 아니한 경우 처벌 기준은?

① 1년 이하의 징역 또는 1천만 원 이하의 벌금

☑ ② 6월 이하의 징역 또는 500만 원 이하의 벌금

③ 200만 원 이하의 벌금

④ 100만 원 이하의 벌금

> **해설**
> 벌칙(법 제20조 제3항)
> 다음의 어느 하나에 해당하는 자는 6월 이하의 징역 또는 500만 원 이하의 벌금에 처한다.
> • 변경신고를 하지 아니한 자
> • 공중위생영업자의 지위를 승계한 자로서 신고를 하지 아니한 자
> • 건전한 영업질서를 위하여 공중위생영업자가 준수하여야 할 사항을 준수하지 아니한 자

54 공익상 또는 선량한 풍속 유지를 위하여 필요하다고 인정하는 경우에 이 · 미용업의 영업시간 및 영업행위에 관한 필요한 제한을 할 수 있는 자는?

① 관련 전문기관 및 단체장

② 보건복지부장관

☑ ③ 시 · 도지사

④ 시장 · 군수 · 구청장

> **해설**
> 시 · 도지사는 공익상 또는 선량한 풍속을 유지하기 위하여 필요하다고 인정하는 때에는 공중위생영업자 및 종사원에 대하여 영업시간 및 영업행위에 관한 필요한 제한을 할 수 있다(법 제9조의2).

55 다음 중 이·미용사 면허를 취득할 수 없는 자는?

① 면허 취소 후 1년 경과자
② 독감환자
③ **마약중독자**
④ 전과기록자

이용사 또는 미용사의 면허를 받을 수 없는 자(법 제6조 제2항)
• 피성년후견인
• 정신질환자(전문의가 이용사 또는 미용사로서 적합하다고 인정하는 사람은 그러하지 아니함)
• 공중의 위생에 영향을 미칠 수 있는 감염병환자로서 보건복지부령이 정하는 자
• 마약 기타 대통령령으로 정하는 약물 중독자
• 면허가 취소된 후 1년이 경과되지 아니한 자

56 처분기준이 200만 원 이하의 과태료가 아닌 것은?

① 규정을 위반하여 영업소 외의 장소에서 이·미용업무를 행한 자
② 위생교육을 받지 아니한 자
③ 위생관리 의무를 지키지 아니한 자
④ **관계공무원의 출입·검사·기타 조치를 거부·방해 또는 기피한 자**

과태료(법 제22조 제2항)
다음의 어느 하나에 해당하는 자는 200만 원 이하의 과태료에 처한다.
• 이·미용업소의 위생관리 의무를 지키지 아니한 자
• 영업소 외의 장소에서 이용 또는 미용업무를 행한 자
• 위생교육을 받지 아니한 자

57 다음 중 이·미용사 면허를 받을 수 없는 경우에 해당하는 것은?

① 전문대학 또는 동등 이상의 학력이 있다고 교육부장관이 인정하는 학교에서 이용 또는 미용에 관한 학과를 졸업한 자
② **교육부장관이 인정하는 고등기술학교에서 6개월간 이용 또는 미용에 관한 소정의 과정을 이수한 자**
③ 국가기술자격법에 의한 이·미용사 자격을 취득한 자
④ 초·중등교육법령에 따른 고등학교에서 1년 이상 이·미용에 관한 소정의 과정을 이수한 자

이·미용사 면허 발급 대상자(법 제6조 제1항)
• 전문대학 또는 이와 같은 수준 이상의 학력이 있다고 교육부장관이 인정하는 학교에서 이용 또는 미용에 관한 학과를 졸업한 자
• 「학점인정 등에 관한 법률」에 따라 대학 또는 전문대학을 졸업한 자와 같은 수준 이상의 학력이 있는 것으로 인정되어 같은 법에 따라 이용 또는 미용에 관한 학위를 취득한 자
• 고등학교 또는 이와 같은 수준의 학력이 있다고 교육부장관이 인정하는 학교에서 이용 또는 미용에 관한 학과를 졸업한 자
• 초·중등교육법령에 따른 특성화고등학교, 고등기술학교나 고등학교 또는 고등기술학교에 준하는 각종학교에서 1년 이상 이용 또는 미용에 관한 소정의 과정을 이수한 자
• 「국가기술자격법」에 의한 이용사 또는 미용사 자격을 취득한 자

58 이·미용기구의 소독기준 및 방법을 정한 것은?

① 대통령령
② **보건복지부령**
③ 환경부령
④ 보건소령

해설
공중위생영업자의 위생관리의무 등(법 제4조 제7항)
공중위생영업자가 준수하여야 할 위생관리기준 기타 위생관리서비스의 제공에 관하여 필요한 사항으로서 건전한 영업질서유지를 위하여 영업자가 준수하여야 할 사항은 보건복지부령으로 정한다.

59 미용업자의 준수사항 중 틀린 것은?

① 소독한 기구와 하지 아니한 기구는 각각 다른 용기에 넣어 보관할 것
② 조명은 75lx 이상 유지되도록 할 것
③ **신고증과 함께 면허증 사본을 게시할 것**
④ 1회용 면도날은 손님 1인에 한하여 사용할 것

해설
영업소 내부에 미용업 신고증 및 개설자의 면허증 원본을 게시하여야 한다(규칙 [별표 4]).

60 공중위생관리법상의 위생교육에 대한 설명 중 옳은 것은?

① **이·미용업 영업자는 위생교육 대상자이다.**
② 이·미용사는 위생교육 대상자이다.
③ 위생교육 시간은 매년 8시간이다.
④ 위생교육은 공중위생관리법 위반자에 한하여 받는다.

해설
②·④ 공중위생영업자는 매년 위생교육을 받아야 한다(법 제17조 제1항).
③ 위생교육은 집합교육과 온라인 교육을 병행하여 실시하되, 교육시간은 3시간으로 한다(규칙 제23조 제1항).

PART 02

모의고사

제1회~제7회   모의고사

정답 및 해설

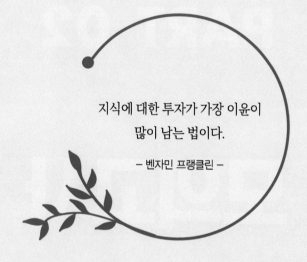

지식에 대한 투자가 가장 이윤이
많이 남는 법이다.

– 벤자민 프랭클린 –

01 1925년 크로키놀식 웨이브를 성공시킨 사람은?

① 찰스 네슬러
② 마샬 그라또
③ 조셉 메이어
④ J. B. 스피크먼

02 고대 중국 미용의 설명으로 틀린 것은?

① 하(夏)나라 시대에 분을, 은(殷)나라의 주왕 때에는 연지화장이 사용되었다.
② 아방궁 3천 명의 미희들에게 백분과 연지를 바르게 하고 눈썹을 그리게 하였다.
③ 액황이라고 하여 이마에 발라 약간의 입체감을 주었으며, 홍장이라고 하여 백분을 바른 후 다시 연지를 덧발랐다.
④ 두발을 짧게 깎거나 밀어내고 그 위에 일광을 막을 수 있는 대용물로 가발을 즐겨 썼다.

03 우리나라 옛 여인들의 머리 모양 중 뒤통수에 낮게 머리를 땋아 틀어 올리고 비녀를 꽂은 형태는?

① 민머리
② 얹은머리
③ 풍기명식 머리
④ 쪽진머리

04 미용의 필요성으로 가장 거리가 먼 것은?

① 인간의 심리적 욕구를 만족시키고 생산 의욕을 높이는 데 도움을 주므로 필요하다.
② 미용의 기술로 외모의 결점까지도 보완하여 개성미를 연출해 주므로 필요하다.
③ 노화를 전적으로 방지해 주므로 필요하다.
④ 현대생활에서는 상대방에게 불쾌감을 주지 않는 것이 중요하므로 필요하다.

05 피부에 있어 색소세포가 가장 많이 존재하고 있는 곳은?

① 표피의 각질층
② 표피의 기저층
③ 진피의 유두층
④ 진피의 망상층

06 피지선에 대한 설명으로 틀린 것은?

① 피지를 분비하는 선으로 진피층에 위치한다.
② 피지선은 손바닥에는 없다.
③ 피지의 하루 분비량은 10~20g 정도이다.
④ 피지선이 많은 부위는 코 주위이다.

07 피부 유형에 대한 설명 중 틀린 것은?

① 정상 피부 – 유·수분 균형이 잘 잡혀 있다.
② 민감성 피부 – 각질이 드문드문 보인다.
③ 노화 피부 – 미세하거나 선명한 주름이 보인다.
④ 지성 피부 – 모공이 크고 표면이 귤껍질 같이 보이기 쉽다.

08 표피의 구성세포 중 새로운 각질세포를 형성하는 세포는?

① 각질형성 세포
② 멜라닌 세포
③ 랑게르한스 세포
④ 머켈세포

09 피지의 과다 분비와 정신적 스트레스로 홍반과 인설 등이 발생하는 피부질환은?

① 아토피성 피부염
② 접촉성 피부염
③ 대상포진
④ 지루성 피부염

10 에센셜 오일 사용 시 주의사항으로 적절하지 않은 것은?

① 희석 없이 직접 피부에 사용한다.
② 정확한 용량을 지킨다.
③ 지나치면 피부 염증, 두통, 메스꺼움, 감정 변화 등의 부작용이 일어난다.
④ 임신 중이나 고혈압, 뇌전증 환자에게는 금지된 에센셜 오일을 사용하지 않는다.

11 보디 화장품의 종류와 사용 목적의 연결이 적합하지 않은 것은?

① 보디클렌저 – 세정·용제
② 데오도란트 파우더 – 탈색·제모
③ 선스크린 – 자외선 방어
④ 배스 솔트 – 세정·용제

12 기미, 주근깨 등 피부관리에 가장 적합한 비타민은?

① 비타민 A
② 비타민 B_1
③ 비타민 B_2
④ 비타민 C

13 미용업소 환경위생에 대한 설명으로 잘못된 것은?

① 적정 온도는 15~20℃ 정도이다.
② 적정 습도는 20~50%이다.
③ 환기는 1~2시간에 한 번씩 한다.
④ 미용업소의 쾌적한 실내 환경을 위해 공기청정기, 냉·온풍기 등은 정기적으로 점검한다.

14 고객 응대방법으로 잘못된 것은?

① 고객 안내 시 사전에 동선을 파악하여 고객에게 불편을 주지 않도록 한다.
② 고객이 미용업소에 대해 긍정적인 인상을 갖도록 친절한 서비스를 제공한다.
③ 예약업무 시 방문일시, 방문목적, 방문인원, 연락처, 담당 미용사 등을 확인하여 기록한다.
④ 고객 이동 시 고객보다 한 걸음 뒤에서 안내한다.

15 다음 중 드라이 샴푸 방법이 아닌 것은?

① 리퀴드 드라이 샴푸
② 핫 오일 샴푸
③ 파우더 드라이 샴푸
④ 에그 파우더 샴푸

16 헤어 트리트먼트(hair treatment)의 종류가 아닌 것은?

① 헤어 리컨디셔닝(hair reconditioning)
② 틴닝(thinning)
③ 클리핑(clipping)
④ 헤어 팩(hair pack)

17 알칼리성 비누로 샴푸한 모발에 가장 적당한 린스 방법은?

① 레몬 린스(lemon rinse)
② 플레인 린스(plain rinse)
③ 컬러 린스(color rinse)
④ 알칼리성 린스(alkali rinse)

18 두피 상태에 따른 스캘프 트리트먼트의 시술 방법이 잘못된 것은?

① 지방이 부족한 두피 상태 – 드라이 스캘프 트리트먼트
② 지방이 과잉된 두피 상태 – 오일리 스캘프 트리트먼트
③ 비듬이 많은 두피 상태 – 핫 오일 스캘프 트리트먼트
④ 정상 두피 상태 – 플레인 스캘프 트리트먼트

19 모발의 결합 중 두 개의 황(S) 원자 사이에서 형성되는 일종의 공유결합으로 퍼머넌트 웨이브 시술 시 이용되는 결합은 무엇인가?

① 폴리펩타이드 결합
② 시스틴 결합
③ 수소 결합
④ 염 결합

20 스캘프 매니플레이션의 방법으로, 압력을 주지 않으면서 원을 그리듯 가볍게 문지르는 방법은 무엇인가?

① 경찰법   ② 강찰법
③ 유연법   ④ 진동법

21 모발의 색은 흑색, 적색, 갈색, 금발색, 백색 등 여러 가지가 있다. 다음 중 주로 검은 모발의 색을 나타나게 하는 멜라닌은 무엇인가?

① 티로신(tyrosine)
② 멜라노사이트(melanocyte)
③ 유멜라닌(eumelanin)
④ 페오멜라닌(pheomelanin)

22 모발 발생과정의 순서로 옳은 것은?

① 모아기 – 전모아기 – 모항기 – 모구성
모항기 – 모낭

② 모아기 – 모항기 – 전모아기 – 모구성
모항기 – 모낭

③ 전모아기 – 모아기 – 모항기 – 모구성
모항기 – 모낭

④ 전모아기 – 모아기 – 모구성모항기 –
모항기 – 모낭

23 탈모증 종류 중 유전성 탈모로, 안드로겐
의 과잉 분비가 원인이 되는 것은?

① 원형 탈모

② 남성형 탈모

③ 반흔성 탈모

④ 휴지기성 탈모

24 헤어커트 도구 중 레이저(razor)에 대한
설명으로 틀린 것은?

① 면도날을 말하며 모발의 끝을 가볍게
만든다.

② 숙련자가 사용하여야 하며, 반드시 마
른 모발에 시술해야 한다.

③ 효율적으로 빠른 시간 내에 세밀한 시술
이 가능하다.

④ 오디너리 레이저는 숙련자가 사용하는
것이 적합하다.

25 다음에서 고객에게 시술한 커트의 알맞은
명칭은?

퍼머넌트를 하기 위해 찾은 고객에게 먼저
커트(cut)를 시술하고, 퍼머넌트를 한 후 손
상모와 삐져나온 불필요한 모발을 다시 가볍
게 잘라 주었다.

① 프레 커트(pre-cut), 트리밍(trimm-
ing)

② 애프터 커트(after-cut), 틴닝(thin-
ning)

③ 프레 커트(pre-cut), 슬리더링(sli-
thering)

④ 애프터 커트(after-cut), 테이퍼링(ta-
pering)

26 다음 중 네이프에서 톱 부분으로 올라갈수록 모발의 길이가 점점 짧아지는 커트는 무엇인가?

① 레이어 커트
② 원랭스 커트
③ 그러데이션 커트
④ 스퀘어 커트

27 빗을 천천히 위쪽으로 이동시키면서 가위의 개폐를 재빨리 하여 빗에 끼어 있는 두발을 자르는 커트기법은?

① 싱글링(shingling)
② 틴닝(thinning)
③ 테이퍼링(tapering)
④ 슬리더링(slithering)

28 다음 중 원랭스 커트가 아닌 것은?

① 패럴렐 보브형 커트
② 머시룸 커트
③ 그래쥬에이션 커트
④ 이사도라 커트

29 커트기법 중 전체적인 모발의 길이는 유지하면서 모발의 숱만 감소시키는 기법으로 가위날로 모발의 표면을 미끄러지듯 시술하는 것은?

① 나칭   ② 슬리더링
③ 클리핑   ④ 포인팅

30 쇼트 커트의 수정·보완에 대한 설명으로 잘못된 것은?

① 보정 커트는 커트 마지막 단계에서 균형과 정확성을 주는 것으로, 커트 섹션의 반대 위치에서 행해진다.
② 드라이 커트(dry cut)는 커트의 특성을 잘 드러나게 해 주는 마지막 단계로 질감 처리와 커트 선의 가장자리 처리를 모발이 마른 상태에서 작업해 나간다.
③ 고객의 만족도를 파악하여 필요한 경우 보정 커트와 드라이 커트를 수행한다.
④ 아웃라인 정리(outlining)는 모발에 볼륨을 주어 율동감이 생긴다.

31 헤어펌제의 제1액 중 티오글리콜산의 적정 농도는?

① 1~2%
② 2~7%
③ 8~12%
④ 15~20%

32 퍼머넌트 웨이브 후 두발이 자지러지는 원인이 아닌 것은?

① 사전 커트 시 두발 끝을 심하게 테이퍼한 경우
② 너무 가는 롯드를 사용한 경우
③ 와인딩 시 텐션을 주지 않고 느슨하게 한 경우
④ 오버 프로세싱을 하지 않은 경우

33 콜드 웨이브의 제2액에 관한 설명 중 옳은 것은?

① 두발의 구성물질을 환원시키는 작용을 한다.
② 약액은 티오글리콜산염이다.
③ 형성된 웨이브를 고정해 준다.
④ 시스틴의 구조를 변화시켜 거의 갈라지게 한다.

34 정상적인 두발 상태와 온도 조건에서 콜드 웨이빙 시술 시 프로세싱(processing)의 가장 적당한 방치시간은?

① 5분 정도
② 10~15분 정도
③ 20~30분 정도
④ 30~40분 정도

35 매직 스트레이트 헤어펌 시술 시 건강모의 아이론 온도로 가장 알맞은 것은?

① 130~150℃
② 160~180℃
③ 190~200℃
④ 200~210℃

36 뱅(bang)의 설명 중 잘못된 것은?

① 플러프 뱅 – 부드럽게 꾸밈없이 볼륨을 준 앞머리
② 포워드 롤 뱅 – 포워드 방향으로 롤을 이용하여 만든 뱅
③ 프린지 뱅 – 가르마 가까이에 작게 낸 뱅
④ 프렌치 뱅 – 풀(full) 혹은 하프(half) 웨이브로 만든 뱅

37 다음 중 헤어세팅의 컬에 있어 루프가 두 피에 45°로 세워진 것은?

① 플랫 컬
② 스컬프처 컬
③ 메이폴 컬
④ 리프트 컬

38 헤어세팅에 있어 오리지널 세트의 주요한 요소에 해당되지 않는 것은?

① 헤어 웨이빙
② 헤어 컬링
③ 콤 아웃
④ 헤어 파팅

39 아이론 종류 중 전기코드를 콘센트에 연결하여 사용하는 방식으로 감전과 전압에 주의를 필요로 하는 것은?

① 화열식
② 충전식
③ 전열식
④ 축열식

40 블로 드라이 시 적절한 열풍의 온도는?

① 50~60°C
② 60~90°C
③ 90~100°C
④ 100~120°C

41 염모제에 대한 설명 중 틀린 것은?

① 제1액의 알칼리제로는 휘발성이라는 점에서 암모니아가 사용된다.
② 염모제 제1액은 제2액 산화제(과산화수소)를 분해하여 발생기 수소를 발생시킨다.
③ 과산화수소는 모발의 색소를 분해하여 탈색한다.
④ 과산화수소는 산화염료를 산화해서 발색시킨다.

42 헤어 염색 시 패치 테스트를 반드시 해야 하는 염모제는?

① 글리세린이 함유된 염모제
② 합성왁스가 함유된 염모제
③ 파라페닐렌디아민이 함유된 염모제
④ 과산화수소가 함유된 염모제

43 헤어 블리치 시술 시 주의사항에 해당하지 않는 것은?

① 미용사의 손을 보호하기 위하여 장갑을 반드시 낀다.
② 시술 전 샴푸를 할 경우 브러싱을 하지 않는다.
③ 두피에 질환이 있는 경우 시술하지 않는다.
④ 사후손질로서 헤어 리컨디셔닝은 가급적 피하도록 한다.

45 다음 중 가발 손질법으로 잘못된 것은?

① 인모가발인 경우 4~6주에 한 번씩 샴푸를 하여야 하며 드라이 샴푸를 하는 것이 좋다.
② 부드럽게 브러싱하여 그늘에서 말려야 한다.
③ 플레인 샴푸를 할 경우 38℃의 미지근한 물로 세정한다.
④ 가발이 엉켰을 경우 네이프 쪽의 모발 끝부터 모근 쪽으로 빗질해야 한다.

44 두발을 밝은 갈색으로 염색한 후 다시 자라난 두발에 염색을 하는 것을 무엇이라 하는가?

① 영구적 염색
② 패치 테스트
③ 스트랜드 테스트
④ 리터치

46 두상의 특정한 부분에 볼륨을 주기 원할 때 사용되는 헤어피스(hair piece)는?

① 위글렛(wiglet)
② 스위치(switch)
③ 폴(fall)
④ 위그(wig)

47 보건행정의 정의에 포함되는 내용과 가장 거리가 먼 것은 무엇인가?

① 국민의 수명 연장
② 질병 예방
③ 공적인 행정활동
④ 수질 및 대기보전

48 일반적인 미생물의 번식에 가장 중요한 요소로만 나열된 것은?

① 온도 - 적외선 - pH
② 온도 - 습도 - 자외선
③ 온도 - 습도 - 영양분
④ 온도 - 습도 - 시간

49 생활습관과 관계될 수 있는 질병과의 연결이 틀린 것은?

① 담수어 생식 - 간디스토마
② 여름철 야숙 - 일본뇌염
③ 경조사 등 행사 음식 - 식중독
④ 가재 생식 - 무구조충

50 통조림, 소시지 등 밀폐된 혐기성 식품에서 감염되며 치명률이 높은 식중독은?

① 포도상구균 식중독
② 병원성 대장균 식중독
③ 장염비브리오 식중독
④ 보툴리누스균 식중독

51 혐기성 세균에 대한 설명으로 옳은 것은?

① 산소가 필요한 세균
② 산소가 없어야 하는 균
③ 산소의 유무와 관계없는 균
④ 증식을 위해서 유리산소를 필요로 하는 세균

52 분뇨의 비위생적 처리로 오염될 수 있는 기생충으로 가장 거리가 먼 것은?

① 회충
② 사상충
③ 십이지장충
④ 편충

53 식품을 통한 식중독 중 독소형 식중독은?

① 포도상구균 식중독
② 살모넬라균에 의한 식중독
③ 장염비브리오 식중독
④ 병원성 대장균 식중독

54 무균실에서 사용되는 기구의 가장 적합한 소독법은?

① 고압증기멸균법
② 자외선소독법
③ 자비소독법
④ 소각소독법

55 소독제로서 승홍수의 장점인 것은?

① 금속의 부식성이 강하다.
② 냄새가 없다.
③ 유기물에 대한 완전한 소독이 어렵다.
④ 피부 점막에 자극성이 강하다.

56 석탄산계수가 2인 소독약 A를 석탄산계수 4인 소독약 B와 같은 효과를 내려면 그 농도를 어떻게 조정하면 되는가? (단, A, B의 용도는 같다.)

① A를 B보다 2배 묽게 조정한다.
② A를 B보다 4배 묽게 조정한다.
③ A를 B보다 2배 짙게 조정한다.
④ A를 B보다 4배 짙게 조정한다.

57 다음 중 미용업소에서 게시하지 않아도 되는 것은?

① 개설자의 면허증 원본
② 신고증
③ 사업자 등록증
④ 최종지급요금표

58 공중위생영업자가 영업소 폐쇄명령을 받고도 계속하여 영업할 때 시장·군수·구청장의 조치로 옳지 않은 것은?

① 해당 영업소의 간판 기타 영업표지물의 제거
② 영업을 위하여 필수불가결한 기구 또는 시설물을 사용할 수 없게 하는 봉인
③ 해당 영업소가 위법한 영업소임을 알리는 게시물 등의 부착
④ 미용사 면허 발급 취소

60 시장·군수·구청장이 영업정지가 이용자에게 심한 불편을 주거나 그 밖에 공익을 해할 우려가 있는 경우에 영업정지 처분에 갈음한 과징금을 부과할 수 있는 금액 기준은?

① 4천만 원 이하
② 6천만 원 이하
③ 8천만 원 이하
④ 1억 원 이하

59 다음 중 청문을 하는 경우가 아닌 것은?

① 이용사와 미용사의 면허취소
② 영업소 폐쇄명령
③ 개선명령
④ 일부 시설의 사용중지

모의고사

정답 및 해설 194쪽

01 미용의 특수성과 가장 거리가 먼 것은?

① 고객의 의사를 먼저 존중하고 반영한다.
② 시간적 제한 없이 만족할 때까지 작품을 완성한다.
③ 정적 예술로서 미적 효과를 나타낸다.
④ 고객의 나이, 직업, 의복, 장소, 표정 등을 고려한다.

02 미용사의 올바른 작업 자세로 옳지 않은 것은?

① 서서 작업할 때는 근육의 부담이 적도록 각 부분의 밸런스를 고려한다.
② 의자에 앉은 작업 자세에서는 의자 뒤에 엉덩이를 밀착시키고 등을 곧게 편다.
③ 시술할 작업 대상의 위치는 미용사의 심장 높이 정도가 적당하고 다리는 어깨 넓이로 벌린다.
④ 정상 시력을 가진 사람의 명시거리는 안구에서 약 50cm이다.

03 다음 중 모발의 성장단계를 옳게 나타낸 것은?

① 성장기 → 휴지기 → 퇴행기
② 휴지기 → 발생기 → 퇴행기
③ 퇴행기 → 성장기 → 발생기
④ 성장기 → 퇴행기 → 휴지기

04 조선시대 첩지머리에 대한 설명으로 옳지 않은 것은?

① 왕비는 도금한 용첩지를 사용했다.
② 신분에 따라 비와 빈은 개구리첩지를 했다.
③ 첩지는 내명부나 외명부의 신분을 밝혀주는 중요한 표시이기도 했다.
④ 가르마 위 정수리 부분에 첩지를 놓고 뒤쪽에 쪽진머리 모양이다.

05 피부의 기능으로 옳지 않은 것은?

① 열, 통증, 촉각, 한기 등을 지각한다.
② 땀과 피지를 분비하고 노폐물을 배설한다.
③ 세균, 물리·화학적 자극, 자외선으로부터 피부를 보호한다.
④ 이산화탄소를 피부 안으로 흡수하면서 산소와 교환한다.

06 피부의 구조에 있어 기저층의 가장 중요한 역할은?

① 팽윤   ② 새 세포 형성
③ 수분 방어   ④ 면역

07 피부질환의 상태를 나타낸 용어 중 원발진 (primary lesions)에 해당하는 것은?

① 종양   ② 미란
③ 가피   ④ 반흔

08 UV-B에 대한 설명으로 옳지 않은 것은?

① 표피의 기저층까지 침투한다.
② 홍반의 원인이 된다.
③ 파장이 가장 짧은 단파장이다.
④ 색소침착(기미)을 일으킨다.

09 여드름 피부에 대한 설명으로 옳지 않은 것은?

① 모공 입구의 폐쇄로 피지 배출이 잘 안 된다.
② 피지 분비가 많고 피부가 두껍고 거칠다.
③ 내적 요인으로 호르몬 변화, 세균 감염, 유전성, 스트레스, 잘못된 식습관 등이 있다.
④ 염증성 여드름으로는 블랙헤드, 화이트헤드가 있다.

10 화장품법에 따른 기능성 화장품에 대한 설명으로 잘못된 것은?

① 미백에 도움을 주는 제품
② 모발의 색상 변화·제거 또는 영양 공급에 도움을 주는 제품
③ 피부를 곱게 태워주거나 자외선으로부터 피부를 보호하는 데에 도움을 주는 제품
④ 피부나 모발의 기능 약화로 인한 건조함, 갈라짐, 빠짐, 각질화 등을 치료해주는 제품

11 정전기를 방지하여 린스의 주원료로 사용되는 계면활성제는?

① 양이온 계면활성제
② 음이온 계면활성제
③ 양쪽성 계면활성제
④ 비이온 계면활성제

12 미용사의 위생관리에 대한 설명으로 옳지 않은 것은?

① 약품 사용 시에는 반드시 미용 장갑을 착용한다.
② 세정제와 물을 이용하여 손을 청결하게 관리해야 한다.
③ 구강 청결제 및 탈취제 등을 사용하여 구취와 체취를 수시로 점검한다.
④ 반지, 팔찌, 네일 장식 등의 액세서리로 개성 있게 관리한다.

13 미용업소 도구의 소독방법으로 옳지 않은 것은?

① 타월, 가운, 의류 – 일광소독
② 브러시, 빗 – 먼지와 이물질 제거 후 중성세제로 세척하고 자외선 소독기에 보관
③ 가위, 인조가죽류 – 알코올 소독 후 자외선 소독기에 보관
④ 고무 제품 – 자비소독, 증기멸균법

14 염색한 두발에 가장 적합한 샴푸제는?

① 댄드러프 샴푸제
② 논 스트리핑 샴푸제
③ 프로테인 샴푸제
④ 약용 샴푸제

15 헤어 컨디셔너제의 효과가 아닌 것은?

① 시술과정에서 두발이 손상되는 것을 막
   아 주고 이미 손상된 두발을 완전히 치
   유해 준다.
② 두발에 윤기를 주는 보습 역할을 한다.
③ 퍼머넌트 웨이브, 염색, 블리치 후 pH
   농도를 중화시켜 두발의 산성화를 방지
   하는 역할을 한다.
④ 상한 두발의 표피층을 부드럽게 해 주어
   빗질을 용이하게 한다.

16 샴푸의 목적으로 거리가 가장 먼 것은?

① 두피와 두발에 영양 공급
② 트리트먼트를 쉽게 할 수 있는 기초
③ 두발의 건강한 발육 촉진
④ 청결한 두피와 두발을 유지

17 탈모의 내부적 원인이 아닌 것은?

① 유전
② 물리적·화학적 자극
③ 스트레스
④ 호르몬

18 모발의 구성 중 피부 밖으로 나와 있는 부분은?

① 피지선   ② 모표피
③ 모구   ④ 모유두

19 두피·모발 분석방법 중 육안으로 보면서 진단하는 방법은?

① 문진   ② 촉진
③ 시진   ④ 검진

20 지성 두피의 홈케어 방법으로 옳은 것은?

① 건조 방지용 샴푸를 사용하고 크림, 로션, 오일 타입 트리트먼트를 사용한다.

② 식물성 샴푸(음이온 계면활성제)를 사용하여 세정력을 높이고 피지 분비를 조절하여 세균 번식을 억제한다.

③ 베이비 샴푸, 오일 샴푸(양쪽 이온성 계면활성제)를 사용하여 자극을 최소화시킨다.

④ 살균제인 징크피리티온이 함유되어 있는 항비듬성 샴푸(주 1~2회)와 약용 린스를 사용한다.

22 다음과 같은 아웃라인의 원랭스(one length) 커트형은 무엇인가?

① 평행 보브형(parallel bob style)

② 이사도라형(isadora style)

③ 스파니엘형(spaniel style)

④ 레이어형(layer style)

21 주로 짧은 헤어스타일의 헤어커트 시 두부 상부에 있는 두발은 길고 하부로 갈수록 짧게 커트해서 두발의 길이에 작은 단차가 생기게 한 커트기법은?

① 스퀘어 커트(square cut)

② 원랭스 커트(one length cut)

③ 레이어 커트(layer cut)

④ 그러데이션 커트(gradation cut)

23 웨트 커팅(wet cutting)의 설명으로 적합한 것은?

① 손상모를 손쉽게 추려낼 수 있다.

② 웨이브나 컬이 심한 모발에 적합한 방법이다.

③ 길이 변화를 많이 주지 않을 때 이용한다.

④ 두발의 손상을 최소화할 수 있다.

24 정사각형의 의미와 직각의 의미로 커트하는 기법은?

① 블런트 커트(blunt cut)
② 스퀘어 커트(square cut)
③ 롱 스트로크 커트(long stroke cut)
④ 체크 커트(check cut)

25 헤어커팅 시 두발의 양이 적을 때나 두발 끝을 테이퍼해서 표면을 정돈할 때, 스트랜드의 1/3 이내의 두발 끝을 테이퍼하는 것은?

① 노멀 테이퍼(normal taper)
② 엔드 테이퍼(end taper)
③ 딥 테이퍼(deep taper)
④ 미디엄 테이퍼(medium taper)

26 클리퍼에 대한 설명으로 옳지 않은 것은?

① 모발 전체를 두피 가까이 짧게 셰이빙(shaving)할 수 있다.
② 쇼트 헤어커트 방법 중 하나이다.
③ 모발의 짧고 정돈된 스타일을 위해 부분적 영역에서 주로 사용한다.
④ 시저 오버 콤(scissor over comb)이라고도 한다.

27 쇼트 커트의 종류별 특징으로 알맞게 연결된 것은?

① 싱글링 헤어커트 – 톱 부분에 볼륨감을 형성하고 사이드는 깔끔하게 정돈하여 보이시한 스타일을 연출
② 댄디 헤어스타일 – 톱 부분으로 갈수록 점차 길어진 쇼트 스타일
③ 투-블록 스타일 – 톱 부분과 사이드 부분의 구분 차이를 명확하게 하기 위해서 디스커넥션 기법을 사용
④ 모히칸 스타일 – 쇼트 헤어커트의 한 방법으로 네이프와 사이드 부분의 모발을 짧게 커트하는 방법

28 퍼머넌트 웨이브가 잘 나오지 않는 경우가 아닌 것은?

① 와인딩 시 텐션을 주어 말았을 경우
② 사전 샴푸 시 비누와 경수로 샴푸하여 두발에 금속염이 형성된 경우
③ 두발이 저항모이거나 불수성모로 경모인 경우
④ 오버 프로세싱으로 시스틴이 지나치게 파괴된 경우

29 콜드 웨이브에 있어 제2액의 작용에 해당되지 않는 것은?

① 산화작용　　② 정착작용
③ 중화작용　　④ 환원작용

30 퍼머넌트 웨이브의 제2액인 브롬산나트륨과 브롬산칼륨의 적정 농도는?

① 1~2%　　② 3~5%
③ 5~7%　　④ 7~9%

31 모발에 도포한 약액이 쉽게 침투되게 하여 시술 시간을 단축하고자 할 때 필요하지 않은 것은?

① 스팀타월　　② 헤어 스티머
③ 신징　　　　④ 히팅 캡

32 롯드(rod)를 말기 쉽도록 두상을 나누어 구획하는 작업은?

① 블로킹(blocking)
② 와인딩(winding)
③ 베이스(base)
④ 스트랜드(strand)

33 매직 스트레이트 헤어펌 연화과정에 대한 설명으로 옳지 않은 것은?

① 두피에 닿지 않게 헤어펌 1제를 도포한다.
② 건강 모발은 섹션 전체에 원 터치 방법으로 헤어펌 1제를 도포한다.
③ 손상(염색) 모발은 새로 나온 모발 부분에 먼저 1제를 도포한다.
④ 손상모는 비닐캡을 씌우거나 랩으로 감싼 후 가온기기를 사용해 열처리한다.

34 핑거 웨이브의 3대 요소가 아닌 것은?

① 스템(stem)
② 크레스트(crest)
③ 리지(ridge)
④ 트로프(trough)

35 다음 중 컬을 구성하는 요소로 가장 거리가 먼 것은?

① 베이스(base)
② 헤어 파팅(hair parting)
③ 루프(loop)
④ 스템(stem)의 방향

36 마샬 웨이브 시술에 관한 설명으로 옳지 않은 것은?

① 프롱은 아래쪽, 그루브는 위쪽을 향하도록 한다.
② 아이론의 온도는 120~140℃를 유지시킨다.
③ 아이론을 회전시키기 위해서는 먼저 아이론을 정확하게 쥐고 반대쪽에 45°로 위치시킨다.
④ 아이론의 온도가 균일할 때 웨이브가 일률적으로 완성된다.

37 다음에서 설명하는 블로 드라이어 종류는 무엇인가?

> • 바퀴가 부착되어 있어 필요시에 고객의 뒤로 이동시켜 사용
> • 주로 웨이브 모발이나 손상도가 높은 모발의 건조 시 사용
> • 자리를 많이 차지함

① 핸드 타입
② 스탠드 타입
③ 암 타입
④ 후드 타입

38 C컬 드라이 방법으로 옳지 않은 것은?

① 모발에 적정 수분을 유지하며 4등분 블로킹한다.
② 롤 브러시의 너비 80%가량의 모발을 가로로 슬라이스한다.
③ 모발 끝부분을 롤 브러시에 2~2.5 바퀴 이내가 되도록 안으로 감아 준다.
④ 열풍이 고객 피부에 직접 닿거나 향하지 않도록 주의한다.

39 부분적으로 밝게 하는 하이라이트 기법이나 가발의 염·탈색에 사용하며 모발의 밝기를 2~3레벨 밝게 하는 과산화수소(산화제) 농도는?

① 3%
② 6%
③ 9%
④ 12%

40 크레스트가 가장 뚜렷한 웨이브는?

① 마샬 웨이브
② 섀도 웨이브
③ 내로 웨이브
④ 와이드 웨이브

41 염색 전 사전 연화를 해야 하는 모발은?

① 저항성모
② 다공성모
③ 탈색모
④ 손상모

42 헤어컬러링 시 활용되는 색상환에 있어 적색의 보색은?

① 보라색
② 청색
③ 녹색
④ 황색

43 염색의 유화(emulsion)에 대한 설명으로 잘못된 것은?

① 모발과 두피에 남아 있는 염모제 잔여물을 제거하여 두피 트러블을 예방한다.
② 얼룩 제거 및 색소의 정착을 도와준다.
③ 방치시간이 끝난 후 약 1~2분간 염색된 모발과 두피를 부드럽게 마사지하는 것이다.
④ 부드러움과 윤기를 더해 준다.

44 헤어 전문제품의 종류 중 세정 및 케어용이 아닌 것은 무엇인가?

① 샴푸
② 헤어 트리트먼트
③ 헤어 에센스
④ 헤어 컨디셔너

45 다음 업스타일 디자인 중 간결하고 현대적이며 도시적인 이미지는 무엇인가?

① 엘레강스　　② 캐주얼
③ 클래식　　　④ 모던

46 위그 치수 측정 시 좌측 이어 톱 부분의 헤어라인에서 우측 이어 톱 헤어라인까지의 길이를 무엇이라고 하는가?

① 네이프 폭　　② 머리 둘레
③ 이마 폭　　　④ 머리 높이

47 헤어 익스텐션 방법으로 두상의 둘레에 맞게 피스의 폭이 다양하게 제작되어 손쉽게 탈부착 가능한 것은?

① 테이프　　② 클립
③ 링　　　　④ 실리콘

48 감염병을 옮기는 매개곤충과 질병의 관계로 적절한 것은?

① 재귀열 – 이
② 말라리아 – 진드기
③ 일본뇌염 – 체체파리
④ 발진티푸스 – 모기

49 감염병에 걸린 후 임상 증상이 소실되어도 계속 병원체를 배출하는 사람은?

① 회복기 보균자
② 잠복기 보균자
③ 건강 보균자
④ 발병 전 보균자

50 다음 중 예방접종에 있어 사균백신을 사용하는 것은?

① 콜레라　　② 결핵
③ 탄저　　　④ 황열

51 역학에 대한 설명으로 옳지 않은 것은?

① 질병의 원인 규명
② 지역사회의 질병 규모 파악
③ 보건정책 수립의 기초 마련
④ 질병의 예후 파악 및 질병 치료

52 염소와 마찬가지로 바이러스, 세균, 포자, 곰팡이, 원충류 및 조류 등 광범위한 미생물에 대한 살균력을 갖고 페놀에 비해 강한 살균력을 갖는 반면 독성은 훨씬 적은 소독제는?

① 수은 화합물
② 아이오딘 화합물
③ 무기염소 화합물
④ 유기염소 화합물

53 금속성 식기, 면 종류의 의류, 도자기의 소독에 적합한 소독방법은?

① 화염멸균법
② 건열멸균법
③ 소각소독법
④ 자비소독법

54 소독방법과 소독대상이 바르게 연결되지 않은 것은?

① 화염멸균법 – 금속류, 유리류, 도자기
② 자비소독법 – 의류, 식기, 도자기
③ 고압증기멸균법 – 플라스틱, 알루미늄
④ 건열멸균법 – 유리, 금속류, 주사기

55 다음 중 이·미용실의 실내 소독에 가장 적당한 것은?

① 포비돈–아이오딘액
② 크레졸
③ 승홍수
④ 에탄올

56 면허증을 다른 사람에게 대여했을 때 1차 위반 시 행정처분기준은?

① 경고
② 면허취소
③ 면허정지 3월
④ 면허정지 6월

57 6월 이하의 징역 또는 500만 원 이하의 벌금에 해당하지 않는 것은?

① 변경신고를 하지 아니한 자
② 공중위생영업자의 지위를 승계한 자로서 신고를 하지 아니한 자
③ 다른 사람에게 이용사 또는 미용사의 면허증을 빌려주거나 빌린 사람
④ 건전한 영업질서를 위하여 공중위생영업자가 준수하여야 할 사항을 준수하지 아니한 자

58 이·미용업 영업신고 신청 시 필요한 구비서류에 해당하는 것은?

① 이·미용사 자격증 원본
② 교육수료증
③ 주민등록등본
④ 토지이용계획확인서

59 다음 중 공중위생감시원의 자격이 되지 않는 사람은?

① 위생사 또는 환경기사 2급 이상의 자격증이 있는 사람
② 고등교육법에 따른 대학에서 화학, 화공학, 환경공학 또는 위생학 분야를 전공하고 졸업한 사람
③ 외국에서 위생사 또는 환경기사의 면허를 받은 사람
④ 6개월 이상 공중위생 행정에 종사한 경력이 있는 사람

60 개선명령에 위반한 자의 경우 벌칙은?

① 200만 원 이하의 과태료
② 200만 원 이하의 벌금
③ 300만 원 이하의 과태료
④ 300만 원 이하의 벌금

모의고사

정답 및 해설 201쪽

01 우리나라 여성의 머리 형태 중 비녀를 꽂은 것은?

① 얹은머리   ② 쪽진머리
③ 종종머리   ④ 귀밑머리

02 현대 미용 시대 순에서 가장 늦은 것은?

① 김활란의 단발머리가 유행하였다.
② 김상진이 현대 미용학원을 설립하였다.
③ 권정희가 정화미용고등기술학교를 설립하였다.
④ 오엽주가 화신백화점 내에 미용원을 개원하였다.

03 미용의 과정에서 고객 각자의 개성을 충분히 표현해 낼 수 있는 생각과 계획을 하는 단계는?

① 소재의 확인   ② 제작
③ 구상   ④ 보정

04 사춘기 이후에 주로 분비가 되며, 모공을 통하여 분비되어 독특한 체취를 발생시키는 것은?

① 소한선   ② 대한선
③ 피지선   ④ 갑상선

05 자외선으로부터 어느 정도 피부를 보호하며, 진피조직에 투여하면 피부 주름과 처짐 현상에 가장 효과적인 것은?

① 콜라겐   ② 엘라스틴
③ 뮤코다당류   ④ 멜라닌

06 모발의 구조 중 혈관과 림프관이 분포되어 있어 털에 영양을 공급하고 주로 발육에 관여하는 부분은?

① 모유두   ② 모표피
③ 모피질   ④ 모수질

제3회 :: 모의고사 **129**

07 피부 색소를 퇴색시키며 기미, 주근깨 등의 치료에 주로 쓰이는 것은?

① 비타민 A
② 비타민 E
③ 비타민 C
④ 비타민 D

09 피부의 구조에 대한 설명 중 틀린 것은?

① 피부는 표피, 진피, 피하지방층의 3개 층으로 구성된다.
② 표피는 일반적으로 내측으로부터 기저층, 유극층, 과립층, 투명층, 각질층으로 나뉜다.
③ 멜라닌 세포는 표피의 유극층에 산재한다.
④ 멜라닌 세포 수는 민족과 피부색에 관계없이 일정하다.

08 다음 피부의 면역에 관한 설명으로 잘못된 것은?

① 특이성 면역은 병원체에 노출된 후 활성화되어 침입한 병원체에 대한 방어작용이다.
② B 림프구는 세포성 면역이다.
③ 비특이성 면역은 태어날 때부터 선천적으로 가지고 있는 병원체에 대한 방어작용이다.
④ T 림프구는 항체를 생성하며 세포 접촉을 통해 직접 항원을 공격한다.

10 피부노화 현상으로 옳은 것은?

① 피부노화가 진행되어도 진피의 두께는 그대로 유지된다.
② 광노화에서는 내인성 노화와 달리 표피가 얇아지는 것이 특징이다.
③ 피부노화는 나이가 들면서 자연스럽게 일어나는 외인성 노화와 누적된 햇빛 노출에 의해 야기되기도 한다.
④ 내인성 노화보다는 광노화에서 표피 두께가 두꺼워진다.

11 다음 캐리어 오일(베이스 오일) 중 건성 피부, 민감성 피부, 튼살에 효과적인 것은?

① 호호바 오일
② 포도씨 오일
③ 아보카도 오일
④ 올리브 오일

12 물속에서 오일이 작은 입자가 되어 분산하는 유화액은?

① O/W 에멀션
② W/O 에멀션
③ W/O/W 에멀션
④ O/W/O 에멀션

13 화장품의 정의 중 옳지 않은 것은?

① 화장품의 사용 목적은 질병의 치료 및 진단이다.
② 인체를 청결·미화하여 매력을 더하고, 용모를 밝게 변화시킨다.
③ 피부·모발의 건강을 유지 또는 증진하기 위해 인체에 바르거나 뿌리는 제품으로 인체에 대한 작용이 경미한 것이다.
④ 장기간 사용해도 부작용이 없어야 한다.

14 고객관리에 대한 설명으로 잘못된 것은?

① 고객의 요구에 맞는 서비스로 만족감을 느끼게 한다.
② 고객에게 통일되고 획일적인 서비스를 한다.
③ 고객관리와 서비스에 대한 교육을 전 직원이 공유한다.
④ 고객정보를 수집하여 마케팅에 활용한다.

15 미용사 손 위생관리의 필요성으로 옳지 않은 것은?

① 손등이 트거나 갈라질 수 있다.
② 작업의 능률을 위해 정기적으로 젤네일 시술을 받는다.
③ 가려움을 동반한 접촉성 피부염 증상이 나타날 수 있다.
④ 각종 세균과 바이러스에 의한 병원균으로 질병 감염의 위험이 있다.

16 사전 브러싱의 목적이 아닌 것은?

① 모발의 엉킨 부분을 푼다.
② 두피와 모발의 분비물, 먼지 등을 사전에 제거한다.
③ 두피의 혈액순환을 돕고 피지 분비기능을 활성화한다.
④ 탈모를 예방한다.

17 프레 샴푸에 대한 설명 중 가장 거리가 먼 것은?

① 시술 전에 실시하는 샴푸
② 중성 샴푸제나 알칼리성 샴푸제 사용
③ 모발에 남아 있는 스타일링 제품 등을 제거
④ 방수막 형성

18 단백질을 원료로 만든 샴푸로 모발의 탄력과 강도를 높여주는 샴푸제는?

① 산성 샴푸(acid shampoo)
② 컨디셔닝 샴푸(conditioning shampoo)
③ 프로테인 샴푸(protein shampoo)
④ 드라이 샴푸(dry shampoo)

19 두피에 지방이 부족하여 건조한 경우에 하는 스캘프 트리트먼트는?

① 플레인 스캘프 트리트먼트
② 오일리 스캘프 트리트먼트
③ 드라이 스캘프 트리트먼트
④ 댄드러프 스캘프 트리트먼트

20 다음 중 산성 린스의 방법이 아닌 것은?

① 레몬 린스(lemon rinse)
② 비니거 린스(vinegar rinse)
③ 오일 린스(oil rinse)
④ 구연산 린스(citric acid rinse)

21 스캘프 트리트먼트의 목적이 아닌 것은?

① 원형 탈모증 치료
② 두피에 유분 및 수분 공급
③ 혈액순환 촉진
④ 비듬 방지

22 모발의 구조와 성질에 대한 설명으로 옳지 않은 것은?

① 두발은 주요 부분을 구성하고 있는 모표피, 모피질, 모수질 등으로 이루어졌으며, 주로 탄력성이 풍부한 단백질로 이루어져 있다.

② 케라틴은 다른 단백질에 비하여 유황의 함유량이 많은데, 황(S)은 시스틴에 함유되어 있다.

③ 시스틴 결합(-s-s)은 알칼리에는 강한 저항력을 갖고 있으나 물, 알코올, 약산성, 소금류에 대해서 약하다.

④ 케라틴의 폴리펩타이드는 쇠사슬 구조로서, 두발의 장축방향(長軸方向)으로 배열되어 있다.

23 스캘프 매니플레이션(두피관리)의 방법으로 옳지 않은 것은?

① 경찰법 – 압력을 주지 않으면서 원을 그리듯 가볍게 쓰다듬는 기법

② 유연법 – 손으로 근육을 쥐었다가 다시 가볍게 주무르는 기법

③ 강찰법 – 손가락과 손바닥에 압력을 가하여 문지르는 기법

④ 진동법 – 손을 이용하여 두드리는 기법

24 헤어커트에 대한 설명으로 옳은 것은?

① 웨트 커트 – 건조한 상태의 모발에 커트하는 방법

② 프레 커트 – 모발에 물을 뿌려 젖은 상태로 커트하는 방법

③ 애프터 커트 – 퍼머넌트 웨이브 시술 후에 하는 커트

④ 드라이 커트 – 퍼머넌트 웨이브 시술 전에 원하는 스타일에 가깝게 하는 커트

25 모발의 길이에는 변화를 주지 않고 숱을 감소시키는 데 사용하는 가위는?

① 직선날 가위

② 미니 가위

③ 곡선날 가위

④ 틴닝 가위

26 네이프에서 톱 부분으로 올라갈수록 모발의 길이가 점점 짧아지며 두피에서 90° 이상으로 커트하는 것은?

① 원랭스 커트

② 그래쥬에이션 커트

③ 레이어 커트

④ 스퀘어 커트

27 모발이 가늘고 양이 많지 않아 가라앉는 경우 모근의 볼륨감을 유지할 수 있도록 사용하는 헤어스타일링 제품은 무엇인가?

① 헤어 무스
② 헤어 젤
③ 왁스
④ 헤어 스프레이

28 파마의 제1액의 알칼리제가 웨이브 형성을 위해 모발을 팽윤 · 연화시켜 열리게 하는 부위는?

① 모수질(medulla)
② 모근(hair root)
③ 모피질(cortex)
④ 모표피(cuticle)

29 열펌에 대한 설명으로 잘못된 것은?

① 열기구를 이용해 모발에 열을 가하여 웨이브를 형성하는 방법이다.
② 디지털 기기를 사용한 디지털펌과 세팅펌의 롯드를 이용하여 모발에 웨이브를 형성할 수 있다.
③ 긴 모발의 웨이브 형성에는 세팅펌이 효과적이다.
④ 상온에서 염기성 파마액을 모발에 발라 스며들게 하고 웨이브를 형성한다.

30 다음 중 리세트인 것은 무엇인가?

① 콤 아웃   ② 헤어 파팅
③ 롤링   ④ 셰이핑

31 루프가 귓바퀴를 따라 말리고 두피에 90°로 세워져 있는 컬은 무엇인가?

① 리버스 스탠드 업 컬
② 포워드 스탠드 업 컬
③ 스컬프처 컬
④ 플랫 컬

32 두발을 롤러에 와인딩할 때 스트랜드를 베이스에 대하여 수직으로 잡아 올려서 와인딩하는 롤러 컬은?

① 롱 스템 롤러 컬
② 하프 스템 롤러 컬
③ 논 스템 롤러 컬
④ 쇼트 스템 롤러 컬

33 베이스(base)는 컬 스트랜드의 근원에 해당된다. 다음 중 오블롱(oblong) 베이스는 어느 것인가?

① 오형 베이스
② 정방형 베이스
③ 장방형 베이스
④ 아크 베이스

34 다음 중 색의 삼원색으로 묶인 것은?

① 마젠타, 노랑, 초록
② 백색, 회색, 흑색
③ 주황, 시안, 노랑
④ 마젠타, 노랑, 시안

35 탈색 시 주의사항으로 잘못된 것은?

① 제1액과 제2액 혼합 후 즉시 도포한다.
② 시술용 장갑을 꼭 착용한다.
③ 남은 탈색제는 재사용한다.
④ 두피 질환이 있는 경우 시술하지 않는다.

36 전체 길이가 25cm 미만인 모발을 두 번에 나누어 도포하는 것은 염색의 어떤 기법에 대한 설명인가?

① 원 터치 기법
② 투 터치 기법
③ 쓰리 터치 기법
④ 리터치 기법

37 영구적 염모제의 작용 원리에 대한 설명으로 옳지 않은 것은?

① 모발에 염모제를 도포하면 제1제의 알칼리 성분이 모표피를 팽윤시킨다.
② 팽윤된 모표피를 통과하여 모피질 속으로 들어간 염모제는 제2제인 과산화수소의 분해작용에 의해 멜라닌 색소가 파괴되면서 탈색이 일어난다.
③ 음이온을 지닌 산성염료가 양이온으로 대전된 모발에 흡착되어 이루어진다.
④ 과산화수소로부터 분리된 유리산소는 모피질에 침투되어 있는 무색의 색소와 산화 중합반응을 하여 유색의 큰 입자를 형성하며 영구적으로 착색된다.

38 업스타일 핀의 종류와 특징으로 알맞게 연결된 것은?

① 핀셋 – 리지 간격을 고려하여 집게로 집듯 사용
② 핀컬 핀 – 부분적으로 임시 고정할 때 사용
③ 웨이브 클립 – 블로킹을 하거나 형태를 임시로 고정할 때 사용
④ U핀 – 일반적으로 가장 많이 사용하는 핀으로 벌어진 핀은 사용하지 않음

39 붙임머리 관리에 대한 설명으로 적절하지 않은 것은?

① 두피 상태에 따라 샴푸의 횟수 조절한다.
② 샴푸 전에는 항상 모발이 엉키지 않도록 충분히 빗질한다.
③ 미지근한 물로 가볍게 마사지하듯이 샴푸하고 붙임머리 피스 부분에는 컨디셔너 또는 트리트먼트 제품을 사용한다.
④ 두피보다 모발을 중심으로 건조하고, 모발 부분은 따뜻한 바람으로 건조한다.

40 헤어 익스텐션 방법 중 특수머리의 종류별 특징으로 옳은 것은?

① 트위스트 – 세 가닥 땋기를 기본으로 하여 모발을 교차하거나 가늘고 길게 여러 가닥으로 늘어뜨려 연출하는 헤어 스타일
② 콘로 – 밧줄 모양과 같이 모발의 꼬인 형태를 말하며, 본 머리 또는 헤어피스를 연결하여 연출하는 스타일
③ 브레이즈 – 세 가닥 땋기 기법을 두피에 말착하여 표현하는 스타일로, 안으로 집어 땋기보다 바깥으로 거꾸로 땋아서 입체감 표현
④ 드레드 – 곱슬머리에 가모를 이용하여 여러 갈래로 땋거나 뭉쳐 만든 스타일

41 다음 중 공중보건학의 목적으로 거리가 가장 먼 것은?

① 질병 치료
② 수명 연장
③ 신체적, 정신적 건강증진
④ 질병 예방

42 출생률이 사망률보다 낮은 형태로 14세 이하 인구가 65세 이상 인구의 2배 이하인 인구 구성의 유형은?

① 별형(star form)
② 항아리형(pot form)
③ 농촌형(guitar form)
④ 종형(bell form)

43 연간 전체 사망자 수에 대한 50세 이상의 사망자 수를 나타낸 구성 비율은?

① 평균수명　　② 조사망률
③ 영아사망률　④ 비례사망지수

44 다음 중 모시조개, 굴에 함유된 독소는?

① 솔라닌　　　② 에르고톡신
③ 베네루핀　　④ 무스카린

45 이·미용업소의 쾌적한 실내 환경으로 가장 알맞은 것은?

① 기온 $16\pm2℃$, 습도 20~40%
② 기온 $16\pm2℃$, 습도 70~90%
③ 기온 $18\pm2℃$, 습도 40~70%
④ 기온 $18\pm2℃$, 습도 70~90%

46 다음 중 수인성으로 전염되는 질병으로만 나열된 것은?

① 장티푸스 – 파라티푸스 – 간흡충증 – 세균성 이질
② 콜레라 – 파라티푸스 – 세균성 이질 – 폐흡충증
③ 장티푸스 – 파라티푸스 – 콜레라 – 세균성 이질
④ 장티푸스 – 파라티푸스 – 콜레라 – 간흡충증

47 간흡충(간디스토마)의 제1중간숙주는?

① 다슬기　　　② 우렁이
③ 게　　　　　④ 가재

48 출생 후 1개월 이내 아기에게 1차 접종을 실시하는 예방접종은?

① 결핵　　　　② 폴리오
③ 홍역　　　　④ 일본뇌염

49 보건행정의 분류 중 산업보건행정과 관련이 없는 것은?

① 근로자복지시설 관리 및 안전교육
② 산업재해 예방
③ 산업체 근로자 대상
④ 학교보건사업

50 다음 중 습열멸균법이 아닌 것은?

① 소각법
② 자비소독법
③ 고압증기멸균법
④ 저온살균법

51 다음 중 산업종사자와 직업병의 연결이 틀린 것은?

① 광부 – 진폐증
② 인쇄공 – 납 중독
③ 용접공 – 규폐증
④ 항공정비사 – 난청

52 소독약품과 적정 사용 농도의 연결로 적절하지 않은 것은?

① 승홍수 – 1%
② 알코올 – 70%
③ 석탄산 – 3%
④ 크레졸 – 3%

53 소독력의 세기로 옳은 것은?

① 멸균 > 소독 > 살균 > 청결 > 방부
② 멸균 > 살균 > 소독 > 방부 > 청결
③ 살균 > 멸균 > 소독 > 방부 > 청결
④ 소독 > 살균 > 멸균 > 청결 > 방부

54 에틸렌옥사이드(ethylene oxide) 가스멸균법에 대한 설명 중 틀린 것은?

① 고압증기멸균법에 비해 장기 보존이 가능하다.
② 50~60℃의 저온에서 멸균된다.
③ 고압증기멸균법에 비해 저렴하다.
④ 가열에 변질되기 쉬운 것들이 멸균 대상이 된다.

55 다음 중 세균의 형태가 길고 가는 막대 모양인 것은?

① 구균　　　　② 간균
③ 구간균　　　④ 나선균

56 공중위생관리법에 따른 소독기준 및 방법에 대한 설명으로 잘못된 것은?

① 크레졸 소독 – 크레졸 3%, 물 97%의 수용액에 10분 이상 담가 둔다.
② 석탄산수 소독 – 석탄산 3%, 물 97%의 수용액에 10분 이상 담가 둔다.
③ 에탄올 소독 – 에탄올이 70%인 수용액에 10분 이상 담가 두거나 에탄올 수용액을 머금은 면 또는 거즈로 기구의 표면을 닦아 준다.
④ 건열멸균 소독 – 100℃ 이상의 습한 열에 20분 이상 쐬어 준다.

57 공중위생관리법상 미용업자의 변경신고 대상이 아닌 것은?

① 영업소의 명칭 또는 상호
② 영업소의 건물주 변경
③ 신고한 영업장 면적의 1/3 이상의 증감
④ 대표자의 성명 또는 생년월일

58 다음 중 면허취소 사유가 아닌 것은?

① 이중으로 면허를 취득한 때(나중에 발급받은 면허를 말함)
② 피성년후견인일 때
③ 최종지급요금표를 게시하지 않았을 때
④ 면허정지처분을 받고도 그 정지기간 중에 업무를 한 때

59 위생서비스 평가계획에 따라 관할지역별 세부평가계획을 수립한 후 공중위생영업소의 위생서비스수준을 평가하여야 하는 자는?

① 시·도지사
② 시장·군수·구청장
③ 보건복지부장관
④ 관련 전문기관 및 단체장

60 공중위생관리법의 목적으로 규정되어 있지 않은 것은?

① 위생수준 향상
② 국민서비스 질 향상
③ 국민의 건강증진
④ 영업의 위생관리

01 전체적인 머리 모양을 종합적으로 관찰하여 수정·보완시켜 완전히 끝맺도록 하는 것은?

① 통칙　　　　② 제작
③ 보정　　　　④ 구상

02 그리스·로마시대의 미용으로 옳지 않은 것은?

① 그리스시대는 전문 결발사가 생기면서 이용원이 처음 생겨났다.
② 그리스시대는 모발을 자연스럽게 묶은 고전적인 스타일을 하였다.
③ 로마시대는 웨이브나 컬을 내는 손질 방법이 발달하여 탈색과 염색을 같이 하였다.
④ 로마시대는 키프로스풍의 모발형이 유행하였다.

03 우리나라에서 현대 미용의 시초라고 볼 수 있는 시기는?

① 조선 중엽
② 한일합방 이후
③ 해방 이후
④ 6·25전쟁 이후

04 다음 수용성 비타민의 명칭으로 옳지 않은 것은 무엇인가?

① 비타민 B_1 – 티아민
② 비타민 B_2 – 토코페롤
③ 비타민 B_6 – 피리독신
④ 비타민 B_{12} – 코발라민

05 진피의 4/5를 차지할 정도로 가장 두꺼운 부분이며, 옆으로 길고 섬세한 섬유가 그물 모양으로 구성되어 있는 층은?

① 망상층　　　　② 유두층
③ 유두하층　　　　④ 과립층

06 다음 중 3도 화상에 속하는 것은?

① 햇볕에 탄 피부
② 진피 전 층과 피하조직까지 손상되어 체액 손상 및 감염이 발생
③ 피부의 가장 겉 부분인 표피만 손상
④ 화상 물집을 생성시키며 피하조직의 부종과 심한 통증

07 백반증에 관한 내용 중 틀린 것은?

① 멜라닌 세포의 과다한 증식으로 일어난다.
② 백색 반점이 피부에 나타난다.
③ 후천적 탈색소 질환이다.
④ 원형, 타원형 또는 부정형의 흰색 반점이 나타난다.

08 다음 중 보디용 화장품이 아닌 것은?

① 샤워젤
② 배스 오일
③ 오드 코롱
④ 데오도란트

09 다음 중 파운데이션의 일반적인 기능과 가장 거리가 먼 것은?

① 피부색을 기호에 맞게 바꾼다.
② 피부의 기미, 주근깨 등 결점을 커버한다.
③ 자외선으로부터 피부를 보호한다.
④ 피지를 억제하고 화장을 지속시켜 준다.

10 다음 중 자외선 차단제의 설명으로 옳은 것만을 모두 짝지은 것은?

ㄱ. 자외선 차단제에는 물리적 차단제와 화학적 차단제가 있다.
ㄴ. 물리적 차단제에는 벤조페논, 옥시벤존, 옥틸다이메틸파바 등이 있다.
ㄷ. 화학적 차단제는 피부에 유해한 자외선을 흡수하여 피부 침투를 차단하는 방법이다.
ㄹ. 물리적 차단제는 자외선이 피부에 흡수되지 못하도록 피부 표면에서 빛을 반사 또는 산란시키는 방법이다.

① ㄱ, ㄴ, ㄷ   ② ㄱ, ㄴ, ㄹ
③ ㄱ, ㄷ, ㄹ   ④ ㄴ, ㄷ, ㄹ

11 미용사의 위생관리 중 구취관리에 대한 설명으로 잘못된 것은?

① 고객과 가까운 거리에서 직무를 수행하므로 구취관리에 각별히 신경 쓴다.
② 양치질 시 잇몸과 혓바닥까지 깨끗이 신경 쓴다.
③ 1년에 1~2회의 정기적인 스케일링(치석 제거)을 받는다.
④ 평상시 하루에 한 번 꼼꼼한 양치질을 통해 구취를 예방한다.

12 헤어세트용 빗의 사용과 취급방법으로 옳지 않은 것은?

① 두발의 흐름을 아름답게 매만질 때는 빗살이 고운 살로 된 세트빗을 사용한다.
② 엉킨 두발을 빗을 때는 빗살이 얼레살로 된 얼레빗을 사용한다.
③ 빗은 사용 후 브러시로 털거나 비눗물에 담가 브러시로 닦은 후 소독하도록 한다.
④ 빗의 소독은 손님 약 5인에게 사용했을 때 1회씩 하는 것이 적합하다.

13 고객관리를 위해 개인정보를 수집·이용할 경우 고객에게 공지해야 하는 것이 아닌 것은?

① 개인정보의 수집·이용 목적
② 수집하려는 개인정보의 항목
③ 개인정보의 보유 및 이용 기간
④ 동의를 거부할 권리가 없다는 사실 및 동의 거부에 따른 불이익의 내용

14 다음 샴푸 시술 시의 주의사항으로 틀린 것은?

① 손님의 의상이 젖지 않게 신경을 쓴다.
② 두발을 적시기 전에 물의 온도를 체크한다.
③ 손톱으로 두피를 문지르며 비빈다.
④ 다른 손님에게 사용한 타월은 쓰지 않는다.

15 다음 중 웨트 샴푸가 아닌 것은?

① 플레인 샴푸
② 핫 오일 샴푸
③ 리퀴드 드라이 샴푸
④ 스페셜 샴푸

16 헤어 트리트먼트의 목적으로 적절하지 않은 것은?

① 염색이나 파마 등으로 손상된 모발에 수분 및 영양을 공급한다.
② 퍼머넌트 웨이브, 염색 등 화학적 시술 전과 후에 손상을 방지하기 위해 사용한다.
③ 모발과 두피의 때, 먼지, 비듬, 이물질을 제거하여 청결함과 상쾌함을 유지한다.
④ 건조한 모발에 윤기를 주어 정전기와 엉킴을 방지한다.

17 신징(singeing)의 목적에 해당하지 않는 것은?

① 불필요한 두발을 제거하고 건강한 두발의 순조로운 발육을 조장한다.
② 잘렸거나 갈라진 두발로부터 영양물질이 흘러나오는 것을 막는다.
③ 양이 많은 두발에 숱을 쳐내는 것이다.
④ 온열자극에 의해 두부의 혈액순환을 촉진시킨다.

18 린스의 종류 중 파마 시술 전에는 사용을 피해야 하며 알칼리 성분을 중화시키며 금속성 피막 제거에 효과적인 것은?

① 산성 린스   ② 플레인 린스
③ 약용 린스   ④ 유성 린스

19 두피의 기능에 대한 설명으로 옳지 않은 것은?

① 자외선으로부터 피부를 보호
② 산소를 흡수하고 신진대사 후 방출
③ 자외선을 받아 비타민 D가 생성되어 치아와 뼈 형성
④ 수은·납 등의 중금속, 노폐물 등을 모발을 통해 배출

20 두피 유형에 따른 스캘프 트리트먼트가 알맞은 것은?

① 정상 두피 – 오일리 스캘프 트리트먼트
② 건성 두피 – 드라이 스캘프 트리트먼트
③ 비듬성 두피 – 플레인 스캘프 트리트먼트
④ 지성 두피 – 댄드러프 스캘프 트리트먼트

21 탈모에 대한 설명으로 옳지 않은 것은?

① 남성형 탈모는 남성호르몬인 안드로겐의 과잉 분비가 원인이다.

② 내부적 원인은 유전, 호르몬, 스트레스, 영양장애, 노화, 질병 등이 있다.

③ 여성형 탈모는 여성호르몬인 테스토스테론의 수치가 감소하여 호르몬의 균형이 무너지면서 발생한다.

④ 외부적 원인은 물리적·화학적 자극, 계절적 요인, 샴푸 미숙 등이 있다.

22 건성 두피의 홈케어에 대한 설명으로 옳은 것은?

① 식물성 샴푸(음이온 계면활성제)를 사용하여 세정력을 높이고 피지 분비를 조절한다.

② 베이비 샴푸, 오일 샴푸(양쪽 이온성 계면활성제)를 사용하여 자극을 최소화한다.

③ 유연작용 샴푸, 건조 방지용 샴푸를 사용한다.

④ 살균제인 징크피리티온이 함유되어 있는 항비듬성 샴푸를 사용한다.

23 레이어 커트의 시술 각도로 옳은 것은?

① 45° 이상   ② 60° 이상
③ 90° 이상   ④ 120° 이상

24 애프터 커트에 해당되는 것은?

① 모발에 물을 뿌려 젖은 상태로 커트하는 방법

② 건조한 상태의 모발에 커트하는 방법

③ 퍼머넌트 웨이브 시술 전에 원하는 스타일에 가깝게 하는 커트

④ 퍼머넌트 웨이브 시술 후의 커트

25 다음과 같은 아웃라인의 원랜스(one length) 커트형은 무엇인가?

① 평행 보브형(parallel bob style)
② 이사도라형(isadora style)
③ 스파니엘형(spaniel style)
④ 레이어형(layer style)

26 다음 명칭 중 가위에 속하는 것은?

① 핸들　　② 피벗
③ 프롱　　④ 그루브

27 다음 빈칸에 공통으로 들어갈 내용으로 알맞은 것은?

> 스파니엘 보브형(spaniel bob style) 헤어커트는 (　)의 섹션라인을 사용한 커트로 네이프에서 시작된 커트 선이 앞쪽으로 갈수록 길어져 전체적인 커트 아웃라인이 (　)을 이루는 커트 스타일이다.

① A라인　　② U라인
③ V라인　　④ 평행라인

28 쇼트 커트방법 중 싱글링 헤어커트에 대한 설명으로 잘못된 것은?

① 쇼트 헤어커트의 한 방법으로 네이프와 사이드 부분의 모발을 짧게 커트하는 방법이다.
② 커트를 할 때 손으로 모발을 잡고 가위를 이용해 아래 모발을 짧게 자르고 위쪽으로 올라갈수록 길어지게 커트한다.
③ 빗으로 커트할 모발의 방향성을 잡아주고 빗으로 들어 올린 모발을 가위의 정인은 빗 위에 고정하고 동인만 개폐시켜 커트하는 기법이다.
④ 시저 오버 콤(scissor over comb)이라고도 한다.

29 쇼트 커트의 수정 · 보완에 대한 설명으로 잘못된 것은?

① 페이스 브러시나 스펀지를 이용해 얼굴이나 목 주변에 있는 잔여 머리카락을 제거해 준다.

② 드라이 커트(dry cut)는 커트의 특성을 잘 드러나게 해 주는 마지막 단계로, 질감 처리와 커트 선의 가장자리 처리를 모발이 마른 상태에서 작업해 나간다.

③ 고객의 만족도를 파악하여 필요한 경우 보정 커트와 드라이 커트를 수행한다.

④ 아웃라인 정리(outlining)는 모발에 볼륨을 주어 율동감이 생긴다.

30 다음에서 설명하는 베이직 헤어펌에 필요한 도구로 알맞은 것은?

> 와인딩된 롯드 하나하나에 열이 전도되어 퍼머넌트 웨이브제의 화학작용을 활성화하는 역할을 한다.

① 비닐캡

② 열기구(가온기)

③ 헤어 미스트기

④ 이동식 작업대

31 헤어펌제 중 환원제에 대한 설명으로 옳은 것은?

① 환원제는 2제이다.

② 티오글리콜산이나 시스테인이 주성분으로 사용된다.

③ 보조 성분으로 정제수, pH 조절제, 컨디셔닝제, 금속 이온 봉쇄제, 점성제, 향료, 보존제 등이 있다.

④ 환원된 모발의 변형된 구조를 재결합시키는 작용을 하여 형성된 웨이브를 고정하는 역할을 한다.

32 퍼머넌트 웨이브 시술 시 산화제의 역할이 아닌 것은?

① 퍼머넌트 웨이브의 작용을 계속 진행시킨다.

② 제1액의 작용을 멈추게 한다.

③ 시스틴 결합을 재결합시킨다.

④ 제1액이 작용한 형태의 컬로 고정시킨다.

33 1875년 프랑스의 마샬 그라또에 의해 창안되었으며 열을 이용하여 일시적으로 웨이브를 형성하는 기구는?

① 레이저 　　② 아이론
③ 클리퍼 　　④ 헤어 스티머

35 다음 중 스탠드 업 컬에 있어 루프가 귓바퀴 반대 방향으로 말린 컬은?

① 플랫 컬
② 포워드 스탠드 업 컬
③ 리버스 스탠드 업 컬
④ 스컬프처 컬

34 매직 스트레이트펌 과정에서 손상모 연화에 대한 설명으로 옳은 것은?

① 섹션 전체에 원 터치 방법으로 헤어펌 1제를 도포한다.
② 모발 손상도와 상관없이 비닐캡을 씌우거나 랩으로 감싼 후 가온기기를 사용해 열처리한다.
③ 새로 나온 모발 부분에 먼저 1제를 도포한다.
④ 블록을 크게 나누고 프런트 부분부터 두피에 닿지 않게 헤어펌 1제를 도포한다.

36 브러시의 종류에 따른 사용 목적이 틀린 것은?

① 덴맨 브러시는 열에 강하여 모발에 텐션과 볼륨감을 주는 데 사용한다.
② 롤 브러시는 롤의 크기가 다양하고 웨이브를 만들기에 적합하다.
③ 스켈톤 브러시는 여성 헤어스타일이나 긴 머리 헤어스타일 정돈에 주로 사용된다.
④ S 브러시는 바람머리 같은 방향성을 살린 헤어스타일 정돈에 적합하다.

37 헤어스타일의 다양한 변화를 위해 사용되는 헤어피스가 아닌 것은?

① 폴(fall)
② 위글렛(wiglet)
③ 스위치(switch)
④ 위그(wig)

38 모발의 결합 중 블로 드라이는 어떤 결합을 이용한 것인가?

① 폴리펩타이드 결합
② 염 결합
③ 시스틴 결합
④ 수소 결합

39 다음 중 일시적 염모제에 대한 설명으로 잘못된 것은?

① 모표피에 색을 흡착시켜 샴푸 1회로 색을 쉽게 지울 수 있는 염모제로, 모발 손상이 없다.
② 다양하게 컬러 변화를 줄 수 있으며 모발을 밝게 할 수 있다.
③ 종류로 컬러 스프레이, 컬러 크레용, 컬러 샴푸 등이 있다.
④ 색소 분자가 커서 모발 내부에는 침투하지 못하고 색소가 모표피 사이사이에 일시적으로 붙어 있게 된다.

40 기염부와 신생모를 연결할 때 사용하는 염색 기법은 무엇인가?

① 원 터치 기법
② 투 터치 기법
③ 쓰리 터치 기법
④ 리터치 기법

41 원하는 색상이 모발에 발색되는지를 확인해 보기 위해 염색 전 안쪽 스트랜드에 미리 염색약을 도포해 테스트하는 방법은?

① 스트랜드 테스트
② 테스트 컬러
③ 다이 터치 업
④ 패치 테스트

42 업스타일 디자인 3대 요소가 아닌 것은?

① 형태
② 질감
③ 균형
④ 색상

43 백콤의 목적이 아닌 것은?

① 방향 부여
② 볼륨 형성
③ 지지대 역할
④ 갈라짐 방지

44 두상 전체에 쓰는 가발로 두상의 90% 이상을 감싸는 것은?

① 웨프트(weft)
② 위글렛(wiglet)
③ 위그(wig)
④ 폴(fall)

45 특수머리 중 세 가닥 땋기를 기본으로 하여 모발을 교차하거나 가늘고 길게 여러 가닥으로 늘어뜨려 연출하는 헤어스타일 방법은 무엇인가?

① 트위스트
② 콘로
③ 브레이즈
④ 드레드

46 대기오염을 일으키는 원인으로 거리가 가장 먼 것은?

① 도시의 인구 감소
② 교통량의 증가
③ 기계문명의 발달
④ 중화학공업의 난립

47 감염병예방법상 제3급에 해당하는 법정 감염병은?

① 페스트
② 발진티푸스
③ 인플루엔자
④ 장티푸스

48 다음 질병 예방단계에서 1차적 예방이 아닌 것은?

① 생활환경 개선
② 건강증진 활동
③ 조기치료
④ 예방접종

49 다음 중 일산화탄소가 인체에 미치는 영향이 아닌 것은?

① 신경기능 장애를 일으킨다.
② 세포 내에서 산소와 헤모글로빈의 결합을 방해한다.
③ 혈액 속에 기포를 형성한다.
④ 세포 및 각 조직에서 O_2 부족현상을 일으킨다.

50 수인성 감염병이 아닌 것은?

① 콜레라
② 이질
③ 디프테리아
④ 장티푸스

51 계면활성제 중 가장 세정력이 약한 것은?

① 양이온성
② 음이온성
③ 비이온성
④ 양쪽이온성

52 다음 중 산소가 있어야만 살 수 있는 균은?

① 혐기성 세균
② 단모균
③ 양모균
④ 호기성 세균

53 소독약을 사용하여 균 자체에 화학반응을 일으켜 세균의 생활력을 빼앗아 살균하는 것은?

① 물리적 소독법
② 건열멸균법
③ 여과멸균법
④ 화학적 소독법

54 물리적 소독방법에 대한 설명으로 잘못된 것은?

① 자외선살균법 – 200~290nm의 파장 범위의 자외선 조사
② 일광소독법 – 태양광선 중 적외선을 이용해 살균
③ 초음파멸균법 – 8,800Hz의 음파, 20,000Hz 이상의 진동으로 살균
④ 방사선살균법 – 감마선을 이용해 살균, 플라스틱·알루미늄까지 투과

55 다음 중 유리제품의 소독방법으로 가장 알맞은 것은?

① 저온살균법으로 소독한다.
② 건열멸균기에 넣고 소독한다.
③ 끓는 물에 넣고 5분간 가열한다.
④ 찬물에 넣고 75℃까지만 가열한다.

56 고온, 동결, 건조, 약품 등 물리적·화학적 조건에 대해서도 저항력이 매우 강하여 불리한 환경 속에서 생존하기 위하여 세균이 생성하는 것은?

① 세포벽   ② 협막
③ 아포   ④ 점질층

57 다음 중 이·미용사의 면허증을 재발급받을 수 있는 자는?

① 면허증의 기재사항에 변경이 있는 자
② 공중위생관리법의 규정에 의한 명령을 위반한 자
③ 피성년후견인
④ 면허증을 다른 사람에게 대여한 자

58 이·미용업 영업자가 지켜야 하는 사항으로 옳은 것은?

① 부작용이 없는 의약품을 사용하여 순수한 화장과 피부미용을 하여야 한다.
② 이·미용기구는 소독하여야 하며 소독하지 않은 기구와 함께 보관하는 때에는 반드시 소독한 기구라고 표시하여야 한다.
③ 1회용 면도날은 사용 후 정해진 소독기준과 방법에 따라 소독하여 재사용하여야 한다.
④ 이·미용업 개설자의 면허증 원본을 영업소 안에 게시하여야 한다.

60 공중위생관리법상 위생교육에 대한 설명으로 옳은 것은?

① 이·미용업 영업자는 위생교육 대상자이다.
② 이·미용사는 위생교육 대상자이다.
③ 위생교육 시간은 매년 8시간이다.
④ 위생교육은 공중위생관리법 위반자에 한하여 받는다.

59 공중위생영업자가 영업소 폐쇄명령을 받고도 계속하여 영업을 하는 때에 조치사항으로 옳은 것은?

① 해당 영업소의 출입자 통제
② 해당 영업소가 위법한 영업소임을 알리는 게시물 등의 부착
③ 해당 영업소의 강제 폐쇄 집행
④ 해당 영업소의 출입금지구역 설정

01 조선시대에 사람의 머리카락으로 만든 가체를 얹은 머리형은 무엇인가?

① 큰머리
② 쪽진머리
③ 귀밑머리
④ 조짐머리

02 미용 역사의 시대 순서 중 가장 나중에 일어난 것은?

① 마샬 웨이브
② 콜드 웨이브 퍼머넌트
③ 크로키놀식 히트 퍼머넌트
④ 스파이럴식 퍼머넌트

03 고려시대 미용에 대한 설명으로 옳지 않은 것은?

① 면약(안면용 화장품)의 사용과 모발 염색이 행해졌다.
② 기생 중심의 짙은 화장인 분대화장을 하였다.
③ 미혼 남성은 검은 끈으로 머리를 묶었으며 일부 남성은 개체변발을 하였다.
④ 귀천의 차이 없이 치장을 자유롭게 하였다.

04 피부의 생리작용 중 지각작용은?

① 피부 표면에 수증기가 발산한다.
② 피부에 있는 땀샘, 피지선 모근은 피부 생리작용을 한다.
③ 피부 전체에 퍼져 있는 신경에 의해 촉각, 온각, 냉각, 통각 등을 느낀다.
④ 피부의 생리작용에 의해 생긴 노폐물을 운반한다.

05 피부의 피하지방층에 대한 설명으로 잘못된 것은?

① 진피에서 내려온 섬유가 결합된 조직이다.
② 몸을 따뜻하게 하고 수분을 조절하는 기능을 한다.
③ 수분과 영양소를 저장하여 외부의 충격으로부터 몸을 보호하는 기능을 한다.
④ 피부의 상처 치유에 도움을 준다.

06 자외선의 부정적 영향이 아닌 것은?

① 비타민 D 합성
② 노화
③ 홍반
④ 색소침착

07 여드름 발생의 주요 원인이 아닌 것은?

① 에크린한선의 분비 증가
② 모공 내 이상각화 현상
③ 여드름균의 군락 형성
④ 혐기성 박테리아로 인한 염증 반응

08 민감성 피부의 특징으로 옳은 것은?

① 모공이 넓고 피지가 과다 분비되어 항상 번들거린다.
② 각질층이 두껍고 피부가 거칠다.
③ 화장품이나 약품 등의 자극에 피부 부작용을 일으키기 쉽다.
④ 피지 분비가 많아서 면포나 여드름이 생기기 쉽다.

09 표피에 대한 설명으로 옳지 않은 것은?

① 피부의 가장 외부층이다.
② 표피의 가장 바깥층은 각질층이다.
③ 자외선, 세균, 먼지, 유해물질 등으로부터 피부를 보호한다.
④ 피부의 탄력과 긴장을 유지한다.

10 다음 중 원발진에 해당하는 것은?

① 홍반
② 미란
③ 가피
④ 반흔

11 다음 중 멜라닌 생성 저하 물질인 것은?

① 비타민 C
② 콜라겐
③ 타이로시나제
④ 엘라스틴

12 다음 기초 화장품 중 피부정돈 시 사용되는 것은?

① 화장수
② 로션
③ 에센스
④ 딥클렌징 제품

13 모발 화장품 중 양모제로 분류되는 것은 무엇인가?

① 샴푸
② 헤어 트리트먼트
③ 헤어 블리치
④ 헤어 토닉

14 다량의 유성 성분을 물에 일정 기간 동안 안정한 상태로 균일하게 혼합시키는 화장품 제조기술은 무엇인가?

① 유화   ② 경화
③ 분산   ④ 가용화

15 미용업소에서 적절한 환기 간격은?

① 30분에 한 번씩
② 1~2시간에 한 번씩
③ 3~4시간에 한 번씩
④ 5~6시간에 한 번씩

16 크레졸로 미용사의 손 소독을 할 때 가장 적합한 농도는?

① 1%   ② 3%
③ 5%   ④ 7%

17 다음 중 비듬 제거 샴푸로서 가장 적당한 것은?

① 핫 오일 샴푸
② 드라이 샴푸
③ 댄드러프 샴푸
④ 플레인 샴푸

18 샴푸제의 선택 시 고려사항이 아닌 것은?

① 거품이 풍부하여 샴푸 시 모발의 엉킴을 예방하는 샴푸제
② 헤어컬러나 파마 등의 화학 서비스를 시술하는 데 지장이 없는 샴푸제
③ 손상모에 단백질을 제공하고 모발이 손상되는 것을 방지하는 샴푸제
④ 두피와 모발의 피지를 적절하게 제거하는 샴푸제

19 다공성모가 사용해야 샴푸제는?

① 프로테인 샴푸
② 산성 샴푸
③ 논 스트리핑 샴푸
④ 댄드러프 샴푸

20 파마, 염색, 탈색 등으로 건조해진 모발에 유분을 공급하는 린스는?

① 플레인 린스
② 유성 린스
③ 산성 린스
④ 약용 린스

21 피부 자극이 가장 적고, 화장품에 널리 사용되는 계면활성제는?

① 양이온성 계면활성제
② 음이온성 계면활성제
③ 양쪽성 계면활성제
④ 비이온성 계면활성제

22 모발에 대한 설명으로 옳지 않은 것은?

① 모발은 사람 몸에 난 털의 총칭이다.
② 하루 평균 0.2~0.5mm 성장한다.
③ 모발의 80~90%는 케라틴 단백질로 구성되어 있다.
④ 자연탈락 모발은 하루에 100~150개 전후이다.

23 두피의 감각세포 중 가장 많이 차지하고 있는 것은?

① 통각　　　② 촉각

③ 냉각　　　④ 압각

24 두피관리 방법 중 물리적인 방법인 것은?

① 양모제

② 헤어 토닉

③ 헤어 스티머

④ 스캘프 트리트먼트제

25 동전 크기로 탈모가 진행되는 상태로 스트레스, 면역력 저하 등이 원인인 두피의 질환은?

① 원형 탈모

② 산후 탈모

③ 지루성 피부염

④ 두부백선

26 클럽 커팅(club cutting)기법에 해당되는 것은?

① 스트로크 커트(stroke cut)

② 틴닝(thinning)

③ 스퀘어 커트(square cut)

④ 테이퍼링(tapering)

27 두발을 윤곽 있게 살려 목덜미(nape)에서 정수리(back) 쪽으로 올라가면서 두발에 단차를 주어 커트하는 것은?

① 원랭스 커트

② 쇼트 헤어커트

③ 그러데이션 커트

④ 스퀘어 커트

28 커트 마지막 단계에서 균형과 정확성을 주는 것으로, 커트 섹션의 반대 위치에서 행해지는 것은?

① 보정 커트

② 드라이 커트(dry cut)

③ 아웃라인 정리(outlining)

④ 질감 처리(texturizing)

29 콜드 퍼머넌트 웨이빙(cold permanent waving) 시 비닐캡을 씌우는 목적 및 이유에 해당되지 않는 것은?

① 라놀린(lanolin)의 약효를 높여주므로 제1액의 피부염 유발을 줄인다.
② 체온이 흩어지는 것을 막아 솔루션의 작용을 촉진한다.
③ 퍼머넌트액의 작용이 두발 전체에 골고루 진행되도록 돕는다.
④ 휘발성 알칼리(암모니아 가스)가 증발하는 것을 방지한다.

30 크로키놀식 와인딩에 대한 설명으로 옳지 않은 것은?

① 모발 끝에서 모근 쪽을 향해 와인딩하는 방법이다.
② 1925년 독일의 조셉 메이어에 의해 창안되었다.
③ 롯드의 회전수대로 겹쳐진 모발의 두께만큼 웨이브의 형태가 커지는 특징이 있다.
④ '소용돌이, 나선'이라는 뜻이며 세로 섹션, 사선 섹션으로 와인딩한다.

31 퍼머넌트 웨이브의 와인딩 시 롯드 크기의 사용 기준으로 가장 옳은 것은?

① 네이프에는 소형의 롯드를 사용한다.
② 모발이 두꺼운 경우는 직경이 큰 롯드를 사용한다.
③ 크라운 앞부분에는 중형 롯드를 사용한다.
④ 크라운 뒷부분에서 네이프 앞쪽까지는 대형 롯드를 사용한다.

32 콜드 퍼머넌트 웨이빙(cold permanent waving) 시 일반적 프로로세싱 타임은?

① 5~10분   ② 10~15분
③ 20~25분   ④ 30~35분

33 매직 스트레이트 헤어펌 시 프레스 작업에 대한 설명으로 잘못된 것은?

① 매직기(아이론)의 온도는 건강 모발 180~200℃, 손상 모발 160~180℃이다.
② 두상을 크게 블로킹 4~5등분한다.
③ 섹션 두께는 1~1.5cm, 폭은 5~7cm 정도로 한다.
④ 열판에 의한 눌림(찍힘) 자국이 생기지 않도록 한다.

34 컬이 오래 지속되며 움직임을 가장 적게 해 주는 것은?

① 논 스템(non stem)
② 하프 스템(half stem)
③ 풀 스템(full stem)
④ 컬 스템(curl stem)

35 이어 포인트에서 톱 포인트를 지나 반대편 이어 포인트로 나눈 가르마는?

① 센터 파트
② 사이드 파트
③ 이어 투 이어 파트
④ 크라운 투 이어 파트

36 다음 헤어 셰이핑에 대한 설명으로 옳지 않은 것은?

① '모발의 결(흐름)을 갖추다' 또는 '모양을 만들다'라는 의미이다.
② 헤어커트와 헤어세팅(빗질)의 두 가지 의미가 있다.
③ 헤어 셰이핑 시 빗질 방향은 웨이브의 흐름을 결정한다.
④ 다운 셰이핑은 모발을 위로 빗질하여 올려 빗는 것이다.

37 블로 드라이 시 베이스의 너비로 가장 알맞은 것은?

① 롤 브러시의 너비 50%가량
② 롤 브러시의 너비 60%가량
③ 롤 브러시의 너비 70%가량
④ 롤 브러시의 너비 80%가량

38 반영구 염모제의 설명으로 옳은 것은?

① 반영구 염모제는 이온 결합에 의해 염색이 이루어진다.
② 6주 이상 유지되는 염모제이다.
③ 모발을 밝게 할 수 있다.
④ 모표피부터 모피질까지 색을 흡착시킨다.

39 탈색제의 종류 중 탈색을 빠르고 가장 밝게 할 수 있는 것은?

① 분말(파우더) 타입
② 크림 타입
③ 오일 타입
④ 액상 타입

40 영구 염모제 중 유기합성 염모제에 대한 설명으로 옳은 것은?

① 식물의 뿌리, 꽃잎, 줄기를 이용한다.
② 염색 시간이 길고 색상이 한정적이다.
③ 염색 후 생긴 금속피막과 독성은 파마를 했을 때 모발 손상이 크다.
④ 탈색과 발색이 같이 이루어지고 알레르기 반응을 일으킬 수 있다.

41 다음과 같은 모발 상태일 때 사용하는 염색기법은?

- 전체 길이가 25cm 이상인 모발을 균일한 색상으로 밝게 염색할 때
- 손상모일 때
- 모발 끝부분이 색소의 과잉 침투로 인해 균일한 컬러 결과를 얻기 어려울 때

① 다이 터치 업
② 원 터치 기법
③ 투 터치 기법
④ 쓰리 터치 기법

42 손상모 염색 및 백모 커버에 많이 사용하고 착색만 원할 때 사용하는 과산화수소 농도는?

① 3% ② 6%
③ 9% ④ 12%

43 헤어 세트롤러의 종류 중 반드시 마른 모발에 사용하며 비교적 짧은 시간에 웨이브를 연출할 수 있는 것은 무엇인가?

① 스파이럴형 세트롤러
② 원추형 세트롤러
③ 전기 세트롤러
④ 벨크로 세트롤러

44 웨이브 클립의 특징으로 알맞은 것은?

① 리지 간격을 고려하여 집게로 집듯 사용한다.
② 부분적으로 임시 고정할 때 사용한다.
③ 강하게 고정할 때 사용하는 핀이다.
④ 블로킹을 하거나 형태를 임시로 고정할 때 사용한다.

45 가발 사용법에 대한 설명이 알맞게 연결된 것은?

① 클립 고정법 – 통풍이 잘되고 고정력이 뛰어나서 잘 벗겨지지 않음

② 테이프 고정법 – 밀착력이 뛰어나 가발과 본 머리 사이의 들뜸 현상으로 인한 불안감이 적음

③ 특수 접착법 – 모발의 가닥과 인조모를 자연스럽게 연결하여 모발의 숱이 많아 보이거나 길어 보이게 하는 방법

④ 결속식 고정법 – 가장 많이 사용하는 방법으로 가발을 쓰고 벗는 것이 자유로움

46 헤어 익스텐션 방법 중 단백질 글루를 이용하여 헤어피스를 모발에 직접 부착하는 것은?

① 테이프　　② 클립
③ 링　　　　④ 실리콘

47 공중보건학의 범위 중 환경보건 분야가 아닌 것은?

① 식품위생　　② 역학
③ 공해문제　　④ 산업환경

48 다음 중 소화기계 감염병에 속하는 것은?

① 발진티푸스
② 인플루엔자
③ 세균성 이질
④ 브루셀라증

49 비타민의 결핍증이 잘못 연결된 것은?

① 비타민 A – 야맹증
② 비타민 D – 구루병
③ 비타민 C – 괴혈병
④ 비타민 K – 불임, 노화 촉진

50 광견병, 톡소플라스마증 등을 감염시킬 가능성이 가장 큰 동물은?

① 쥐　　　　② 말
③ 소　　　　④ 개

51 영양소의 3대 작용으로 틀린 것은?

① 신체의 생리기능 조절
② 에너지 열량 감소
③ 신체의 조직 구성
④ 열량 공급작용

52 미생물 중 크기가 가장 큰 것은?

① 곰팡이　　　　② 리케차
③ 바이러스　　　④ 효모

53 균체(미생물 세포)의 단백질 응고작용에 대한 소독기전이 아닌 것은?

① 크레졸　　　　② 알코올
③ 염소　　　　　④ 석탄산

54 살균력이 강하고 경제적이며 상수 또는 하수의 소독에 주로 사용하는 소독제는 무엇인가?

① 오존　　　　　② 생석회
③ 석탄산　　　　④ 염소

55 구내염, 입안 세척 및 상처 소독에 발포작용으로 소독이 가능한 것은?

① 알코올　　　　② 과산화수소
③ 승홍수　　　　④ 크레졸 비누액

56 신고를 하지 않고 영업소의 소재지를 변경한 경우 3차 위반 시 행정처분기준은?

① 영업정지 1월
② 영업정지 2월
③ 영업장 폐쇄명령
④ 경고 또는 개선명령

57 이 · 미용업 영업자가 시설 및 설비기준을 위반한 경우 1차 위반 시 행정처분기준은?

① 경고
② 개선명령
③ 영업정지 15일
④ 영업정지 1월

59 이 · 미용업자는 신고한 영업장 면적이 얼마 이상 증감하였을 때 변경신고를 하여야 하는가?

① 5분의 1
② 4분의 1
③ 3분의 1
④ 2분의 1

58 공중위생감시원을 둘 수 없는 곳은?

① 특별시
② 시 · 도
③ 시 · 군 · 구
④ 보건소

60 공중위생영업소에 불법카메라나 기계장치를 설치한 경우 1차 위반 시 행정처분기준은?

① 경고
② 영업정지 1월
③ 영업정지 2월
④ 영업장 폐쇄명령

정답 및 해설 **221쪽**

01 조선시대 옛 여인이 예장할 때 정수리 부분에 꽂던 머리의 장신구는?

① 빗
② 봉잠
③ 비녀
④ 첩지

02 미용기술을 행할 때 올바른 작업 자세를 설명한 것 중 잘못된 것은?

① 항상 안정된 자세를 취할 것
② 적정한 힘을 배분하여 시술할 것
③ 작업 대상의 위치는 심장의 높이보다 낮게 할 것
④ 작업 대상과 눈과의 거리는 약 30cm를 유지할 것

03 서양의 미용 역사에 있어 높은 트레머리로 생화, 깃털, 보석 장식과 모형선까지 얹어 머리 형태가 사치스러웠던 시대는?

① 로코코 시대
② 1920~1930년대
③ 프랑스 혁명기
④ 르네상스 시대

04 조선시대의 신부화장술을 설명한 것 중 틀린 것은?

① 밑화장으로 동백기름을 발랐다.
② 분화장을 했다.
③ 눈썹은 실로 밀어낸 후 따로 그렸다.
④ 연지는 뺨 쪽에, 곤지는 이마에 찍었다.

05 표피 중에서 각화가 완전히 된 세포들로 이루어진 층은?

① 과립층　　② 각질층
③ 유극층　　④ 투명층

06 자외선 차단지수를 나타내는 약어는?

① UVC　　② SPF
③ WHO　　④ FDA

07 다음 세포층 가운데 손바닥과 발바닥에서만 볼 수 있는 것은?

① 과립층　　② 유극층
③ 각질층　　④ 투명층

08 땀의 이상 분비에 의한 질환으로 옳지 않은 것은?

① 다한증은 필요 이상으로 땀을 분비하는 증상이다.
② 소한증은 땀의 분비가 감소하는 증상이다.
③ 한진은 땀의 분비가 되지 않는 증상이다.
④ 액취증은 한선의 내용물이 세균으로 인하여 부패되면서 악취가 발생하는 증상이다.

09 기능성 화장품의 기능에 따른 성분이 잘못 연결된 것은?

① 미백 – 코직산
② 미백 – 아데노신
③ 자외선 차단 – 징크옥사이드
④ 주름 개선 – 베타카로틴

10 오존층에서 거의 흡수를 하며 살균작용과 피부암을 발생시킬 수 있는 파장은?

① 적외선   ② 가시광선

③ UV-A   ④ UV-C

11 다음 오일의 설명으로 옳은 것은?

① 식물성 오일 – 향은 좋으나 부패하기 쉽다.

② 동물성 오일 – 무색투명하고 냄새가 없다.

③ 광물성 오일 – 색이 진하며 피부 흡수가 늦다.

④ 합성 오일 – 냄새가 나빠 정제한 것을 사용한다.

12 화장수에 가장 널리 배합되는 알코올 성분은 다음 중 어느 것인가?

① 프로판올(propanol)

② 뷰탄올(butanol)

③ 에탄올(ethanol)

④ 메탄올(methanol)

13 화장품 성분 중 아줄렌은 피부에 어떤 작용을 하는가?

① 미백   ② 자극

③ 진정   ④ 색소침착

14 미용사의 복장 관리에서 작업의 능률과 안전을 고려하여 피해야 하는 복장이 아닌 것은?

① 굽이 높은 신발

② 노출이 심한 의상

③ 오염이 심한 의상

④ 유행하는 의상

15 고객 예약 시 기록해야 하는 것으로 옳지 않은 것은?

① 방문일시   ② 방문목적

③ 고객 주소   ④ 연락처

16 샴푸에 대한 설명이 잘못된 것은?

① 플레인 샴푸는 산성 샴푸제를 사용한다.
② 에그 샴푸는 손상된 모발에 영양을 주기
위해 사용한다.
③ 핫 오일 샴푸는 건조해진 두피와 모발에
지방을 공급하고 모근을 강화한다.
④ 프로테인 샴푸는 단백질을 원료로 만든
샴푸로 모발에 영양을 공급한다.

17 샴푸 시 사용하는 물의 온도로 가장 알맞
은 것은?

① 32~36℃의 경수
② 32~36℃의 연수
③ 38~40℃의 경수
④ 38~40℃의 연수

18 린스의 역할이 아닌 것은?

① 샴푸 후 모발에 남아 있는 금속성 피막
과 비누의 불용성 알칼리 성분을 제거
시킨다.
② 모발이 엉키는 것을 막아 준다.
③ 모발에 윤기를 더해 준다.
④ 유분이나 모발 보호제가 모발에 끈적임
을 준다.

19 헤어 트리트먼트 방법으로 끝이 손상된 모
발을 잘라내는 방법은?

① 헤어 팩
② 헤어 리컨디셔닝
③ 헤어 클리핑
④ 신징

20 다음 중 여성형 탈모와 관련된 호르몬은?

① 안드로겐
② 에스트로겐
③ 테스토스테론
④ 코티졸

21 헤어 트리트먼트 시술 내용으로 옳지 않은
것은?

① 트리트먼트제의 성분과 효과를 고려하
여 제품을 선택한다.
② 유·수분과 단백질 등의 성분이 침투하
여 모발을 보호할 수 있도록 두피 부분
에 도포한다.
③ 경혈점을 지압하여 매니플레이션 한다.
④ 제품이 남아 있지 않도록 꼼꼼하게 헹
군다.

22 커트 후 뭉툭한 느낌이 없는 자연스러운 두발을 위해 끝을 45° 정도로 비스듬히 커트하는 기법은?

① 싱글링(shingling)
② 트리밍(trimming)
③ 클리핑(clipping)
④ 포인팅(pointing)

23 다음 중 1~2mm 정도 길게 커트해야 하는 경우는?

① 프레 커트를 할 때
② 트리밍을 할 때
③ 싱글링을 할 때
④ 포인트 커트를 할 때

24 다음 중 블런트 커트(blunt cut)와 같은 의미인 것은?

① 노멀 테이퍼 커트
② 딥 테이퍼 커트
③ 클럽 커트
④ 싱글링 커트

25 레이어 커트 중 다음 그림과 같은 커트는?

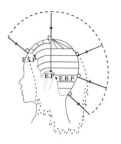

① 스퀘어 레이어
② 세임 레이어
③ 인크리스 레이어
④ 하이 레이어

26 클리퍼의 관리에 대한 설명으로 옳지 않은 것은?

① 클리퍼 마찰과 소음을 줄일 수 있도록 사용하기 전에 알코올을 도포하여 작동한다.
② 커트가 끝나면 클리퍼의 날을 본체와 분리하고 클리퍼 전용 솔로 클리퍼 안쪽으로 들어간 모발을 제거한다.
③ 클리퍼 날에 클리퍼 전용 오일을 충분히 발라서 보관한다.
④ 많은 고객이 이용하는 미용실에서 사용하는 커트 도구는 오염되지 않도록 사용 전후 소독하여 철저히 관리한다.

27 얼굴형에 따른 쇼트 헤어커트 디자인이 잘
못된 것은?

① 둥근 얼굴형 - 윗머리는 볼륨을 살려주
고 옆머리는 볼륨을 최소화해야 한다.

② 긴 얼굴형 - 앞머리로 이마를 가려주면
긴 얼굴형을 보완할 수 있다.

③ 역삼각 얼굴형 - 양쪽 귀 사이의 폭이
넓어 보일 수 있어서 옆머리와 뒷머리를
짧게 올려 잘라야 한다.

④ 사각 얼굴형 - 이마 위쪽에 변화를 주어
시선을 분산시키는 것이 효과적이다.

29 콜드 웨이브에 있어 제1액의 작용에 해당
되는 것은?

① 산화작용   ② 정착작용
③ 중화작용   ④ 환원작용

30 두발 끝에는 컬(curl)이 작고 두피 쪽으로
가면서 컬이 커지는 와인딩(winding) 방
법은?

① 더블 와인딩(double winding)
② 크로키놀 와인딩(croquignole winding)
③ 스파이럴 와인딩(spiral winding)
④ 스틱 펌(stack perm)

28 아미노산의 일종을 환원제로 사용하여 연
모와 손상모 등의 퍼머넌트 시술 시 적당
한 것은?

① 시스테인 퍼머넌트
② 산성 퍼머넌트
③ 거품 퍼머넌트
④ 히트 퍼머넌트

31 퍼머넌트 웨이브의 원리가 아닌 것은?

① 롯드라는 기구로 힘을 가해 모발을 감으
면서 적당한 긴장감을 주는 것이다.

② 1액은 환원제이다.

③ 2액은 산화작용에 의한 시스틴 재결합
이다.

④ 화학적 작용으로만 이루어진다.

32 매직 스트레이트 헤어펌 시 2제 도포 및 세척에 대한 설명으로 잘못된 것은?

① 매직 스트레이트펌 전용 2제(산화제)를 사용한다.
② 톱 부분부터 섹션을 나눠가며 도포하여 중화한다.
③ 미온수로 세척한다.
④ 세척 시 산성 린스 또는 트리트먼트를 사용한다.

33 완성된 컬을 핀이나 클립을 사용하여 적당한 위치에 고정시키는 것은?

① 트리밍   ② 컬 핀닝
③ 클리핑   ④ 셰이핑

34 컬(curl)을 구성하는 데 필요한 요소에 해당되지 않는 것은?

① 헤어 파트
② 스템의 방향
③ 텐션
④ 헤어 셰이핑

35 헤어세팅에 의한 롤러의 와인딩 시 두발 끝이 갈라지지 않게 하려면 어떻게 말아야 하는가?

① 두발 끝부분을 롤러 중앙에 모아서 만다.
② 두발 끝부분을 임의대로 폭을 넓혀서 만다.
③ 두발을 90°로 올려서 만다.
④ 두발 끝부분을 롤러의 폭만큼 넓혀서 만다.

36 오리지널 세트의 기본 요소가 아닌 것은?

① 헤어 롤링
② 헤어 세이팅
③ 헤어 파팅
④ 헤어 스프레이

37 다음 중 염색시간과 방치시간이 가장 짧으며 충분한 컨디셔닝이 필요한 두발은?

① 지성모
② 손상모
③ 발수성모
④ 저항성모

38 탈색 시술 시 주의사항으로 잘못된 것은?

① 두발 탈색을 행한 손님에 대하여 필요한 사항은 기록해 둔다.
② 헤어 블리치제를 사용할 시에는 반드시 제조업체의 사용 지시를 따르는 것을 원칙으로 한다.
③ 시술 전 반드시 브러싱을 겸한 샴푸를 하여야 한다.
④ 시술 후 사후손질로 헤어 리컨디셔닝을 하는 것이 좋다.

39 염색 시 일반적으로 사용하는 과산화수소와 알칼리(암모니아)의 적정 농도는?

① 12%, 18%
② 12%, 28%
③ 6%, 18%
④ 6%, 28%

40 알칼리 산화 염모제의 pH는?

① pH 6~7
② pH 7~8
③ pH 8~9
④ pH 9~10

41 업스타일 시 사각형 얼굴형에 가장 알맞은 디자인은?

① 윤곽을 살려서 디자인한다.
② 이마에 뱅을 만들어서 디자인한다.
③ 이마를 좁게 보이도록 디자인한다.
④ 곡선적인 느낌을 주어 디자인한다.

42 다음에서 설명하는 업스타일 기법은?

> 생선 가시 모양과 비슷하다고 해서 피시본 (fish bone) 헤어라고 하며, 2개의 스트랜드를 서로 교차하는 방식으로 땋기와 다른 느낌으로 표현된다.

① 땋기(braid) 기법
② 꼬기(twist) 기법
③ 매듭(knot) 기법
④ 겹치기(overlap) 기법

43 가발 치수 측정 시 페이스 헤어라인의 양쪽 끝에서 끝까지의 길이를 재는 것은?

① 머리 길이
② 머리 높이
③ 이마 폭
④ 네이프 폭

44 특수머리 중 다음에서 설명하는 것은?

> • 곱슬머리에 가모를 이용하여 마치 엉켜 있는 모발 다발을 연출하는 스타일
> • 흑인머리 형태에서 많음

① 콘로
② 브레이즈
③ 드레드
④ 트위스트

45 헤어피스 중 두상의 톱과 크라운 지역에 풍성함과 높이를 형성하기 위하여 사용하는 것은?

① 위글렛
② 캐스케이드
③ 폴
④ 스위치

46 가발의 조건으로 틀린 것은?

① 통풍이 잘되어 땀 등에서 자유로워야 한다.
② 착용감이 가벼워 산뜻해야 한다.
③ 장기간 착용에도 두피에 피부염 등 이상이 없어야 한다.
④ 색상이 잘 퇴색되어야 한다.

47 공중보건사업의 최소 단위는 무엇인가?

① 국가 전체
② 가족단위
③ 지역사회
④ 취약계층

48 시·군·구에 두는 보건행정의 최일선 조직으로 국민건강증진 및 예방 등에 관한 사항을 실시하는 기관은?

① 병·의원
② 보건소
③ 보건진료소
④ 복지관

49 다음 중 제3급 감염병에 속하는 것은?

① 폴리오
② 풍진
③ 공수병
④ 요충증

50 돼지고기를 생식하는 지역주민에게 많이 나타나며 성충 감염보다는 충란 섭취로 뇌, 안구, 근육, 장벽, 심장, 폐 등에 낭충증 감염을 많이 유발시키는 것은?

① 유구조충증
② 무구조충증
③ 광절열두조충증
④ 폐흡충증

51 다음 중 인공능동면역의 특성을 가장 잘 설명한 것은?

① 항독소(antitoxin) 등 인공제제를 접종하여 형성되는 면역
② 생균백신, 사균백신 및 순화독소(toxoid)의 접종으로 형성되는 면역
③ 모체로부터 태반이나 수유를 통해 형성되는 면역
④ 각종 감염병 감염 후 형성되는 면역

52 다음 중 병원균이나 포자까지 완전히 사멸시켜 제거하는 것은?

① 멸균   ② 살균
③ 소독   ④ 방부

53 과산화수소, 염소, 오존 등의 소독제의 원리는 무엇인가?

① 균체 단백질 응고작용
② 균체 효소의 불활성화 작용
③ 산화작용
④ 탈수작용

54 석탄산에 대한 설명으로 옳지 않은 것은?

① 저온일수록 효과가 높다.
② 냄새가 강하고 독성이 있다.
③ 승홍수 1,000배의 살균력이 있다.
④ 소독제의 살균력 평가 기준으로 사용된다.

55 다음 중 석탄산계수에 대한 설명으로 옳지 않은 것은?

① 석탄산계수가 클수록 살균력이 크다.
② 페놀계수를 의미한다.
③ 석탄산계수가 4.0이라면 살균력이 석탄산의 2배이다.
④ 5% 농도의 석탄산을 사용하여 장티푸스균에 대한 살균력을 각종 소독제와 비교하여 효능을 표시한 것이다.

56 공중위생영업자가 중요사항을 변경하고자 할 때 시장·군수·구청장에게 어떤 절차를 취해야 하는가?

① 통보
② 통고
③ 신고
④ 허가

57 다음 빈칸에 들어갈 알맞은 말은?

> 공중위생영업의 정지 또는 일부 시설의 사용 중지 등의 처분을 하고자 하는 때에는 (   )을(를) 실시하여야 한다.

① 열람
② 공중위생감사
③ 청문
④ 위생서비스수준의 평가

58 위생서비스평가의 결과에 따른 위생관리 등급은 누구에게 통보하고 이를 공표하여야 하는가?

① 해당 공중위생영업자
② 시장·군수·구청장
③ 시·도지사
④ 보건소장

59 공중위생관리법규상 위생관리등급의 구분이 아닌 것은?

① 녹색등급
② 황색등급
③ 백색등급
④ 적색등급

60 영업소 폐쇄명령을 받고도 계속 이·미용의 영업을 한 자에 대하여 법적 조치를 행할 수 없는 것은?

① 위법행위를 한 업소임을 알리는 게시물 부착
② 영업소 내 기구 또는 시설물 봉인
③ 영업소 간판 제거
④ 영업소 출입문 봉쇄

01 미용사(hair stylist)가 많은 경험 속에서 지식과 지혜를 갖고 새로운 기술을 연구하여 독창력 있는 나만의 스타일을 창작하는 기본 단계는?

① 보정   ② 구상
③ 소재   ④ 제작

02 눈가에 코올(kohl)을 사용하여 화장을 한 나라는?

① 이집트   ② 인도
③ 아랍   ④ 미국

03 조선 중엽 얼굴화장에 대한 설명으로 틀린 것은?

① 밑화장은 주로 피마자유를 사용했다.
② 분화장을 했다.
③ 연지·곤지를 찍었다.
④ 눈썹화장을 했다.

04 삼한시대의 머리형에 관한 설명으로 틀린 것은?

① 포로나 노비는 머리를 깎아서 표시했다.
② 수장급은 모자를 썼다.
③ 일반인은 상투를 틀게 했다.
④ 귀천의 차이 없이 자유롭게 했다.

05 미용사의 사명으로 가장 옳지 않은 것은?

① 미용과 복식을 건전하게 지도한다.
② 자유로운 유행을 창출한다.
③ 공중위생에 만전을 기한다.
④ 손님이 만족하는 개성미를 만들어 낸다.

06 피부결이 거칠고 모공이 크며 화장이 쉽게 지워지는 피부 타입은?

① 지성   ② 민감성
③ 복합성   ④ 건성

07 다음 중 비타민 A와 깊은 관련이 있는 카로틴을 가장 많이 함유한 식품은?

① 소고기, 돼지고기
② 감자, 고구마
③ 귤, 당근
④ 사과, 배

08 강한 자외선에 노출될 때 생길 수 있는 현상이 아닌 것은?

① 만성 피부염
② 홍반
③ 광노화
④ 일광화상

09 진균에 의한 피부질환이 아닌 것은?

① 두부백선
② 족부백선
③ 무좀
④ 대상포진

10 바이러스성 질환으로 수포가 입술 주위에 잘 생기고 흉터 없이 치유되나 재발이 잘 되는 것은?

① 습진
② 태선
③ 단순포진
④ 대상포진

11 다음 중 천연보습인자의 구성물질이 아닌 것은?

① 아미노산
② 소듐PCA
③ 요소(urea)
④ 콜라겐

12 보습제가 갖추어야 할 조건으로 적절하지 않은 것은?

① 환경 변화에 흡습력이 영향을 받지 않을 것
② 피부 친화성이 높을 것
③ 다른 성분과 잘 섞일 것
④ 응고점이 높고 휘발성이 있을 것

13 화장품의 분류가 잘못된 것은?

① 기초 화장품 – 로션, 화장수, 클렌징 제품
② 메이크업 화장품 – 메이크업 베이스, 파운데이션, 아이섀도, 아이라이너
③ 모발 화장품 – 제모왁스, 데오도란트, 탈모제
④ 방향용 화장품 – 퍼퓸, 오드 퍼퓸, 오드 토일렛, 오드 코롱, 샤워 코롱

14 화장품의 미생물 성장을 억제하고, 부패방지와 변질을 막고 살균작용을 하는 성분은 무엇인가?

① 산화방지제　② 방부제
③ 보습제　④ 색소

15 미용업소 시설 · 설비의 안전관리에 대한 설명으로 잘못된 것은?

① 미용업소의 전기안전사고 예방을 위해 콘센트에 여러 개의 전기기기를 동시에 꽂지 않도록 주의한다.
② 감전사고 예방을 위해 물기 있는 손으로 전기기기를 사용하지 않는다.
③ 소방안전을 위해 스프링클러, 소화기, 가스 잠금장치, 인화성 물질 등을 확인하고 비상구 안내표지를 부착하는 등의 방화관리자 의무사항을 준수한다.
④ 미용업소 내의 모든 제품은 입고 당시의 용기 그대로 보관하는 것이 원칙이며 절대로 다른 용기에 보관하지 말아야 한다.

16 산성 샴푸의 pH로 가장 알맞은 것은?

① pH 2.5~3.5
② pH 4.5~6
③ pH 6~7
④ pH 7.5~8.5

17 저자극 샴푸, 베이비 샴푸에 사용하는 계면활성제는?

① 양이온성 계면활성제
② 음이온성 계면활성제
③ 양쪽성 계면활성제
④ 비이온성 계면활성제

18 다공성모에 알맞은 샴푸제로 두발의 탄력성과 강도를 높여주는 것은?

① 프로테인 샴푸제
② 중성 샴푸제
③ 약용 샴푸제
④ 약산성 샴푸제

19 두피관리 시 항균과 피지 분비 조절효과가 있는 성분이 아닌 것은?

① 유황
② 시트르산
③ 비타민 B_6
④ 글리세린

20 두피와 모발관리 시 스캘프 펀치(워터 펀치)를 사용하는 이유로 가장 적절한 것은?

① 각질과 노폐물을 불려 주고 부족한 수분을 공급
② 혈액순환을 도와주고 두피 제품의 흡수를 도와줌
③ 두피와 모발에 붙어 있던 비듬, 각질 등 노폐물들을 제거
④ 두피의 pH를 확인하기 위해 사용

21 모발의 색을 나타내는 색소로 어두운 입자형 색소는?

① 티로신(tyrosine)
② 멜라노사이트(melanocyte)
③ 유멜라닌(eumelanin)
④ 페오멜라닌(pheomelanin)

22 다음 중 스파니엘 커트는 무엇인가?

① ㉠
② ㉡
③ ㉢
④ ㉣

23 스타일(style)형이 완성되었을 때 두발 선을 최종적으로 정돈하기 위하여 가볍게 커트하는 방법은?

① 트리밍 커트(trimming cut)
② 틴닝 커트(thinning cut)
③ 스트로크 커트(stroke cut)
④ 테이퍼 커트(taper cut)

24 레이저(razor)를 사용하여 커트하는 방법으로 가장 적당한 것은?

① 물로 두발을 적신 다음에 테이퍼링한다.
② 스트로크 커트를 하면서 슬리더링을 행하면 좋다.
③ 틴닝하면서 클럽 커팅을 하고 다음에 트리밍을 행한다.
④ 드라이 커팅을 하는 것이 좋다.

25 다음 중 그래쥬에이션 커트 형태로 알맞은 것은?

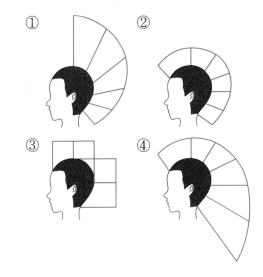

26 머리의 명칭 중 크라운을 뜻하는 부위는?

① 앞머리 부분
② 정수리 부분
③ 목덜미 부분
④ 머리 옆 양쪽 부분

27 고객의 머리숱이 유난히 많은 두발을 커트
할 때 가장 적합하지 않은 커트방법은?

① 레이저 커트
② 스컬프처 커트
③ 딥 테이퍼
④ 블런트 커트

28 콜드 퍼머넌트 웨이브의 시술 중 프로세싱
솔루션(processing solution)에 해당하
는 것은?

① 제1액의 산화제
② 제1액의 환원제
③ 제2액의 환원제
④ 제2액의 산화제

29 웨이브 시술 시 짧은 모발에 두상이 납작
하고 숱이 적을 경우 적당한 섹션은 무엇
인가?

① 가로 섹션   ② 피벗 섹션
③ 사선 섹션   ④ 세로 섹션

30 크라운 뒷부분에서 양 사이드 부분에 주로
사용하는 롯드 크기는?

① 소형 롯드
② 중형 롯드
③ 대형 롯드
④ 중형 롯드와 대형 롯드 교차로 사용

31 퍼머넌트 웨이브 시술 시 사전과정에 관한
설명으로 잘못된 것은?

① 사전 샴푸 때 모발에 불순물이 많으면
파마가 잘 안 되므로 두피를 힘 있게
마사지하여 깨끗하게 샴푸한다.
② 헤어스타일을 결정할 때 고객의 얼굴형
이나 미용사의 판단보다 고객의 의사가
최우선되어야 한다.
③ 사전 커트 때 지나치게 불규칙한 층을
많이 주면 와인딩이 어렵고, 지나친 테
이퍼링은 손상을 줄 수 있다.
④ 모발의 손상이 심할 경우 파마 전에 트
리트먼트를 하는 것이 좋다.

32 웨이브의 형상 중 크레스트가 너무 약하게 되어 리지가 눈에 잘 띄지 않는 웨이브는?

① 버티컬 웨이브
② 섀도 웨이브
③ 내로 웨이브
④ 와이드 웨이브

33 스컬프처 컬(sculpture curl)에 관한 설명으로 옳은 것은?

① 모발 끝이 컬 루프의 중심이 된다.
② 모발 끝이 컬의 좌측이 된다.
③ 모발 끝이 컬의 바깥쪽이 된다.
④ 모발 끝이 컬의 우측이 된다.

34 헤어 셰이핑(hair shaping)에서 컬이 오래 지속되며 움직임이 가장 적은 스템(stem)은?

① 논 스템(non stem)
② 풀 스템(full stem)
③ 롱 스템(long stem)
④ 하프 스템(half stem)

35 컬을 깃털과 같이 일정한 모양을 갖추지 않고 부풀려서 볼륨을 준 뱅은?

① 플러프 뱅(fluff bang)
② 롤 뱅(roll bang)
③ 프린지 뱅(fringe bang)
④ 프렌치 뱅(french bang)

36 염·탈색의 원리에 대한 내용으로 옳지 않은 것은?

① 염모제 1제의 알칼리 성분은 모발의 모표피를 팽윤·연화시킨다.
② 모표피를 통해 염모제 1제와 2제의 혼합액이 침투한다.
③ 산화제 2제인 과산화수소는 멜라닌을 파괴하고 이산화탄소를 발생한다.
④ 염모제 1제의 염료는 중합반응을 일으켜 고분자의 염색분자가 된다.

37 다음 중 영구적 염모제에 속하는 것은?

① 유기합성 염모제
② 컬러 린스
③ 컬러 파우더
④ 컬러 스프레이

38 모발 색채이론 중 보색에 대한 내용으로 틀린 것은?

① 보색이란 색상환에서 서로의 반대색이다.
② 빨간색과 청록색은 보색관계이다.
③ 보색을 혼합하면 명도가 높아진다.
④ 보색은 1차색과 2차색의 관계이다.

39 탈색제의 종류가 아닌 것은?

① 액체 탈색제(liquid lighteners)
② 크림 탈색제(cream lighteners)
③ 분말 탈색제(powder lighteners)
④ 금속성 탈색제(metal lighteners)

40 두발 염색 시 주의사항에 대한 설명으로 틀린 것은?

① 두피에 상처나 질환이 있을 때는 염색을 해서는 안 된다.
② 퍼머넌트 웨이브와 두발 염색을 하여야 할 경우 두발 염색부터 반드시 먼저 해야 한다.
③ 유기합성 염모제를 사용할 때에는 패치 테스트를 해야 한다.
④ 시술 시 미용사는 반드시 보호 장갑을 착용해야 한다.

41 헤어스타일링 제품 사용방법으로 잘못된 것은?

① 모발이 가늘고 가라앉는 경우에는 모근의 볼륨감을 유지할 수 있도록 스프레이를 사용한다.
② 모발 끝의 움직임을 강조하는 스타일을 위해 헤어 왁스 또는 젤 타입의 제품을 사용한다.
③ 자연스러운 헤어스타일을 원하면서 제품을 골고루 도포하는 경우 검 타입의 제품을 사용한다.
④ 모발이 흘러내리지 않도록 두피에 밀착 고정하는 경우 에센스 타입의 제품을 사용한다.

42 업스타일 브러시 중 정전기가 발생하지 않으며, 모발을 일정한 방향으로 정리하는 데 용이한 것은?

① 돈모 브러시
② 플라스틱 브러시
③ 금속 브러시
④ 원형 브러시

44 가발 착용 방법과 관련한 내용으로 옳지 않은 것은?

① 가발의 스타일을 정리・정돈한다.
② 착탈식 가발은 탈모가 심한 사람들이 주로 착용한다.
③ 가발을 착용할 위치와 가발의 용도에 따라 착용한다.
④ 가발과 기존 모발의 스타일을 연결한다.

45 대기오염의 지표 및 대기오염의 주원인이 되는 가스는?

① CO_2 ② N_2
③ CO ④ SO_2

43 다음 중 인모가발에 대한 설명으로 틀린 것은?

① 실제 사람의 두발을 사용한다.
② 헤어스타일을 다양하게 변화시킬 수 있다.
③ 퍼머넌트 웨이브나 염색이 가능하다.
④ 가격이 저렴하다.

46 인체에서 칼슘(Ca)대사와 가장 밀접한 관계를 가지고 있는 비타민은?

① 비타민 A ② 비타민 C
③ 비타민 D ④ 비타민 E

47 다음 중 음용수 오염의 생물학적 지표로 삼는 것은?

① 탁도
② 일반세균 수
③ 대장균 수
④ 경도

48 위생 해충인 바퀴벌레가 주로 전파할 수 있는 병원균의 질병이 아닌 것은?

① 재귀열
② 이질
③ 콜레라
④ 장티푸스

49 발생 즉시 신고하여야 하고 음압격리와 같은 높은 수준의 격리가 필요한 제1급 감염병에 해당하는 것은?

① 요충증
② 페스트
③ 연성하감
④ 인플루엔자

50 민물고기와 기생충 질병의 관계가 틀린 것은?

① 송어, 연어 – 광절열두조충증
② 참붕어, 쇠우렁이 – 간디스토마증
③ 잉어, 피래미 – 폐디스토마증
④ 은어, 숭어 – 요코가와흡충증

51 3%의 크레졸 비누액 900mL를 만드는 방법으로 옳은 것은? (단, 크레졸 원액은 100%이다.)

① 크레졸 원액 270mL에 물 630mL를 가한다.
② 크레졸 원액 27mL에 물 873mL를 가한다.
③ 크레졸 원액 300mL에 물 600mL를 가한다.
④ 크레졸 원액 200mL에 물 700mL를 가한다.

52 금속제품의 자비소독 시 살균력을 강하게 하고 금속의 녹을 방지하는 효과를 나타낼 수 있도록 첨가하는 약품은?

① 1~2%의 염화칼슘
② 1~2%의 탄산나트륨
③ 1~2%의 알코올
④ 1~2%의 승홍수

53 다음 중 이·미용기구 소독에 가장 부적합한 것은?

① 소각소독법
② 알코올소독법
③ 자외선멸균법
④ 자비소독법

54 석탄산 90배 희석액과 같은 조건하에서 어느 소독제의 270배 희석액이 똑같은 소독효과를 나타냈다면 이 소독제의 석탄산 계수는?

① 0.5   ② 2.0
③ 3.0   ④ 4.0

55 저온소독법(pasteurization)에 이용되는 적절한 온도와 시간은?

① 50~55℃, 1시간
② 62~63℃, 30분
③ 65~68℃, 1시간
④ 80~84℃, 30분

56 시장·군수·구청장이 영업소 폐쇄를 명할 수 있는 경우가 아닌 것은?

① 공중위생영업자가 영업을 하지 아니하기 위하여 영업시설의 전부를 철거한 경우
② 관할 세무서장에게 폐업신고를 하거나 관할 세무서장이 사업자 등록을 말소한 경우
③ 영업소 외의 장소에서 이용 또는 미용 업무를 한 경우
④ 공중위생영업자가 정당한 사유 없이 6개월 이상 계속 휴업하는 경우

57 면허의 취소 또는 정지 중에 이용업 또는 미용업을 한 사람에 대한 법적 조치는?

① 200만 원 이하의 벌금
② 300만 원 이하의 과태료
③ 300만 원 이하의 벌금
④ 6월 이하의 징역 또는 500만 원 이하의 벌금

58 다음 빈칸에 알맞은 단어는?

> 공중위생영업소의 위생서비스수준 평가는 2년마다 실시하되, 공중위생영업소의 보건·위생관리를 위하여 특히 필요한 경우에는 (   )이(가) 정하여 고시하는 바에 따라 공중위생영업의 종류 또는 위생관리등급별로 평가주기를 달리할 수 있다.

① 시장·군수·구청장
② 대통령
③ 보건복지부장관
④ 시·도지사

59 다음 중 이용사 또는 미용사의 면허를 받을 수 있는 경우는?

① 피성년후견인
② 면허취소 후 1년이 경과된 자
③ 정신질환자
④ 약물 중독자

60 공중위생관리법상 다음 빈칸에 들어갈 알맞은 단어는?

> 공중위생영업자는 그 이용자에게 건강상 (   )이 발생하지 아니하도록 영업관련 시설 및 설비를 안전하게 관리해야 한다.

① 질병   ② 사망
③ 위해요인   ④ 감염병

제 1 회 모의고사 정답 및 해설

문제 105쪽

01	③	02	④	03	④	04	③	05	②	06	③	07	②	08	①	09	④	10	①
11	②	12	④	13	②	14	④	15	②	16	②	17	①	18	③	19	②	20	①
21	③	22	④	23	②	24	②	25	①	26	①	27	①	28	③	29	②	30	④
31	②	32	④	33	③	34	②	35	②	36	④	37	④	38	③	39	③	40	②
41	②	42	③	43	④	44	③	45	①	46	①	47	④	48	①	49	④	50	④
51	②	52	②	53	①	54	①	55	②	56	③	57	③	58	④	59	②	60	④

01 현대의 미용
- 찰스 네슬러(1905년, 영국) : 스파이럴식 웨이브
- 마샬 그라또(1875년, 프랑스) : 아이론 웨이브
- 조셉 메이어(1925년, 독일) : 크로키놀식 웨이브
- J. B. 스피크먼(1936년, 영국) : 콜드 웨이브

02 고대 이집트에서는 두발을 짧게 깎거나 밀어내고 그 위에 일광을 막을 수 있는 대용물로 가발을 즐겨 사용하였다.

03 쪽진머리는 뒤통수에 낮게 머리를 땋아 틀어 올리고 비녀를 꽂은 머리 모양이며, 풍기명식 머리는 옆쪽에 모발의 일부를 늘어뜨린 형태이다.

04 노화를 예방하여 아름다움을 지속시킬 수는 있지만 노화를 전적으로 방지해 주지는 않는다.

05 멜라닌을 만들어내는 멜라닌 세포는 대부분 표피의 기저층에 위치한다.

06 하루 평균 1~2g의 피지를 모공을 통해 밖으로 배출시킨다.

07 민감성 피부는 피부조직이 얇고 섬세하며 붉은 기가 보이며 각질층이 매우 얇다.

08 표피의 구성세포
- 각질형성 세포 : 새로운 각질세포 형성
- 멜라닌 세포 : 피부색 결정, 색소 형성
- 랑게르한스 세포 : 면역기능
- 머켈세포 : 촉각을 감지

09 피부질환
- 접촉성 피부염 : 외부 물질과의 접촉에 의하여 생기는 모든 피부염
- 대상포진 : 피로나 스트레스로 몸의 상태가 나빠지면서 몸속에 잠복해 있던 바이러스가 활성화되는 질병. 피부발진이 생기기 전 통증이 선행되며 주로 몸통에서 발생
- 지루성 피부염 : 피지의 과다 분비와 정신적 스트레스 등으로 홍반과 인설 등이 발생

10 에센셜(아로마) 오일
- 식물의 꽃, 잎, 줄기, 뿌리, 열매 등에서 추출한 휘발성 천연오일이다.
- 수증기 증류법으로 추출되며 공기 중에 산화되기 때문에 갈색 병에 담아 서늘하고 햇빛이 들어오지 않는 곳에 보관해야 한다.
- 100% 순수 원액을 희석해서 사용해야 한다.

11 데오도란트는 겨드랑이의 땀을 억제 및 흡수하여 체취를 방지하는 제품이다.

12 비타민 C는 멜라닌 색소 형성 억제기능으로 피부 관리에 많이 사용된다.

13 미용업소의 적정 온도는 15~20℃ 정도, 적정 습도는 40~70%이다.

14 ④ 고객보다 한 걸음 앞에서 안내한다.

15 핫 오일 샴푸는 따뜻한 식물성 오일을 두피나 모발에 침투시키는 웨트 샴푸이다. 파마나 염색 등의 화학약품으로 건조해진 두피와 모발에 지방을 공급하고 모근을 강화한다.

16 틴닝(시닝)은 모발의 길이는 유지하면서 숱을 감소시키는 방법이다.

17 알칼리성 비누를 중화시키기 위해 레몬 린스를 사용하여 pH를 조절한다.

18 스캘프 트리트먼트의 사용
- 댄드러프 스캘프 트리트먼트 : 비듬성 두피
- 드라이 스캘프 트린트먼트 : 건성 두피
- 오일리 스캘프 트리트먼트 : 지성 두피
- 플레인 스캘프 트린트먼트 : 정상 두피

19 모발의 결합

폴리펩타이드 결합	• 세로 방향의 결합으로 주쇄 결합이라 하며, 모발의 결합 중 가장 강한 결합 • 모발 내부에서는 나선형 모양
염 결합	• 염 : 산성 물질과 알칼리성 물질이 결합해서 생긴 중성물질 • 산과 알칼리의 밸런스가 무너지면 염 결합은 끊어지고 열리게 됨
시스틴 결합	• 두 개의 황(S) 원자 사이에서 형성되는 일종의 공유결합 • 물리적으로는 강한 결합이나, 알칼리에 약함(물, 알코올, 약산성, 소금류에 강함) • 화학적으로 반응시켜 절단시키고 다시 재결합시킬 수도 있음 • 퍼머넌트 웨이브 시술 시 이용
수소 결합	• 모발의 결합 중 세트 및 드라이에 관여하는 결합 • 수분에 의해 절단되었다가 건조하면 재결합됨

20 스캘프 매니플레이션의 방법
- 경찰법 : 압력을 주지 않으면서 원을 그리듯 가볍게 문지르는 방법이다.
- 강찰법 : 손가락과 손바닥에 압력을 가하여 자극을 주는 방법이다.
- 유연법 : 손으로 근육을 쥐었다가 다시 가볍게 주무르면서 풀어주는 기법이다.
- 진동법 : 손을 밀착하여 진동을 주는 방법이다.
- 고타법 : 손을 이용하여 두드려 주는 방법이다.

21 페오멜라닌은 노란색, 빨간색이며 유멜라닌은 검은색, 적갈색을 띤다.

22 모발의 형성과정
전모아기 – 모아기 – 모항기 – 모구성모항기 – 완성 모낭

23 남성형 탈모는 안드로겐과 유전적 소인이 주원인이다. 나이가 들면서 안드로겐에 대한 감수성이 증가하면서 탈모가 발생한다.

24 레이저
- 면도날을 말하며, 모발의 끝을 가볍게 만드는 기능이 있다.
- 효율적으로 빠른 시간 내에 세밀한 시술이 가능하다.
- 숙련자가 사용하여야 하며, 반드시 젖은 모발에 시술해야 한다.
- 오디너리(일상용) 레이저 : 숙련자가 사용하기에 적합하며 섬세한 작업이 가능하다.
- 셰이핑 레이저 : 초보자가 사용하기에 적합하다.

25 프레 커트는 퍼머넌트를 하기 위해 찾은 고객에게 먼저 커트하는 기법이며, 트리밍은 퍼머넌트를 한 후 최종적으로 손상모와 삐져나온 불필요한 모발을 다시 가볍게 커트하는 방법이다.

26 헤어커트 기법

원랭스 커트	• 모발에 층을 내지 않고 일직선상으로 커트하는 기법 • 스파니엘 커트, 이사도라 커트, 패럴렐 커트(일자 커트), 머시룸 커트(버섯 모양)
그러데이션 (그래쥬에이션) 커트	• 네이프에서 톱 부분으로 올라갈수록 모발의 길이가 길어지는 작은 단차의 커트 • 두발 길이에 단차를 주어 스타일을 입체적으로 만든 커트 • 그러데이션은 각도에 따라 로(low), 미디엄(medium), 하이(high)로 나뉨
레이어 커트	• 네이프에서 톱 부분으로 올라갈수록 모발의 길이가 점점 짧아지는 커트 • 두피에서 90° 이상으로 커트
스퀘어 커트	커트 라인을 사각형으로 하는 기법으로 모발의 길이가 자연스럽게 연결되도록 할 때 이용

27 싱글링 : 모발에 빗을 대고 위로 이동하면서 가위나 클리퍼로 네이프 부분은 짧게 하는 쇼트 헤어커트 기법

28 원랭스 커트 : 스파니엘 커트, 이사도라 커트, 패럴렐 커트(일자 커트), 머시룸 커트(버섯 모양)

29 ① 나칭 : 모발의 끝을 지그재그로 45°로 비스듬히 커트하는 기법
③ 클리핑 : 클리퍼나 가위로 삐져나온 모발을 제거하는 기법
④ 포인팅 : 모발 끝을 가위로 비스듬히 45° 정도로 넣어서 불규칙하게 자르는 기법(나칭보다 가볍고 불규칙)

30 • 아웃라인 정리(outlining) : 헤어라인을 정리해 주는 과정으로, 쇼트 헤어커트에서 커트 형태를 나타내는 꼭 필요한 작업이다.
• 질감 처리(texturizing) : 쇼트 헤어커트에서 모발에 볼륨을 주어 율동감이 생긴다.

31 티오글리콜산
- 환원력이 강해 건강모(버진헤어, 경모) 등에 사용, 강한 웨이브
- 휘발성이 강해 냄새가 심하나, 모발 잔류가 적음
- 적정 pH 9.0~9.6, 적정 농도 2~7%

32 오버 프로세싱이란 적정 프로세싱 타임 이상으로 모발을 방치하는 것으로, 모발 끝이 손상되고 자지러진다.
모발 끝이 자지러지는 경우
- 오버 프로세싱했을 경우
- 모발에 맞지 않은 가는 롯드를 사용한 경우
- 강한 약제를 사용한 경우
- 모발 끝을 심하게 테이퍼링했을 경우

33 2제 산화작용
- 헤어펌 2제는 브롬산나트륨 또는 과산화수소를 주성분으로 하는 산화제이며, 1제의 환원작용으로 끊어진 시스틴 결합의 변형된 형태를 다시 재결합시켜 형성된 웨이브를 고정시킨다 (시스틴 재결합).
- 산화제(중화제)의 방치시간은 약제의 주성분 및 모발의 상태에 따라 다르게 적용된다. 평균 10~15분을 넘지 않도록 하여 5~7분 간격으로 2회 나누어 재도포하는 것이 효과적이다.

34 프로세싱 타임은 와인딩이 끝나고 제1액을 도포한 후 캡을 씌운 후부터 10~15분 정도가 적당하고 손상도에 따라 조절한다.

35 플랫 아이론의 온도
- 손상모 : 120~140℃
- 건강모 : 160~180℃
- 저항모(발수성모) : 180~200℃

36 프렌치 뱅은 모발을 위로 빗어 올려 모발 끝을 부풀린 형태이다. 풀 혹은 하프 웨이브를 형성하여 모발 끝을 라운드 플러프로 처리한 것은 웨이브 뱅이다.

37 ④ 리프트 컬 : 루프가 두피에 45°로 세워진 컬이다.
① 플랫 컬 : 루프가 두피에 0° 각도로 평평하게 형성된 컬(볼륨을 주지 않음)
② 스컬프처 컬 : 모발 끝이 루프(원)의 중심이 된 컬(모발 끝으로 갈수록 웨이브 좁아짐)
③ 메이폴 컬(핀 컬) : 모근이 루프(원) 중심이 된 컬(모발 끝으로 갈수록 웨이브 넓어짐)

38 오리지널 세트의 주요한 요소는 헤어 셰이핑, 헤어 컬링, 헤어 파팅, 헤어 웨이빙, 헤어 롤링이 있다.

39 아이론의 종류

화열식	• 불에 직접 달구어 사용하는 방법 • 열 조절에 주의하며 사용
전열식	• 전기코드를 콘센트에 연결하여 사용하는 방식 • 감전과 전압에 주의를 필요
충전식	• 전기를 충전하여 무선으로 사용 • 제한된 공간에서 스타일링이 필요할 경우 휴대용으로 사용
축열식	소형 가스통을 부착하거나 전기로 충전하여 사용

40 블로 드라이 시 열풍의 온도는 60~90℃로 작업한다.

41 염모제 : 제1액(알칼리제)인 암모니아는 모표피를 연화·팽윤시켜 산화제의 침투가 용이하게 작용한다. 제2액(산화제)인 과산화수소는 산소를 발생시켜 모발 내 자연 멜라닌 색소를 분해하고, 산화염료를 산화하여 발색시킨다.

42 파라페닐렌디아민은 알레르기를 일으킬 수 있으므로 패치 테스트를 해야 한다.
패치 테스트
- 염색 전에 하는 알레르기 검사
- 염색제를 귀 뒤나 팔 안쪽에 바른 후 48시간이 지났을 때 반응을 확인하는 테스트

43 헤어 블리치 시술 시 주의사항
- 제1액과 제2액 혼합 후 즉시 도포하고 남은 탈색제는 폐기한다.
- 시술용 장갑을 꼭 착용한다.
- 제품은 서늘한 곳에 보관한다.
- 두피 질환이 있는 경우 시술하지 않는다.

44 리터치(다이 터치 업)는 염색 후 자란 모발 부분(모근)에 염색하는 기법이다.

45 가발 손질법
- 인모가발인 경우 2~3주에 한 번씩 샴푸를 하여 야 하며 드라이 샴푸를 하는 것이 좋다.
- 부드럽게 브러싱하여 그늘에서 말려야 한다.
- 플레인 샴푸를 할 경우 38℃의 미지근한 물로 세정한다.
- 가발이 엉켰을 경우 네이프 쪽의 모발 끝부터 모근 쪽으로 빗질해야 한다.
- 샴푸 후 스프레이형 컨디셔너로 마무리하여 모 발에 매끄러움과 광택을 준다.
- ※ 스프레이가 없으면 얼레빗을 사용하여 모발 전체에 도포 후 빗질함

46 ② 스위치 : 1~3가닥의 긴 모발을 땋은 모발이 나 묶은 모발의 형태로 제작되며, 두상에 매 달거나 업스타일 등의 스타일링을 할 때 사용
③ 폴 : 쇼트 헤어를 일시적으로 롱 헤어로 변화 시키는 경우 사용
④ 위그 : 두상 전체에 쓰는 가발로, 두상의 90% 이상을 감싸는 전체 가발

47 보건행정은 국민의 건강 유지와 증진을 위한 공 적인 활동을 말하며 국가나 지방자체단체가 주 도하여 국민의 보건 향상을 위해 시행하는 행정 활동을 말한다.

48 미생물의 번식에 가장 중요한 요소로 온도, 습 도, 영양분이 있다.

49
- 폐흡충(폐디스토마) : 제1중간숙주 – 다슬기, 제2중간숙주 – 게, 가재
- 무구조충 : 소고기

50 식중독의 종류
- 포도상구균 식중독 : 우유, 버터, 치즈 등 유제 품이 원인이 되어 감염
- 병원성 대장균 식중독 : 보균자나 동물의 분변 을 통해 감염
- 장염비브리오 식중독 : 주로 7~9월 사이에 많 이 발생되며, 어패류가 원인이 되어 발병·유 행하는 식중독
- 보툴리누스균 식중독 : 통조림, 소시지 등 밀폐 된 혐기성 식품에서 감염(치명률이 높음)

51 산소 유무에 따른 세균의 분류
- 호기성 세균 : 산소가 필요한 균
  예 결핵균, 디프테리아균 등
- 혐기성 세균 : 산소가 없어야 하는 균
  예 파상풍균, 보툴리누스균 등
- 통성혐기성 세균 : 산소의 유무와 관계없는 균
  예 살모넬라균, 포도상구균 등

52 사상충은 모기를 통해 감염되는 열대성 풍토병 이다.

53 ②, ③, ④는 감염형 식중독이다.
독소형 식중독은 세균이 증식하여 독소를 생산 한 식품을 섭취하여 발생하는 식중독으로, 독소 형 식중독의 원인균에는 보툴리누스균, 포도상 구균 등이 있다.

54 고압증기멸균법
- 100~135℃ 고온의 수증기로 포자까지 사멸
- 가장 빠르고 효과적인 방법
- 고무, 유리기구, 금속기구, 의료기구, 무균실 기구, 약액 등에 사용

55 승홍수
- 강력한 살균력이 있어 0.1% 수용액 사용 → 손, 피부 소독
- 상처가 있는 피부에는 적합하지 않음(피부 점막에 자극 강함)
- 금속을 부식시킴
- 무색, 무취이며 독성이 강하므로 보관에 주의

56 소독약 A를 소독약 B와 같은 효과를 내려면 그 농도를 2배 짙게 조정한다.

$$석탄산계수 = \frac{소독제의\ 희석배수}{석탄산의\ 희석배수}$$

즉, 석탄산계수가 클수록 살균력이 크다. → 석탄산계수가 2.0이라면 살균력이 석탄산의 2배

57 미용업자가 준수하여야 하는 위생관리기준 등(규칙 [별표 4])
- 영업소 내부에 미용업 신고증 및 개설자의 면허증 원본을 게시하여야 한다.
- 영업소 내부에 부가가치세, 재료비 및 봉사료 등이 포함된 요금표(최종지급요금표)를 게시 또는 부착하여야 한다.

58 공중위생영업소의 폐쇄 등(법 제11조 제5항)
시장·군수·구청장은 공중위생영업자가 영업소 폐쇄명령을 받고도 계속하여 영업을 하는 때에는 관계공무원으로 하여금 해당 영업소를 폐쇄하기 위하여 다음의 조치를 하게 할 수 있다. 공중위생영업의 신고를 하지 아니하고 공중위생영업을 하는 경우에도 또한 같다.
- 해당 영업소의 간판 기타 영업표지물의 제거
- 해당 영업소가 위법한 영업소임을 알리는 게시물 등의 부착
- 영업을 위하여 필수불가결한 기구 또는 시설물을 사용할 수 없게 하는 봉인

59 청문(법 제12조)
보건복지부장관 또는 시장·군수·구청장은 다음의 어느 하나에 해당하는 처분을 하려면 청문을 하여야 한다.
- 이용사와 미용사의 면허취소 또는 면허정지
- 공중위생영업소의 영업정지명령, 일부 시설의 사용중지명령 또는 영업소 폐쇄명령

60 과징금처분(법 제11조의2 제1항)
시장·군수·구청장은 규정에 의한 영업정지가 이용자에게 심한 불편을 주거나 그 밖에 공익을 해할 우려가 있는 경우에는 영업정지 처분에 갈음하여 1억 원 이하의 과징금을 부과할 수 있다. 다만, 「성매매알선 등 행위의 처벌에 관한 법률」, 「아동·청소년의 성보호에 관한 법률」, 「풍속영업의 규제에 관한 법률」, 「마약류 관리에 관한 법률」 또는 이에 상응하는 위반행위로 인하여 처분을 받게 되는 경우를 제외한다.

문제 117쪽

01	②	02	④	03	④	04	②	05	④	06	②	07	①	08	③	09	④	10	④
11	①	12	④	13	④	14	②	15	①	16	①	17	②	18	②	19	③	20	②
21	④	22	③	23	③	24	③	25	②	26	④	27	③	28	①	29	④	30	④
31	③	32	①	33	④	34	①	35	④	36	③	37	③	38	③	39	③	40	④
41	①	42	③	43	③	44	③	45	④	46	④	47	②	48	①	49	①	50	①
51	④	52	②	53	④	54	③	55	②	56	③	57	③	58	②	59	④	60	③

01 미용의 특수성
- 의사표현의 제한 : 고객의 의사를 먼저 존중하고 반영
- 소재 선정의 제한 : 고객의 신체 일부가 미용의 소재
- 시간적 제한 : 정해진 시간 내에 미용작품을 완성
- 미적 효과의 고려 : 고객의 나이, 직업, 의복, 장소, 표정 등에 따라 고려
- 부용예술로서의 제한 : 여러 가지 조건에 제한을 받는 조형예술 같은 정적인 예술

02 미용사의 올바른 작업 자세
- 서서 작업을 하므로 근육의 부담이 적게 각 부분의 밸런스를 고려한다.
- 시술할 작업 대상의 위치는 미용사의 심장 높이 정도가 적당하다.
- 다리는 어깨 넓이로 벌린다.
- 정상 시력을 가진 사람의 명시거리는 안구에서 약 25~30cm이다.
- 실내 조도는 75lx 이상을 유지한다.

03 모발의 성장단계는 성장기 → 퇴행기 → 휴지기의 순서이다.

04 첩지는 내명부나 외명부의 신분을 밝혀주는 중요한 표시로 왕비는 도금한 용첩지를, 비와 빈은 봉첩지를, 내외명부는 개구리첩지를 썼다.

05 피부의 기능
- 혈관의 확장과 수축을 통해 체온을 조절하고, 면역작용 기능을 한다.
- 열, 통증, 촉각, 한기 등을 지각한다.
- 땀과 피지를 분비하고 노폐물을 배설한다.
- 세균, 물리·화학적 자극, 자외선으로부터 피부를 보호한다.
- 자외선을 받으면 비타민 D를 형성한다.
- 이산화탄소를 피부 밖으로 배출하면서 산소와 교환한다.

06 기저층
- 단층의 원주형 세포로 유핵세포
- 새로운 세포들을 생성
- 멜라닌 세포가 존재하여 피부의 색을 결정
- 물결 모양의 요철이 깊고 많을수록 탄력 있는 피부

07 원발진
- 피부질환의 1차적 장애가 나타나는 증상을 말한다.
- 반점, 홍반, 팽진, 구진, 농포, 결절, 낭종, 종양, 소수포, 대수포 등이 있다.

08 자외선의 종류

구분	파장	특징
UV-A (장파장)	320~ 400nm	• 진피층까지 침투 • 즉각 색소침착 • 광노화 유발 • 피부탄력 감소
UV-B (중파장)	290~ 320nm	• 표피의 기저층까지 침투 • 홍반 발생, 일광화상 • 색소침착(기미)
UV-C (단파장)	200~ 290nm	• 오존층에서 흡수 • 강력한 살균작용 • 피부암 원인

09 여드름 피부의 특징
- 피지 분비가 많고 피부가 두껍고 거칢
- 모공 입구의 폐쇄로 피지 배출이 잘 안 됨
- 비염증성 여드름 : 블랙헤드, 화이트헤드
- 염증성 여드름 : 구진, 농포, 결절, 낭종
- 원인
  - 내적 요인 : 호르몬 변화, 세균 감염, 유전성, 스트레스, 잘못된 식습관
  - 외적 요인 : 화장품과 의약품의 부작용, 자외선, 기후와 계절

10 기능성 화장품(화장품법 제2조 제2호)
- 피부의 미백에 도움을 주는 제품
- 피부의 주름 개선에 도움을 주는 제품
- 피부를 곱게 태워주거나 자외선으로부터 피부를 보호하는 데에 도움을 주는 제품
- 모발의 색상 변화·제거 또는 영양 공급에 도움을 주는 제품
- 피부나 모발의 기능 약화로 인한 건조함, 갈라짐, 빠짐, 각질화 등을 방지하거나 개선하는 데에 도움을 주는 제품

11 계면활성제의 종류

종류	특징	제품
양이온성	살균과 소독작용이 우수하고, 정전기 발생을 억제한다.	헤어 린스, 헤어 트리트먼트
음이온성	세정작용과 기포작용이 우수하다.	비누, 샴푸, 클렌징폼
양쪽성	피부 자극이 적고 세정작용이 있다.	저자극 샴푸, 베이비 샴푸 등
비이온성	피부 자극이 가장 적고, 화장품에 널리 사용한다.	기초 화장품류, 화장수의 가용화제, 크림의 유화제, 클렌징 크림의 세정제

12 미용사의 손톱은 고객 두피에 자극을 주지 않도록 관리하며 반지, 팔찌, 네일 장식 등의 액세서리는 지양한다.

13 고무 제품은 중성세제 세척 후 자외선 소독기에 보관한다.

14 논 스트리핑 샴푸제는 약산성이며 자극이 적어서 손상모나 염색 모발에 사용하는 샴푸제이다.

15 헤어 컨디셔너제는 손상 방법에 대한 처치제로 많은 화학제가 첨가되어 있어 모발에 코팅 막을 형성하고 모발을 건강한 상태로 유지하는 것을 도와준다. 그러나 이미 손상된 두발을 완전히 치유해 주지 않는다.

16 헤어샴푸의 목적은 모발과 두피의 때, 먼지, 비듬, 이물질을 제거하여 청결함과 상쾌함을 유지하고 두피의 혈액순환과 신진대사를 잘되게 하여 모발 성장에 도움을 주는 것이다. 또한 다양한 미용시술 시 기초 작업으로 모발 손질을 용이하게 한다.

17 탈모의 원인
- 내부적 원인 : 유전, 호르몬, 스트레스, 영양장애, 노화, 질병, 흡연, 음주 등
- 외부적 원인 : 물리적·화학적 자극, 계절적 요인, 샴푸 미숙, 잘못된 시술, 환경오염 등

18 모발의 모간 부분에서 밖으로 나와 있는 부분은 모표피이다.

19 두피·모발 분석
- 문진 : 직접 물어보면서 진단한다.
- 촉진 : 직접 손으로 만져보면서 진단한다.
- 시진 : 육안으로 보면서 진단한다.
- 검진 : 과학적으로 진단한다.

20 두피관리
- 건성 두피 : 오일 샴푸, 광택용 샴푸, 유연작용 샴푸, 건조 방지용 샴푸 및 크림, 로션, 오일 타입 트리트먼트를 사용한다.
- 민감성 두피 : 베이비 샴푸, 오일 샴푸(양쪽 이온성 계면활성제)를 사용하여 자극을 최소화시킨다.
- 비듬성 두피 : 살균제인 징크피리티온이 함유되어 있는 항비듬성 샴푸를 사용(주 1~2회)하고, 약용 린스를 사용하여 두피와 모발에 살균·소독한다.
- 지성 두피 : 식물성 샴푸(음이온 계면활성제)를 사용하여 세정력을 높이고 피지 분비를 조절하여 세균 번식을 억제한다.

21 그러데이션(그래쥬에이션) 커트
- 네이프에서 톱 부분으로 올라갈수록 모발의 길이가 길어지는 작은 단차의 커트
- 두발 길이에 단차를 주어 스타일을 입체적으로 만든 커트
- 그러데이션은 각도에 따라 로(low), 미디엄(medium), 하이(high)로 나눔

22 스파니엘 커트(앞내림형 커트)
네이프 포인트에서 0°로 떨어져 시작된 커트 선이 앞쪽으로 진행될수록 길어져서 전체적인 커트 형태 선이 A라인을 이루어 콘케이브 모양이 되는 스타일

23 웨트 커팅 : 젖은 모발에 커트하는 것으로 모발 손상이 적고 정확하게 커트하는 방법

24 스퀘어 레이어 커트
- 커트 단면이 박스(box)형으로 외각의 커트 선이 네모난 모양이 된다.
- 모발의 톱, 사이드, 백 방향으로 커트를 진행할 수 있다. 각도는 자연 시술각이 적용된다.
- 짧은 모발의 남성 헤어커트에 활용할 경우 톱에는 층, 크라운 영역에는 볼륨감이 생긴다.

25 테이퍼링 : 레이저를 이용하여 가늘게 커트하는 기법으로, 모발 끝을 붓 끝처럼 점차 가늘게 긁어내는 방법이다.
- 엔드 테이퍼링 : 모발 끝부분에서 1/3 정도 테이퍼링
- 노멀 테이퍼링 : 모발 끝부분에서 1/2 정도 테이퍼링
- 딥 테이퍼링 : 모발 끝부분에서 2/3 정도 테이퍼링

26 ④는 싱글링에 대한 설명이다.
클리퍼
- 클리퍼를 사용해 부분적 영역 혹은 모발 전체를 두피 가까이 짧게 셰이빙(shaving)하는 쇼트헤어 커트방법
- 모발의 짧고 정돈된 스타일을 위해 부분적 영역에서 주로 사용
- 바리캉(barican)이라고도 불림

27 ① 싱글링 헤어커트 : 쇼트 헤어커트의 한 방법
　　으로 네이프와 사이드 부분의 모발을 짧게
　　커트하는 방법이다.
② 댄디 헤어스타일 : 기본 레이어나 그래쥬에
　　이션 쇼트 헤어커트에 싱글링 기법을 적용하
　　여 톱 부분에 볼륨감을 형성하고 사이드는
　　깔끔하게 정돈하여 보이시한 댄디 스타일을
　　연출한다.
④ 모히칸 스타일 : 톱 부분으로 갈수록 점차
　　길어진 쇼트 스타일이다.

28 와인딩 시 텐션을 주어 말았을 경우 웨이브가
　　잘 형성된다.
　　퍼머넌트 웨이브 형성이 안 되는 경우
　　• 저항성모나 발수성모일 경우
　　• 극손상모이거나 탄력이 없는 경우
　　• 경수로 샴푸했을 경우
　　• 금속성 염모제를 사용했을 경우
　　• 산화된 제1액을 사용했을 경우
　　• 오버 프로세싱으로 모발이 손상된 경우

29 • 1제(환원제) : 모발의 시스틴 결합을 화학적으
　　로 절단시키고 구조를 변화시켜 웨이브를 형성
　　하는 작용(알칼리성)
　　• 2제(산화제, 중화제) : 환원된 모발의 변형된
　　구조를 재결합시키는 작용을 하여 형성된 웨이
　　브를 고정하는 역할

30 제2액 브롬산나트륨(취소산나트륨)과 브롬산칼
　　륨(취소산칼륨)의 적정 농도는 3~5%이다.

31 신징
　　• 헤어 트리트먼트에 속하며 갈라지고 손상된 모
　　발에 영양분이 빠져나가는 것을 막고 온열자극
　　으로 두피의 혈액순환을 촉진시킨다.
　　• 신징왁스나 전기 신징기를 사용해 모발을 적당
　　히 그슬리거나 지진다.

32 ① 블로킹 : 헤어펌 디자인에 따라 와인딩을 편
　　리하게 진행할 목적으로 두상을 크게 나눈
　　것으로, 블로킹의 크기는 롯드의 크기, 모발
　　의 밀집도, 모발의 질 등에 따라 결정
② 와인딩 : 롯드에 모발을 마는 작업
③ 베이스 : 스트랜드의 근원이 되는 부분
④ 스트랜드 : 적게 나누어 떠낸 모발

33 매직 스트레이트 헤어펌 연화과정

건강 모발	• 블록을 크게 나누고 후두부(네이프)부터 섹션을 나누어 두피에 닿지 않게 0.5~1cm 정도 떨어진 위치에 헤어펌 1제를 도포 • 섹션 전체에 원 터치 방법으로 헤어펌 1제를 도포 • 비닐캡을 씌우거나 랩으로 감싼 후 모발 상태에 따라 가온기를 사용해 열처리 진행(5~15분)
손상(염색) 모발	• 새로 나온 모발 부분에 먼저 1제를 도포 후 모발 상태에 따라 열처리 진행(1~10분) • 손상 부분의 모발에 1제를 도포 후 자연 처치하며 모발의 연화 상태를 점검

34 핑거 웨이브 3대 요소는 크레스트(정상), 리지
　　(융기점), 트로프(골)이다.

35 헤어 파팅이란 '모발을 나누다'라는 의미로 모발
　　의 흐름, 머리의 형태, 헤어스타일, 얼굴형 및
　　자연적인 가르마에 따라서 다양한 종류가 있다.
　　※ 컬의 구성요소 : 베이스(base), 스템(stem),
　　루프(loop)

36 아이론에서 그루브는 홈이 파져 있는 반원형으
　　로 프롱과 그루브 사이에 모발을 끼워 형태를
　　만들고, 프롱은 모발이 감기는 부분으로 모발을
　　위에서 누르는 작용을 한다. 프롱은 위쪽, 그루
　　브는 아래쪽으로 향하도록 한다.

37 블로 드라이어의 종류

핸드 타입	• 가장 많이 사용하는 대표적인 형태 • 손에 드라이어를 잡고 헤어스타일을 연출
스탠드 타입	• 바퀴가 부착되어 있어 필요시에 고객의 뒤로 이동시켜 사용 • 주로 웨이브 모발이나 손상도가 높은 모발의 건조 시 사용 • 자리를 많이 차지함
암 타입	• 벽걸이 형태 • 자리를 많이 차지하지 않아 공간 효율성이 좋음

38 모발 끝부분을 롤 브러시에 1~1.5바퀴 이내가 되도록 안으로 감아 준다(2바퀴 이상이면 S컬 형성).

39 과산화수소(산화제) 농도

농도	산소 방출량	용도
3%	10볼륨	• 손상모 염색 및 백모 커버 염색에 많이 사용(착색만 원할 때 사용) • 고명도의 모발을 저명도로 변화시킬 때 사용
6%	20볼륨	• 멋내기 염색에 사용(가장 많이 사용하는 농도) • 적당한 산화력으로 모발의 밝기를 1~2레벨 밝게 함
9%	30볼륨	• 모발의 밝기를 2~3레벨 밝게 함 • 탈색력은 강하나 피부 자극이 크므로 사용 시 주의가 필요 • 부분적으로 밝게 하는 하이라이트 기법이나 가발의 염・탈색에 사용
12%	40볼륨	• 모발의 밝기를 3~4레벨 밝게 함 • 피부 자극이 강함, 두피 화상에 주의

40 ① 마샬 웨이브 : 아이론에 의해 형성된 웨이브
② 섀도 웨이브 : 크레스트가 뚜렷하지 않고 자연스러운 웨이브
③ 내로 웨이브 : 강하게 형성되는 웨이브

41 모발 연화
• 저항성모(발수성모), 지성모는 염모제의 침투가 어렵기 때문에 연화제로 전처리한다.
• 20~30분 방치하면 충분히 연화되며, 사전 연화기술을 프레-소프트닝(pre-softening)이라고 한다.

42 색상환에서 적색의 보색은 녹색이다. 컬러링 시 붉은 계열을 없애고 싶을 때 녹색 계열을 사용하면 중화된다.

43 유화(乳化) : 에멀션(emulsion)이라고도 하며, 방치시간이 끝나기 전 약 3~5분간 염색된 모발과 두피를 부드럽게 마사지하는 것이다.

44 헤어 에센스는 헤어스타일링용 제품이다.

45 업스타일 디자인
• 엘레강스 : 우아하고 세련된 이미지
• 캐주얼 : 실용 위주의 디자인을 추구하며 형식적인 부분을 배제한 자유로운 이미지
• 클래식 : 고전적이고 격조 있는 이미지
• 모던 : 간결하고 현대적이며 도시적인 이미지
• 내추럴 : 소박하고 심플한 자연적인 이미지

46 ④ 머리 높이 : 좌측 이어 톱 부분의 헤어라인에서 우측 이어 톱 헤어라인까지의 길이를 잰다.
① 네이프 폭 : 네이프 양쪽의 사이드 코너에서 코너까지의 길이를 잰다.
② 머리 둘레 : 페이스 라인을 거쳐 귀 뒤 1cm 부분을 지나 네이프 미디엄 위치의 둘레를 잰다.
③ 이마 폭 : 페이스 헤어라인의 양쪽 끝에서 끝까지의 길이를 잰다.

47 클립
- 헤어피스에 클립이 부착된 형태로 두상의 둘레에 맞게 피스의 폭이 다양하게 제작
- 클립으로 손쉽게 탈부착 가능

48
- 모기 : 말라리아, 일본뇌염, 황열, 뎅기열
- 이 : 발진티푸스, 재귀열, 참호열

49 인간 병원소(환자, 보균자)
- 건강 보균자 : 병원체가 침입했으나 임상 증상이 전혀 없고 건강자와 다름없으나 병원체를 배출하는 보균자
- 회복기 보균자(병후 보균자) : 감염병에 걸린 후 임상 증상이 소실되어도 계속 병원체를 배출하는 사람
- 잠복기 보균자 : 잠복기 중에 타인에게 병원체를 전파시키는 사람

50 인공능동면역 : 예방접종 후 획득하는 면역
- 생균백신 : 결핵, 탄저, 광견병, 황열, 폴리오, 홍역
- 사균백신 : 콜레라, 장티푸스, 파라티푸스, 이질, 일본뇌염, 백일해

51 역학의 역할
- 질병의 원인 규명
- 질병의 발생과 유행 감시
- 지역사회의 질병 규모 파악
- 질병의 예후 파악
- 질병관리방법의 효과에 대한 평가
- 보건정책 수립의 기초 마련

52 아이오딘(요오드) 화합물은 광범위한 항균 특성을 가지고 있으며 박테리아, 바이러스 및 진균에 효과적이어서 감염 예방 및 치료를 위한 의료 및 외과 환경에서 유용하게 사용된다.

53 자비소독법
- 100℃의 끓는 물에 15~20분 가열(포자는 죽이지 못함)
- 아포형성균, B형간염 바이러스에는 부적합
- 물에 탄산나트륨(1~2%), 석탄산(5%), 붕소(2%), 크레졸(2~3%)을 넣으면 소독효과가 증대됨 → 의류, 식기, 도자기 등에 사용

54 고압증기멸균법
- 100~135℃ 고온의 수증기로 포자까지 사멸
- 가장 빠르고 효과적인 방법
- 고무, 유리기구, 금속기구, 의료기구, 무균실 기구, 약액 등에 사용
- 소독시간
  - 10파운드 : 115℃ → 30분간
  - 15파운드 : 121℃ → 20분간
  - 20파운드 : 126℃ → 15분간

55 미용실 실내 소독은 크레졸을 이용한다.

56 행정처분기준(규칙 [별표 7])
면허증을 다른 사람에게 대여한 경우
- 1차 위반 : 면허정지 3월
- 2차 위반 : 면허정지 6월
- 3차 위반 : 면허취소

57 다른 사람에게 이용사 또는 미용사의 면허증을 빌려주거나 빌린 사람은 300만 원 이하의 벌금에 처한다(법 제20조 제4항).
벌칙(법 제20조 제3항)
다음의 어느 하나에 해당하는 자는 6월 이하의 징역 또는 500만 원 이하의 벌금에 처한다.
- 변경신고를 하지 아니한 자
- 공중위생영업자의 지위를 승계한 자로서 신고를 하지 아니한 자
- 건전한 영업질서를 위하여 공중위생영업자가 준수하여야 할 사항을 준수하지 아니한 자

58 이·미용업 영업신고 신청 시 필요한 구비서류(규칙 제3조)
- 영업시설 및 설비개요서
- 영업시설 및 설비의 사용에 관한 권리를 확보하였음을 증명하는 서류
- 교육수료증(미리 교육을 받은 경우에만 해당)

59 공중위생감시원의 자격 및 임명(영 제8조 제1항)
특별시장·광역시장·도지사 또는 시장·군수·구청장은 다음의 어느 하나에 해당하는 소속 공무원 중에서 공중위생감시원을 임명한다.
- 위생사 또는 환경기사 2급 이상의 자격증이 있는 사람
- 대학에서 화학·화공학·환경공학 또는 위생학 분야를 전공하고 졸업한 사람 또는 법령에 따라 이와 같은 수준 이상의 학력이 있다고 인정되는 사람
- 외국에서 위생사 또는 환경기사의 면허를 받은 사람
- 1년 이상 공중위생 행정에 종사한 경력이 있는 사람

60 과태료(법 제22조 제1항)
다음의 어느 하나에 해당하는 자는 300만 원 이하의 과태료에 처한다.
- 규정에 의한 보고를 하지 아니하거나 관계공무원의 출입·검사 기타 조치를 거부·방해 또는 기피한 자
- 개선명령에 위반한 자
- 시·군·구에 이용업 신고를 하지 아니하고 이용업소표시 등을 설치한 자

문제 129쪽

01	②	02	③	03	③	04	②	05	①	06	①	07	③	08	②	09	③	10	④
11	④	12	①	13	①	14	②	15	②	16	④	17	④	18	②	19	②	20	②
21	①	22	②	23	④	24	③	25	④	26	②	27	④	28	④	29	②	30	①
31	②	32	②	33	③	34	②	35	③	36	②	37	③	38	②	39	④	40	④
41	①	42	②	43	②	44	③	45	③	46	③	47	②	48	①	49	④	50	①
51	③	52	①	53	②	54	②	55	②	56	④	57	②	58	②	59	②	60	②

01 쪽진(쪽)머리는 뒤통수에 낮게 머리를 틀어서 비녀를 꽂은 형태이다.

02 우리나라 현대 미용
- 1920년대 : 이숙종의 높은머리(다까머리)와 김활란의 단발머리가 유행
- 1930년대 : 오엽주가 일본 유학 후 서울에 화신미용실을 개원(1933년)
- 1940년대 : 김상진이 현대 미용학원을 설립
- 1950년대 : 6·25전쟁 이후 권정희가 정화미용고등기술학교를 설립

03 미용의 과정
- 소재 : 미용의 소재는 고객의 신체 일부로 제한적이다.
- 구상 : 고객 각자의 개성을 충분히 표현해 낼 수 있는 생각과 계획을 하는 단계이다.
- 제작 : 구상의 구체적인 표현이므로 제작과정은 미용인에게 가장 중요하다.
- 보정 : 제작 후 전체적인 스타일과 조화를 살펴보고 수정·보완하는 단계이다.

04 한선

에크린선(소한선)	아포크린선(대한선)
• 손바닥, 발바닥, 겨드랑이, 등, 앞가슴, 코 부위에 분포 • 약산성의 무색·무취 • 노폐물 배출 • 체온 조절기능	• 겨드랑이, 유두 주위, 배꼽 주위, 성기 주위, 항문 주위 등 특정한 부위에 분포 • 사춘기 이후 주로 분비 • 단백질 함유량이 많은 땀을 생산 • 세균에 의해 부패되어 불쾌한 냄새

05 진피의 구성

교원섬유 (콜라겐)	• 피부에 탄력성, 신축성, 보습성을 부여 • 진피의 70~90%를 차지(콜라겐으로 구성) • 피부장력 제공 및 상처 치유에 도움
탄력섬유 (엘라스틴)	• 피부 탄력에 기여하는 중요한 요소 • 탄력섬유가 파괴되면 피부가 이완되고 주름이 발생
기질	• 진피 내 섬유성분과 세포 사이를 채우는 무정형의 물질 • gel 상태

06 ① 모유두 : 모모세포에 영양분을 전달하여 모
발을 형성시켜 주고, 모발 성장의 근원이
된다.

② 모표피 : 모발의 가장 바깥쪽으로 모발을 외
부 물리적·화학적 자극으로부터 보호하고
수분 증발을 억제시킨다.

③ 모피질 : 모발의 85~90%를 차지하며, 모발
의 화학적·물리적 성질을 좌우하고 멜라닌
색소를 함유하고 있다.

④ 모수질 : 모발의 중심으로 공기를 함유하고
있으며, 연모나 가는 모발에는 없는 경우도
있다.

07 ③ 비타민 C(아스코르브산) : 미백작용, 모세혈
관벽 강화, 콜라겐 합성에 관여(대표적인 항
산화제)

① 비타민 A(레티놀) : 노화예방, 상피세포 건강
유지

② 비타민 E(토코페롤) : 항산화제 역할, 호르몬
생성, 노화방지

④ 비타민 D(칼시페롤) : 칼슘과 인의 흡수 촉
진, 뼈의 성장 촉진, 자외선에 의해 체내에
공급

08 특이성 면역
병원체에 노출된 후 활성화되어 침입한 병원체
에 대한 방어작용(후천면역)

B 림프구	• 체액성 면역 • 특정 면역체에 대해 면역글로불린이 라는 항체 생성
T 림프구	• 세포성 면역 • 혈액 내 림프구 70~80% 정도 차지 • 항체 생성 • 세포 접촉을 통해 직접 항원을 공격

09 기저층 : 멜라닌 세포가 존재하여 피부의 색을
결정

10 피부노화 현상

내인성 노화 (자연노화)	• 나이가 들면서 자연스럽게 발생하 는 노화 • 피지선의 기능 저하로 피부가 건조 하고 윤기가 없음 • 진피층의 콜라겐과 엘라스틴 감소 로 탄력 저하, 주름 발생 • 표피와 진피의 두께가 얇아짐 • 각질층의 두께는 두꺼워짐 • 랑게르한스 세포 수 감소(피부 면역 기능 감소) • 멜라닌 세포 감소로 자외선 방어기 능이 저하되어 색소침착 불균형이 나타남(피부색 변함)
외인성 노화 (광노화)	• 자외선 노출, 환경적 요인에 의해 발 생하는 노화 • 표피의 각질층의 두께가 두꺼워짐 • 자연노화가 아니기 때문에 진피의 두께가 얇아지지 않음 • 피부탄력 저하 및 모세혈관 확장 • 콜라겐의 변성 • 멜라닌 세포 증가로 자외선에 의한 색소침착

11 캐리어 오일

호호바 오일	• 피부와의 친화성과 침투력이 우수하 여 모든 피부에 적합하다. • 인체 피지와 유사하여 침투력과 보습 력이 우수하다. • 항균작용이 있어 여드름 피부에 좋다.
포도씨 오일	여드름 피부와 지성 피부의 피지를 조절 하고 항산화 작용을 한다.
아보카도 오일	• 비타민 E, 단백질, 지방산, 칼륨 등 영 양이 풍부하다. • 흡수력이 우수하여 노화 피부, 건성 피 부에 효과적이다.
올리브 오일	건성 피부, 민감성 피부, 튼살에 효과적 이다.

12 유화
• O/W형(수중유형) : 물속에서 오일이 작은 입
자가 되어 분산하는 유화액
• W/O형(유중수형) : 오일 속에 물이 가는 입자
가 되어 분산하는 유화액

13
- 화장품 : 정상인을 대상으로 청결, 미화, 건강이 목적이다. 장기간 사용해도 부작용이 없어야 한다.
- 의약품 : 환자를 대상으로 질병의 치료, 예방이 목적이다. 단기간 사용하거나 일시적으로 사용하며 부작용은 어느 정도 감안한다.

14 고객의 특성과 취향을 파악한 차별화된 서비스를 한다.

15 미용사 손 위생관리의 필요성
- 손등이 트거나 갈라질 수 있다.
- 가려움을 동반한 접촉성 피부염 증상이 나타날 수 있다.
- 각종 세균과 바이러스에 의한 병원균으로 질병 감염의 위험이 있다.

16 사전 브러싱의 목적
- 모발의 엉킨 부분을 품
- 두피와 모발의 분비물, 먼지 등을 사전에 제거
- 두피의 혈액순환을 돕고 피지 분비기능의 활성화 효과

17 프레 샴푸(약식 샴푸)
시술 전에 실시하는 샴푸로 모발에 남아 있는 스타일링 제품 등을 제거하고 고객의 모류를 정확하게 파악하기 위해 가볍게 하는 샴푸 → 중성 샴푸제나 알칼리성 샴푸제 사용

18 프로테인 샴푸
- 단백질(케라틴)을 원료로 만든 샴푸로 모발의 탄력과 강도를 높여줌
- 누에고치에서 추출한 성분과 난황성분을 함유한 샴푸제 → 모발에 영양 공급

19 스캘프 트리트먼트의 종류
- 드라이 스캘프 트리트먼트 : 건성 두피
- 플레인 스캘프 트리트먼트 : 정상 두피(건강 두피)
- 오일리 스캘프 트리트먼트 : 지성 두피
- 댄드러프 스캘프 트리트먼트 : 비듬성 두피

20 ③ 오일 린스는 유성 린스이다.
산성 린스
- 파마 시술 전에 사용을 피해야 함
- 알칼리 성분을 중화시키며 금속성 피막 제거에 효과적
- 레몬 린스, 비니거 린스, 구연산 린스 등

21 스캘프 트리트먼트(두피관리)의 목적
- 두피의 혈액순환 촉진 및 두피의 생리기능을 높여 준다.
- 비듬을 제거하고 가려움증을 완화시킨다.
- 두피를 청결하게 하고 모근에 자극을 주어 탈모를 방지한다.
- 모발의 발육을 촉진한다.
- 두피에 유분 및 수분을 공급한다.

22 시스틴 결합
- 두 개의 황(S) 원자 사이에서 형성되는 일종의 공유결합
- 물리적으로는 강한 결합이나, 알칼리에 약함 (물, 알코올, 약산성, 소금류에 강함)
- 화학적으로 반응시켜 절단시키고 다시 재결합시킬 수도 있음
- 퍼머넌트 웨이브 시술 시 이용

23
- 진동법 : 손을 밀착하여 진동을 주는 기법
- 고타법 : 손을 이용하여 두드리는 기법

24 헤어커트의 종류 및 특징

웨트 커트	모발에 물을 뿌려 젖은 상태로 커트하는 방법
드라이 커트	건조한 상태의 모발에 커트하는 방법
프레 커트	퍼머넌트 웨이브 시술 전에 원하는 스타일에 가깝게 하는 커트
애프터 커트	퍼머넌트 웨이브 시술 후에 하는 커트

25 ① 직선날 가위 : 양날이 동일하고 매끄러운 일반적으로 사용하는 가위
② 미니 가위 : 4~5인치 정도의 작은 가위로 세밀한 커트에 사용
③ 곡선날 가위 : 스트로크 커트에 주로 사용되며 가위 끝이 굽어 있음

26 ① 원랭스 커트 : 모발에 층을 내지 않고 일직선상으로 커트하는 기법
② 그래쥬에이션 커트 : 네이프에서 톱 부분으로 올라갈수록 모발의 길이가 길어지는 작은 단차의 커트
④ 스퀘어 커트 : 커트 라인을 사각형으로 하는 기법으로 모발의 길이가 자연스럽게 연결되도록 할 때 이용

27 헤어 스프레이는 분사 후 건조될 때 필름을 형성하여 헤어 디자인 형태를 고정하고 유지시킬 때 사용한다.

28 제1액의 알칼리제가 모발을 팽윤, 연화시켜서 모표피를 열리게 하고 모피질 안에 침투하여 환원작용을 한다.

29 콜드펌
• 열을 사용하지 아니하고 웨이브를 형성하는 방법 → 시스틴 결합 이용
• 상온에서 염기성 파마액을 모발에 발라 스며들게 하고, 원하는 모양으로 감아서 일정한 시간이 지난 후에 산화제로 웨이브를 고정하는 방법

30 헤어세팅

오리지널 세트	• 기초가 되는 세트 • 헤어 파팅, 셰이핑, 롤링, 웨이빙 등
리세트	• 오리지널 세트된 형태에서 다시 손질하여 원하는 형태로 다시 세트하는 것 • 브러싱, 콤 아웃, 백 코밍 등

31 ① 리버스 스탠드 업 컬 : 루프가 두피에 90°로 세워져 있으며 귓바퀴 반대 방향으로 말린 컬
③ 스컬프처 컬 : 모발 끝이 서클의 안쪽에 있는 형태로서 웨이브는 두발 끝이 컬 루프의 중심인 컬
④ 플랫 컬 : 루프가 0°로 납작하게 형성된 컬

32 롤러 컬의 종류

논 스템 롤러 컬	• 전방 45° 각도로 와인딩 • 볼륨감이 가장 크고 지속성이 좋음 • 주로 크라운 부분 사용
하프 스템 롤러 컬	• 두상에 90°(수직)로 와인딩 • 적당한 볼륨감이 있음
롱 스템 롤러 컬	• 후방 45° 각도로 와인딩 • 네이프에 많이 사용되며 볼륨감이 적음

33 베이스의 종류

오블롱	• 장방형(직사각형) 베이스 • 헤어라인부터 떨어진 웨이브를 만들며 측두부에 주로 사용
스퀘어	• 정방형(정사각형) 베이스 • 평균적인 컬이나 웨이브를 만들 때 주로 사용
아크	• 둥근형 베이스 • 후두부에 웨이브를 만들 때 사용
트라이앵귤러	• 삼각형 베이스 • 콤 아웃 시 모발이 갈라지는 것을 방지하기 위해 이마의 헤어라인에 주로 사용

34 색의 3원색 : 마젠타(magenta), 시안(cyan), 노랑(yellow)

35 탈색 시 주의사항
- 제1액과 제2액 혼합 후 즉시 도포하고 남은 탈색제는 폐기한다.
- 시술용 장갑을 꼭 착용한다.
- 제품은 서늘한 곳에 보관한다.
- 두피 질환이 있는 경우 시술하지 않는다.

36 투 터치(two touch) 기법
전체 길이가 25cm 미만인 모발을 두 번에 나누어 도포하는 기법이다. 모근에 새로 자라난 신생부와 기염부의 명도를 맞추는 경우에 사용하며, 두피 쪽 모발과 모발 끝의 온도 차이에 의한 염모제의 반응 속도가 다르므로 얼룩 없이 균일한 컬러를 얻기 위해 사용하는 도포법이다.

37 ③은 반영구 염모제의 작용 원리이다.

38 업스타일 핀의 특징

핀셋	• 블로킹을 하거나 형태를 임시로 고정할 때 사용 • 집게나 톱니 형태의 핀셋도 있음
핀컬 핀	• 부분적으로 임시 고정할 때 사용 • 금속이나 플라스틱 재질이며 핀셋보다 작은 형태
웨이브 클립	• 리지 간격을 고려하여 집게로 집듯 사용 • 웨이브의 리지를 강조할 때 효과적
실핀	• 일반적으로 가장 많이 사용하는 핀 • 벌어진 핀은 사용하지 않음
U핀	• 임시로 고정하거나 면과 면을 연결할 때 사용 • 가볍게 컬을 고정하거나 망과 토대를 고정시킬 때 사용 • 고정력은 실핀이나 대핀에 비해 약함

39 두피를 중심으로 건조하고, 모발 부분은 따뜻한 바람과 차가운 바람을 번갈아 가며 위에서 아래 방향으로 건조한다.

40 ① 트위스트 : 밧줄 모양과 같이 모발의 꼬인 형태를 말하며, 본 머리 또는 헤어피스를 연결하여 연출하는 스타일
② 콘로 : 세 가닥 땋기 기법을 두피에 밀착하여 표현하는 스타일로, 안으로 집어 땋기보다 바깥으로 거꾸로 땋아서 입체감 표현
③ 브레이즈 : 세 가닥 땋기를 기본으로 하여 모발을 교차하거나 가늘고 길게 여러 가닥으로 늘어뜨려 연출하는 헤어스타일

41 윈슬로(C. E. A. Winslow)의 공중보건학 정의에 따르면 조직화된 지역사회의 노력을 통하여 질병을 예방하고, 수명을 연장하며, 신체적·정신적 효율을 증진시키는 기술이자 과학이다.

42 인구 구성형태
- 피라미드형 : 출생률이 증가하고, 사망률이 낮은 형태(후진국형, 인구증가형)
- 항아리형 : 출생률이 사망률보다 낮은 형태(선진국형, 인구감소형)
- 별형 : 생산연령 인구가 많이 유입되는 형태(도시형, 인구유입형)
- 표주박형 : 생산층 인구가 많이 유출되는 형태(농촌형, 인구유출형)

43 보건지표

비례사망 지수	• 한 국가의 건강 수준을 나타내는 지표 • 50세 이상의 사망자 수 / 연간 전체 사망자 수×100
평균수명	출생 후 평균 생존기간의 수준을 설명하는 지표(기대수명)
영아사망률	• 출산아 1,000명당 1년 미만 사망아 수 • 영아사망률 감소는 그 지역의 사회적, 경제적, 생물학적 수준 향상을 의미한다.
조사망률	인구 1,000명당 1년 동안의 사망자 수

44 자연독 식중독

식물성 독소	• 독버섯 : 무스카린 • 감자 : 솔라닌 • 맥각 : 에르고톡신 • 청매 : 아미그달린 • 독미나리 : 시큐톡신
동물성 독소	• 복어 : 테트로도톡신 • 모시조개, 굴, 바지락 : 베네루핀

45 이 · 미용업소의 실내 쾌적 기온은 18±2℃, 쾌적 습도는 40~70%의 범위이다.

46 수인성 감염병은 오염된 물에 의해 매개되는 감염병으로 이질, 콜레라, 장티푸스, 파라티푸스 등이 대표적이다.

47 간흡충(간디스토마) : 제1중간숙주 - 우렁이, 제2중간숙주 - 민물고기

48 ① 결핵 : 생후 1개월 이내
② 폴리오 : 1차는 생후 2개월, 2차는 생후 4개월, 3차는 생후 6개월
③ 홍역 : 1차는 생후 12~15개월, 2차는 생후 4~6세
④ 일본뇌염 : 생후 12~23개월

49 학교보건사업은 학교보건행정에 속하며, 학생과 교직원을 대상으로 한다.

50 • 건열멸균법 : 화염멸균법, 소각법, 건열멸균법
• 습열멸균법 : 자비소독법, 고압증기멸균법, 저온살균법

51 규폐증은 규산 성분이 있는 돌가루가 폐에 쌓여 생기는 질환으로 광부, 석공, 도공, 연마공 등에서 주로 볼 수 있는 직업병이다.

52 승홍수 : 강력한 살균력이 있어 0.1% 수용액 사용 → 손, 피부 소독

53 소독력이 강한 것은 멸균 > 살균 > 소독 > 방부 > 청결의 순이다.

54 에틸렌옥사이드 가스멸균법(EO) : 50~60℃ 저온에서 멸균하는 방법으로 EO 가스의 폭발 위험이 있어서 프레온가스 또는 이산화탄소를 혼합하여 사용한다(비용이 많이 듦). → 고무장갑, 플라스틱

55 세균의 형태
• 구균 : 구형 또는 타원형 → 포도상구균, 쌍구균, 연쇄상구균
• 간균 : 막대 모양의 길고 가는 것(막대형) → 디프테리아, 결핵균, 콜레라, 파상풍균
• 나선균 : 가늘고 길게 굴곡이 져 있는 코일 모양(나선형) → 콜레라, 매독

56 소독 기준(규칙 [별표 3])
건열멸균 소독 : 100℃ 이상의 건조한 열에 20분 이상 쐬어 준다.

57 변경신고(규칙 제3조의2)
• 변경신고 대상 : 영업소의 명칭 또는 상호, 영업소의 주소, 신고한 영업장 면적의 1/3 이상의 증감, 대표자의 성명 또는 생년월일, 미용업 업종 간 변경 또는 업종의 추가
• 변경신고 시 제출서류 : 영업신고증(신고증을 분실하여 영업신고사항 변경신고서에 분실 사유를 기재하는 경우에는 첨부하지 아니함), 변경사항을 증명하는 서류

58 이용사 및 미용사의 면허취소 등(법 제7조)
시장·군수·구청장은 이용사 또는 미용사가 다음의 하나에 해당하는 때에는 그 면허를 취소하거나 6월 이내의 기간을 정하여 그 면허의 정지를 명할 수 있다. 다만, ㉠, ㉡, ㉣, ㉥ 또는 ㉦에 해당하는 경우에는 그 면허를 취소하여야 한다.
㉠ 피성년후견인
㉡ 정신질환자, 공중의 위생에 영향을 미칠 수 있는 감염병환자로서 보건복지부령이 정하는 자, 마약 기타 대통령령으로 정하는 약물중독자에 해당하게 된 때
㉢ 면허증을 다른 사람에게 대여한 때
㉣ 「국가기술자격법」에 따라 자격이 취소된 때
㉤ 「국가기술자격법」에 따라 자격정지처분을 받은 때(자격정지처분 기간에 한정)
㉥ 이중으로 면허를 취득한 때(나중에 발급받은 면허를 말함)
㉦ 면허정지처분을 받고도 그 정지기간 중에 업무를 한 때
㉧ 「성매매알선 등 행위의 처벌에 관한 법률」이나 「풍속영업의 규제에 관한 법률」을 위반하여 관계 행정기관의 장으로부터 그 사실을 통보받은 때

59 위생서비스수준의 평가(법 제13조 제2항)
시장·군수·구청장은 위생서비스 평가계획에 따라 관할지역별 세부평가계획을 수립한 후 공중위생영업소의 위생서비스수준을 평가하여야 한다.

60 공중위생관리법은 공중이 이용하는 영업의 위생관리 등에 관한 사항을 규정함으로써 위생수준을 향상시켜 국민의 건강증진에 기여함을 목적으로 한다(법 제1조).

제 **4** 회 **모의고사 정답 및 해설**

문제 141쪽

01	③	02	④	03	②	04	②	05	①	06	②	07	①	08	③	09	④	10	③
11	④	12	④	13	④	14	③	15	③	16	③	17	③	18	①	19	④	20	②
21	③	22	③	23	③	24	④	25	②	26	②	27	①	28	③	29	④	30	②
31	②	32	①	33	③	34	③	35	③	36	③	37	③	38	④	39	②	40	④
41	①	42	③	43	③	44	③	45	③	46	①	47	②	48	③	49	③	50	③
51	③	52	④	53	④	54	②	55	③	56	③	57	①	58	④	59	②	60	①

01 미용의 과정
- 소재 : 미용의 소재는 고객의 신체 일부로 제한적이다.
- 구상 : 고객 각자의 개성을 충분히 표현해 낼 수 있는 생각과 계획을 하는 단계이다.
- 제작 : 구상의 구체적인 표현이므로 제작과정은 미용인에게 가장 중요하다.
- 보정 : 제작 후 전체적인 스타일과 조화를 살펴보고 수정·보완하는 단계이다.

02 그리스·로마의 미용

그리스	• 모발을 자연스럽게 묶은 고전적인 스타일 • 키프로스풍의 모발형이 유행(나선형의 컬을 쌓아 겹친 것 같은 모발형) • 전문 결발사가 생기면서 이용원이 처음 생겨남
로마	• 웨이브나 컬을 내는 손질방법이 발달 • 탈색(블리치)과 염색(컬러)을 같이 함 • 향수와 화장품 제조(화장품과 오일을 몸에도 사용함)

03 한일합방 이후 외국에서 신문물이 들어오면서 현대 미용이 활발하게 발달하였다.

04
- 비타민 B_2 : 리보플라빈
- 비타민 E : 토코페롤

05 망상층
- 유두층의 아래에 위치하며 피하조직과 연결되는 층
- 진피층에서 가장 두꺼운 층으로 그물 형태로 구성
- 교원섬유와 탄력섬유 사이를 채우고 있는 간충물질과 섬유아세포로 구성
- 피부의 탄력과 긴장을 유지

06 화상의 분류
- 1도 화상 : 피부의 가장 겉 부분인 표피만 손상된 단계이다.
- 2도 화상 : 표피와 표피 아래의 진피도 어느 정도 손상된 단계로, 화상 물집을 생성시키며 피하조직의 부종과 심한 통증이 나타난다.
- 3도 화상 : 피부의 전 층 모두 화상으로 손상된 단계로 체액 손상 및 감염이 발생한다.

07 백반증은 멜라닌 색소 감소로 인해 흰색 반점이 피부에 나타나는 후천적 탈색소성 질환이다.

08 오드 코롱은 방향용 화장품이다.

09 피지를 억제하고 화장을 지속시켜 주는 것은 파우더의 기능이다.

10 자외선 차단제

분류	자외선 산란제 (물리적 차단제)	자외선 흡수제 (화학적 차단제)
특징	• 피부 표면에서 자외선을 반사, 산란시켜 차단 • 도포 후 불투명	• 자외선을 흡수시킨 후 화학작용 후 배출 • 도포 후 투명
성분	산화아연(징크옥사이드), 이산화타이타늄(타이타늄다이옥사이드)	옥틸다이메틸파바, 옥틸메톡시신나메이트, 벤조페논유도체, 캄퍼유도체, 다이벤조일메탄유도체, 갈릭산유도체, 파라아미노벤조산
장점	자외선 차단효과가 높고 비교적 안전하여 예민한 피부도 사용 가능	발림성과 사용감이 우수
단점	백탁현상과 메이크업의 밀림현상	피부에 자극, 트러블 발생

11 하루에 3번 이상 꼼꼼한 양치질을 통해 구취를 예방한다.

12 한 번 사용한 빗은 반드시 소독해서 사용하여야 한다.

13 개인정보의 수집·이용(개인정보 보호법 제15조 제2항)
개인정보처리자는 정보주체의 동의를 받을 때에는 다음 사항을 정보주체에게 알려야 한다. 다음 어느 하나의 사항을 변경하는 경우에도 이를 알리고 동의를 받아야 한다.
• 개인정보의 수집·이용 목적
• 수집하려는 개인정보의 항목
• 개인정보의 보유 및 이용 기간

• 동의를 거부할 권리가 있다는 사실 및 동의 거부에 따른 불이익이 있는 경우에는 그 불이익의 내용

14 샴푸 시술 시 손톱으로 두피를 문지르고 비비면 두피에 상처가 날 수 있으므로 손가락 끝으로 가볍게 마사지하듯 샴푸를 해 준다.

15 • 웨트 샴푸는 물을 사용한 샴푸를 말하며 플레인 샴푸, 핫 오일 샴푸, 스페셜 샴푸 등이 있다.
• 리퀴드 드라이 샴푸는 물을 사용하지 않는 드라이 샴푸로, 벤젠이나 알코올 등 휘발성 용제를 이용하여 주로 가발에 많이 사용된다.

16 ③은 샴푸의 목적이다.
트리트먼트의 목적
• 염색이나 파마 등으로 손상된 모발에 트리트먼트제를 도포하고 침투시켜서 수분 및 영양을 공급한다.
• 건조한 모발에 윤기를 주어 정전기와 엉킴을 방지한다.
• 퍼머넌트 웨이브, 염색 등 화학적 시술 전과 후에 손상을 방지하기 위해 사용한다.

17 신징
• 갈라지고 손상된 모발에 영양분이 빠져나가는 것을 막고 온열자극으로 두피의 혈액순환을 촉진시킨다.
• 신징왁스나 전기 신징기를 사용해 모발을 적당히 그슬리거나 지진다.

18 산성 린스
• 파마 시술 전에 사용을 피해야 함
• 알칼리 성분을 중화시키며 금속성 피막 제거에 효과적
• 레몬 린스, 비니거 린스, 구연산 린스 등

19 두피의 기능

보호	자외선으로부터 피부를 보호
흡수	피부 부속기관과 각질층을 통해 제품을 선택적으로 흡수
감각	• 감각세포에 의해 외부의 자극에 대해 반사작용을 일으켜 몸을 방어 • 두피의 감각세포 수 : 통각 > 촉각 > 냉각 > 압각 > 온각
호흡 및 배설	산소를 흡수하고 신진대사 후 방출
비타민 D 생성	자외선을 받아 비타민 D가 생성되어 치아와 뼈 형성
체온 조절	36.5℃를 유지하려는 항상성

20 스캘프 트리트먼트의 종류

- 플레인 스캘프 트리트먼트 : 정상 두피에 사용 (유·수분 적당)
- 드라이 스캘프 트리트먼트 : 건성 두피에 사용 (두피 건조)
- 오일리 스캘프 트리트먼트 : 지성 두피에 사용 (피지 분비 과잉)
- 댄드러프 스캘프 트리트먼트 : 비듬성 두피에 사용(비듬이 많음)

21 탈모

- 남성형 탈모 : 남성호르몬인 안드로겐의 과잉 분비가 원인이다.
- 여성형 탈모 : 여성호르몬인 에스트로겐의 수치가 감소하여 호르몬의 균형이 무너지면서 발생한다.
- 원형 탈모 : 동전 크기로 탈모가 진행되는 상태로 스트레스, 면역력 저하 등이 원인이다.
- 산후 탈모 : 출산 후 2~5개월부터 시작되는 휴지성 탈모이다.
- 내부적 원인 : 유전, 호르몬, 스트레스, 영양장애, 노화, 질병, 흡연, 음주 등
- 외부적 원인 : 물리적·화학적 자극, 계절적 요인, 샴푸 미숙, 잘못된 시술, 환경오염 등

22 두피관리 홈케어

건성	• 오일 샴푸, 광택용 샴푸, 유연작용 샴푸, 건조 방지용 샴푸를 사용 • 크림, 로션, 오일 타입 트리트먼트를 사용
지성	식물성 샴푸(음이온 계면활성제)를 사용하여 세정력을 높이고 피지 분비를 조절하여 세균 번식을 억제
민감성	베이비 샴푸, 오일 샴푸(양쪽 이온성 계면활성제)를 사용하여 자극을 최소화
비듬성	• 살균제인 징크피리티온이 함유되어 있는 항비듬성 샴푸를 사용(주 1~2회) • 약용 린스를 사용하여 두피와 모발에 살균 소독

23

레이어 헤어커트는 90° 이상의 시술각이 적용되는 커트 스타일로, 시술각으로 층이 조절된다.

24 헤어커트의 종류 및 특징

웨트 커트	모발에 물을 뿌려 젖은 상태로 커트하는 방법
드라이 커트	건조한 상태의 모발에 커트하는 방법
프레 커트	퍼머넌트 웨이브 시술 전에 원하는 스타일에 가깝게 하는 커트
애프터 커트	퍼머넌트 웨이브 시술 후에 하는 커트

25 이사도라 커트

- 뒤내림형 커트
- 네이프 포인트에서 0°로 떨어져 시작된 커트 선이 앞쪽으로 진행될수록 짧아져 전체적인 커트 형태 선이 둥근 V라인 또는 U라인을 이루어 콘벡스 모양이 되는 스타일

26 가위의 각부 명칭

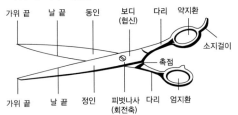

27 스파니엘 커트
- 앞내림형 커트
- 네이프 포인트에서 0°로 떨어져 시작된 커트 선이 앞쪽으로 진행될수록 길어져서 전체적인 커트 형태 선이 A라인을 이루어 콘케이브 모양이 되는 스타일

28 싱글링 커트를 할 때 손으로 모발을 잡지 않고 가위와 빗을 이용해 아래 모발을 짧게 자르고 위쪽으로 올라갈수록 길어지게 커트한다.

29 • 아웃라인 정리(outlining) : 헤어라인을 정리해 주는 과정으로, 쇼트 헤어커트에서 커트 형태를 나타내는 꼭 필요한 작업이다.
- 질감 처리(texturizing) : 쇼트 헤어커트에서 모발에 볼륨을 주어 율동감이 생긴다.

30 열기구는 히팅 캡에서 롤러 볼에 이르기까지 다양한 종류가 있으며, 와인딩된 롯드 하나하나에 열이 전도되어 퍼머넌트 웨이브제의 화학작용을 활성화하는 역할을 한다.

31 환원제인 1제는 티오글리콜산이나 시스테인이 주성분으로 사용된다. pH 조절을 위한 알칼리제로는 암모니아수, 모노에탄올아민 등을 사용한다. 보조 성분으로 정제수, 습윤제, pH 조절제, 금속 이온 봉쇄제, 점성제, 향료, 보존제 등이 있다.

32 퍼머넌트 웨이브의 제1액(환원제)은 시스틴 결합을 끊어 일시적인 웨이브를 형성시켜 주며, 퍼머넌트 웨이브의 제2액(산화제)은 제1액의 작용을 중지시켜 시스틴 결합을 재결합(산화작용)하여 형성된 웨이브를 고정시켜 준다.

33 마샬 그라또(프랑스) : 1875년에 마샬 웨이브 창시자로 아이론의 열을 이용하여 웨이브를 만드는 기술을 개발하였다.

34 매직 스트레이트펌 시 손상(염색) 모발 연화
- 새로 나온 모발 부분에 먼저 1제를 도포 후 모발 상태에 따라 열처리 진행(1~10분)
- 손상 부분의 모발에 1제를 도포 후 자연 처치하며 모발의 연화 상태를 점검

35 ③ 리버스 스탠드 업 컬 : 루프가 두피에 90°로 세워져 있으며 귓바퀴 반대 방향으로 말린 컬
① 플랫 컬 : 루프가 0°로 납작하게 형성된 컬
② 포워드 스탠드 업 컬 : 루프가 두피에 90°로 세워져 있으며 귓바퀴를 따라 말린 컬
④ 스컬프처 컬 : 모발 끝이 서클의 안쪽에 있는 형태로서 웨이브의 두발 끝이 컬 루프의 중심이 된 컬

36 스켈톤 브러시는 머리 엉킴 방지 및 남성의 머리에 주로 사용된다.

37 위그는 부분 가발(헤어피스)이 아닌 전체 가발로 두상의 90% 이상을 감싸는 가발을 말하며, 숱이 적거나 탈모가 많을 때 사용한다.

38 수소 결합
- 모발의 결합 중 세트 및 드라이에 관여하는 결합
- 수분에 의해 절단되었다가 건조하면 재결합됨

39 ② 일시적 염모제는 다양하게 컬러 변화를 줄수 있으나 모발을 밝게 하지는 못한다.

40 리터치
- 기염부와 신생모를 연결하는 것을 말한다.
- 신생모를 기염부의 염색보다 밝게 염색할 때는 리터치–톤업, 기염부의 명도 변화 없이 신생모의 색상만 바꿔 주는 것을 리터치–톤온톤, 기염부의 명도보다는 어둡고 신생모보다는 밝게 하는 것을 리터치–톤다운이라고 한다.

41 모발 염색 용어

패치 테스트	• 염색 전에 하는 알레르기 검사 • 염색제를 귀 뒤나 팔 안쪽에 바른 후 48시간이 지났을 때 반응을 확인하는 테스트
스트랜드 테스트	원하는 색상이 모발에 발색되는지 여부를 확인해 보기 위해 염색 전 안쪽 스트랜드(적게 나누어 떠낸 모발)에 미리 염색약을 도포해 테스트하는 방법
테스트 컬러	약제 도포 후 원하는 색상이 나왔는지 확인하는 것

42 업스타일 디자인 3대 요소
- 형태(form) : 크기, 볼륨, 방향, 위치 등의 모양
- 질감(texture) : 매끈함, 올록볼록함, 거칠함, 무거움, 가벼움 등의 느낌
- 색상(color) : 어둡고 밝음의 명도, 다양한 색의 표현

43 백콤
- 모근을 향해 빗으로 모발을 밀어넣어 쌓는 작업으로 모발을 부풀리는 방법
- 디자인에 따라 모류의 변화를 줄 수 있음
- 모발의 상태와 업스타일 디자인의 형태에 따라 백콤의 기법을 다르게 함
- 효과 : 볼륨 형성, 방향 부여, 갈라짐 방지

44 가발의 종류
- 전체 가발 : 위그
- 헤어피스(부분 가발) : 위글렛, 캐스케이드, 폴, 스위치, 웨프트

45 특수머리

트위스트	• 밧줄 모양과 같이 모발의 꼬인 형태 • 본 머리 또는 헤어피스를 연결하여 연출하는 스타일
콘로	• 세 가닥 땋기 기법을 두피에 밀착하여 표현하는 스타일 • 안으로 집어 땋기보다 바깥으로 거꾸로 땋아서 입체감 표현
브레이즈	세 가닥 땋기를 기본으로 하여 모발을 교차하거나 가늘고 길게 여러 가닥으로 늘어뜨려 연출하는 헤어스타일
드레드	• 곱슬머리에 가모를 이용하여 여러 갈래로 땋거나 뭉쳐 만든 스타일 • 흑인머리 형태에서 많음

46 대기오염을 일으키는 원인으로 교통량의 증가, 중화학공업의 난립, 기계문명의 발달 등이 있다.

47 페스트는 제1급 감염병, 인플루엔자는 제4급 감염병, 장티푸스는 제2급 감염병이다.

48 질병 예방단계

1차적 예방	생활환경 개선, 건강증진 활동, 안전관리 및 예방접종 등 질병 발생의 억제가 필요한 단계
2차적 예방	숙주의 병적 변화시기로 질병의 조기발견, 조기치료, 악화방지를 위한 치료활동이 필요한 시기
3차적 예방	질병의 재발방지, 잔여기능의 최대화, 재활활동, 사회복귀 활동이 필요한 단계

49 일산화탄소(CO)
- 무색, 무취의 맹독성 가스이다.
- 중독 : CO는 헤모글로빈의 산소결합능력을 빼앗아 혈중 O_2의 농도를 저하키고 조직세포에 공급할 산소의 부족을 초래한다.
- 증상 : 신경이상, 시력장애, 보행장애 등

50 디프테리아는 호흡기계 감염병으로, 환자나 보균자의 객담 또는 콧물 등으로 감염된다.

51 계면활성제의 세정력
음이온성 > 양쪽성 > 양이온성 > 비이온성

52 생장에 산소를 필요로 하는 균을 호기성 세균, 산소가 있으면 자라지 않는 균을 혐기성 세균이라고 하며, 산소를 필요로 하지는 않지만 산소가 있어도 자랄 수 있는 균을 통성혐기성 세균이라고 한다.

53 화학적 소독법 : 화학반응을 일으켜 세균의 생활력을 빼앗아 살균하는 것으로 소독제로 알코올, 염소, 과산화수소, 계면활성제 등을 들 수 있다.

54 일광소독법 : 태양광선 중 자외선을 이용해 살균 → 의류, 침구류 소독

55 건열멸균법
• 건열멸균기를 이용하여 온도 160~180℃에서 1~2시간 가열
• 유리제품, 금속류, 사기그릇 등의 멸균에 이용 (미생물과 포자를 사멸)

56 아포는 특정한 세균의 체내에서 원형 또는 타원형의 구조로 형성되며 포자라고도 한다. 아포가 생기는 균은 파상풍균, 탄저균, 보툴리누스균 등이다.

57 면허증의 재발급 등(규칙 제10조 제1항)
이용사 또는 미용사는 면허증의 기재사항에 변경이 있는 때, 면허증을 잃어버린 때 또는 면허증이 헐어 못쓰게 된 때에는 면허증의 재발급을 신청할 수 있다.

58 영업소에서 의약품은 사용할 수 없으며, 소독한 기구와 소독하지 않은 기구는 구분하여 보관한다. 또한 1회용 면도날은 손님 1인에 한하여 사용하여야 한다.

59 공중위생영업소의 폐쇄 등(법 제11조 제5항)
시장·군수·구청장은 공중위생영업자가 영업소 폐쇄명령을 받고도 계속하여 영업을 하는 때에는 관계공무원으로 하여금 해당 영업소를 폐쇄하기 위하여 다음의 조치를 하게 할 수 있다. 공중위생영업의 신고를 하지 아니하고 공중위생영업을 하는 경우에도 또한 같다.
• 해당 영업소의 간판 기타 영업표지물의 제거
• 해당 영업소가 위법한 영업소임을 알리는 게시물 등의 부착
• 영업을 위하여 필수불가결한 기구 또는 시설물을 사용할 수 없게 하는 봉인

60 위생교육(법 제17조, 규칙 제23조)
• 공중위생영업자는 매년 위생교육을 받아야 한다.
• 위생교육은 집합교육과 온라인 교육을 병행하여 실시하되, 교육시간은 3시간으로 한다.
• 영업신고를 하고자 하는 자는 미리 위생교육을 받아야 한다. 다만, 다음의 어느 하나에 해당하는 자는 영업신고를 한 후 6개월 이내에 위생교육을 받을 수 있다.
 – 천재지변, 본인의 질병·사고, 업무상 국외출장 등의 사유로 교육을 받을 수 없는 경우
 – 교육을 실시하는 단체의 사정 등으로 미리 교육을 받기 불가능한 경우
• 위생교육을 받은 자가 위생교육을 받은 날부터 2년 이내에 위생교육을 받은 업종과 같은 업종의 영업을 하려는 경우에는 해당 영업에 대한 위생교육을 받은 것으로 본다.

모의고사 정답 및 해설

문제 154쪽

01	①	02	②	03	④	04	③	05	④	06	①	07	①	08	③	09	④	10	①
11	①	12	①	13	④	14	①	15	②	16	①	17	③	18	③	19	①	20	②
21	④	22	④	23	①	24	③	25	②	26	③	27	③	28	①	29	②	30	④
31	①	32	②	33	①	34	①	35	③	36	④	37	④	38	①	39	①	40	④
41	④	42	①	43	③	44	①	45	②	46	④	47	③	48	③	49	④	50	④
51	②	52	①	53	③	54	④	55	②	56	③	57	③	58	④	59	④	60	②

01 조선시대의 머리 형태 중 가체를 얹은 머리형은 큰머리이다.

02 근대의 미용
- 마샬 그라또(프랑스) : 1875년에 마샬 웨이브 창시자로 아이론의 열을 이용하여 웨이브를 만드는 기술을 개발하였다.
- 찰스 네슬러(영국) : 1905년 퍼머넌트 웨이브와 스파이럴식 퍼머넌트를 개발하였다.
- 조셉 메이어(독일) : 1925년 크로키놀식 히트 퍼머넌트를 개발하였다.
- J. B. 스피크먼(영국) : 1936년에 콜드 웨이브 퍼머넌트(화학약품을 이용한 파마)를 창시하였다.

03 고려시대의 미용
- 분대화장 : 기생 중심의 짙은 화장을 말하며, 분을 하얗게 바르고 눈썹을 가늘고 또렷하게 그린 것이 특징이다.
- 비분대화장 : 일반 여염집 여성들의 옅은 화장을 말한다.
- 신분에 따라 치장이 달랐다.
- 면약(안면용 화장품)의 사용과 모발 염색이 행해졌다.

- 서민층의 미혼 여성은 무늬 없는 붉은 끈으로 머리를 묶고 그 나머지를 아래로 늘어뜨렸다.
- 미혼 남성은 검은 끈으로 머리를 묶었으며 일부 남성은 개체변발을 하였다.

04 피부 전체에 있는 지각기능(감각기능)은 외부 자극으로부터 촉각, 온각, 냉각, 압각, 통각 등의 감각을 말한다.

05 피하지방층
- 진피에서 내려온 섬유가 결합된 조직이며, 벌집 모양으로 많은 수의 지방세포들을 형성한다.
- 몸을 따뜻하게 하고 수분을 조절한다.
- 수분과 영양소를 저장하여 외부의 충격으로부터 몸을 보호하는 기능을 한다.
- 탄력성을 유지한다.

06 자외선의 영향
- 긍정적 영향 : 비타민 D 합성, 살균 및 소독, 강장효과 및 혈액순환 촉진 등
- 부정적 영향 : 홍반, 색소침착, 노화, 일광화상, 피부암 등

07 여드름은 피부 염증성 질환으로 피지의 과잉 생산, 여드름균 증식, 모공 내 염증이 원인이 된다.

08 민감성 피부의 특징
- 피부조직이 얇고 섬세하며, 모공이 작다.
- 화장품이나 약품 등의 자극에 피부 부작용을 일으키기 쉽다.
- 정상 피부에 비해 환경 변화에 쉽게 반응을 일으킨다.
- 피부 건조화로 당김이 심하다.
- 모세혈관이 피부 표면에 잘 드러나 보인다.

09 ④ 피부의 탄력과 긴장을 유지하는 것은 진피의 망상층이다.
표피는 피부의 가장 외부층으로 자외선, 세균, 먼지, 유해물질 등으로부터 피부를 보호하며, 각질층, 투명층, 과립층, 유극층, 기저층으로 이루어져 있다.

10
- 원발진 : 반점, 홍반, 팽진, 구진, 농포, 결절, 낭종, 종양, 소수포, 대수포 등
- 속발진 : 인설, 찰상, 가피, 미란, 균열, 궤양, 반흔, 위축, 태선화 등

11 미백 화장품은 피부에 멜라닌 색소침착을 방지하여 기미, 주근깨 등의 생성을 억제하거나 침착된 멜라닌 색소를 엷게 하여 미백에 도움을 준다. 대표적인 미백 성분으로 비타민 C가 있으며, 비타민 C는 도파의 산화를 억제시킨다.

12 기초 화장품
- 세안·청결 : 클렌징 제품, 딥클렌징(각질 제거와 모공청소용) 제품
- 피부정돈 : 화장수, 팩(마스크)
- 피부보호·영양공급 : 로션, 에센스, 크림류

13 모발 화장품
- 세정용 : 샴푸, 린스
- 트리트먼트 : 헤어 트리트먼트, 헤어 로션, 헤어 팩
- 염모제, 탈색제 : 염색약, 헤어 블리치
- 양모제 : 헤어 토닉, 모발촉진제, 육모제

14 유화(emulsion)
- 다량의 오일과 물이 계면활성제에 의해 균일하게 섞이는 것이다.
- 유화의 형태에 따라 유중수적형과 수중유적형으로 구분할 수 있다.
- 미셀입자가 가용화의 미셀입자보다 크기 때문에 가시광선이 통과하지 못하므로 불투명하게 보인다.
- 에멀션, 영양크림, 수분크림 등이 있다.

15 미용업소의 적정 온도는 15~20℃ 정도, 적정 습도는 40~70%이며, 환기는 1~2시간에 한 번씩 해야 한다.

16 크레졸
- 보통 3% 수용액 사용
- 석탄산 소독력의 2배의 효과가 있음
- 손 소독에는 1~2% 수용액 사용
- 오물·배설물의 소독, 이·미용실 실내나 바닥 소독에 사용

17 ③ 댄드러프 샴푸 : 비듬 제거 샴푸
① 핫 오일 샴푸 : 건조해진 두피와 모발에 지방을 공급하고 모근을 강화
② 드라이 샴푸 : 물을 사용하지 않는 샴푸
④ 플레인 샴푸 : 일반적인 샴푸제

18 ③은 헤어 트리트먼트에 대한 설명이다. 트리트먼트는 '치료, 처리, 처치, 치유'라는 의미로 모발에 적당한 수분과 유분, 단백질을 제공하여 모발이 손상되는 것을 방지한다.

샴푸제 선택 시 고려사항
- 거품이 풍부하여 샴푸 시 모발의 엉킴을 예방하는 샴푸제
- 헤어컬러나 파마 등의 화학 서비스를 시술하는 데 지장이 없는 샴푸제
- 헹굼이 잘되며 샴푸 후 유연하게 빗질이 잘되는 샴푸제
- 두피와 모발의 피지를 적절하게 제거하는 샴푸제
- 사용 후 비듬, 가려움, 홍반, 염증 등이 나타나지 않는 샴푸제

19 ① 프로테인 샴푸 : 단백질(케라틴)을 원료로 만든 샴푸로, 모발의 탄력과 강도를 높여줌
② 산성 샴푸 : pH 4.5~6 정도로 파마나 염색 후 알칼리성을 중화시킴
③ 논 스트리핑 샴푸 : 염색한 모발은 pH가 낮은 산성 샴푸제나 모발에 자극을 주지 않는 논 스트리핑 샴푸제를 사용함
④ 댄드러프 샴푸 : 비듬이 있는 상태에 사용하는 약용 샴푸

20 린스의 종류

플레인 린스	• 38~40℃의 연수 사용 • 파마 시술 시 제1액을 씻어내는 중간 린스로 사용하며 미지근한 물로 헹구어 내는 방법 • 퍼머넌트 직후의 처리로 플레인 린스를 함
유성 린스	• 파마, 염색, 탈색 등으로 건조해진 모발에 유분 공급 • 오일 린스, 크림 린스
산성 린스	• 파마 시술 전에 사용을 피해야 함 • 알칼리 성분을 중화시키며 금속성 피막 제거에 효과적 • 레몬 린스, 비니거 린스, 구연산 린스 등

약용 린스	• 비듬과 두피 질환에 효과적 • 살균 및 소독작용이 있는 물질을 배합해 만든 린스제 사용 • 모발과 두피에 발라 사용하며 두피 마사지는 1분 정도 해야 효과적

21 계면활성제의 종류

종류	특징	제품
양이온성	살균과 소독작용이 우수하고, 정전기 발생을 억제한다.	헤어 린스, 헤어 트리트먼트
음이온성	세정작용과 기포작용이 우수하다.	비누, 샴푸, 클렌징폼
양쪽성	피부 자극이 적고 세정작용이 있다.	저자극 샴푸, 베이비 샴푸 등
비이온성	피부 자극이 가장 적고, 화장품에 널리 사용한다.	기초 화장품류, 화장수의 가용화제, 크림의 유화제, 클렌징 크림의 세정제

22 모발의 특징
- 모발이란 사람 몸에 난 털의 총칭이다. 하루 평균 0.2~0.5mm 성장한다.
- 모체의 태내부터 발생한다. 9~12주경이면 모낭이, 12~14주면 모발이 생성된다.
- 모발은 케라틴 단백질(80~90%)로 구성된다.
- 자연탈락 모발은 하루에 80~100개 전후이다(100개 이상 탈락 시 탈모 의심).

23 두피의 감각세포 수는 통각 > 촉각 > 냉각 > 압각 > 온각 순이다.

24 두피관리 방법
- 물리적 방법 : 브러시, 빗, 스캘프 매니플레이션, 스팀타월, 헤어 스티머(습열), 적외선, 자외선(온열)
- 화학적 방법 : 스캘프 트리트먼트제(두피관리 제품), 양모제, 헤어 로션, 헤어 토닉 등

25 두피의 질환
- 원형 탈모 : 동전 크기로 탈모가 진행되는 상태로 스트레스, 면역력 저하 등이 원인이다.
- 산후 탈모 : 출산 후 2~5개월부터 시작되는 휴지성 탈모이다.
- 지루성 피부염 : 피지가 많은 부위에 주로 발생하는 피부질환이다.
- 두부백선 : 곰팡이가 자라면서 염증을 일으키는 질환이다.

26 블런트 커트(blunt cut)
특별한 기교 없이 직선으로 하는 커트이며 클럽 커트라고도 한다. 원랭스 커트, 그러데이션 커트, 레이어 커트, 스퀘어 커트 등이 있다.

27 그러데이션 커트는 목덜미(nape)에서 정수리(back) 쪽으로 올라가면서 두발에 단차를 주는 커트로서 두부 상부에 있는 두발은 길고 하부로 갈수록 짧게 커트하여 작은 단차가 생긴다.

28 ② 드라이 커트(dry cut) : 커트의 특성을 잘 드러나게 해 주는 마지막 단계로, 질감 처리와 커트 선의 가장자리 처리를 모발이 마른 상태에서 작업해 나간다.
③ 아웃라인 정리(outlining) : 헤어라인을 정리해 주는 과정으로, 쇼트 헤어커트에서 커트 형태를 나타내는 꼭 필요한 작업이다.
④ 질감 처리(texturizing) : 쇼트 헤어커트에서 모발에 볼륨을 주어 율동감이 생긴다.

29 라놀린(lanolin)은 헤어 트리트먼트제의 원료로 사용된다.
비닐캡
- 헤어펌 1제와 산소의 접촉에 따른 약제 증발과 건조 방지
- 두피 또는 외부로부터 전달된 열기를 비닐캡 안쪽에 모아두는 보온효과

30 와인딩 기법

크로키놀식	• 모발 끝에서 모근 쪽을 향해 와인딩하는 방법 • 롯드의 회전수대로 겹쳐진 모발의 두께만큼 웨이브의 형태가 커짐 • 1925년 독일의 조셉 메이어에 의해 창안됨
스파이럴식	• '소용돌이, 나선'이란 뜻으로 세로 섹션, 사선 섹션으로 와인딩 • 모근에서 모발 끝 쪽을 향해 와인딩하는 방법 • 모발 끝부터 모근까지 균일한 웨이브를 만드는 것이 특징 • 1905년 영국의 찰스 네슬러에 의해 창안됨

31 모발 부분에 따른 롯드의 크기
- 소형 : 네이프 부분
- 중형 : 크라운 뒷부분에서 양 사이드
- 대형 : 톱 부분에서 크라운 부분의 앞
모발 굵기에 따른 롯드 사용
- 굵고 숱이 많은 두발(경모) : 롯드의 직경이 작은 것 사용, 섹션의 폭은 좁게
- 가늘고 숱이 적은 두발 : 롯드의 직경이 큰 것 사용, 섹션의 폭은 넓게

32 콜드펌의 일반적 프로세싱 타임은 10~15분이다.

33 매직 스트레이트 헤어펌 프레스 작업
- 매직기(아이론)의 온도는 발수성모(저항성모) 180~200℃, 건강 모발 160~180℃, 손상 모발 120~140℃이다.
- 두상을 크게 블로킹(4~5등분)하고 네이프 → 톱(후두부) → 사이드(측두부) 순서로 진행한다.
- 섹션 두께는 1~1.5cm, 폭은 5~7cm로 한다.
- 섹션은 두상의 위치에 맞는 각도로 시술하여 패널을 잡을 때 생길 수 있는 열판에 의한 눌림(찍힘) 자국이 생기지 않도록 한다.

34 ① 논 스템 : 오래 지속되며 움직임이 가장 적은 컬
② 하프 스템 : 움직임이 보통인 컬
③ 풀 스템 : 움직임이 가장 큰 컬
④ 컬 스템 : 베이스에서 피벗 포인트까지의 컬

35 이어 투 이어 파트
• 이어 포인트에서 톱 포인트를 지나 반대편 이어 포인트로 나눈 가르마
• 이어 포인트(E.P)에서 톱 포인트(T.P) 연결

36 헤어 셰이핑
• 업 셰이핑 : 모발을 위로 빗질하여 올려 빗기
• 다운 셰이핑 : 모발을 아래로 빗질하여 내려 빗기

37 모발의 길이를 고려하여 롤 브러시를 선정하며, 네이프에서 시작하여 톱으로 향하면서 시술하고 롤 브러시의 너비 80%가량의 모발을 가로로 슬라이스한다.

38 반영구 염모제 : 모표피 안층과 겉층에 색을 흡착시켜 2~4주 정도 유지되며, 선명한 색상을 표현하면서 피부 자극 없이 염색을 원할 때 사용한다(모발을 밝게 하지는 못함). 반영구 염모제는 이온 결합에 의해 염색이 이루어지는데, 음이온(−)을 지닌 산성염료가 양이온(+)으로 대전된 모발에 흡착되어 이루어진다.

39 탈색제의 종류
• 액상 블리치 : 모발에 대한 탈색작용이 빠르고 원하는 시간에 중지할 수 있다.
• 호상 블리치(크림) : 양 조절이 쉬우나 탈색의 진행 정도를 알기 어렵다.
• 파우더 블리치(분말) : 탈색을 빠르고 가장 밝게 할 수 있으며 일반적으로 사용된다.

40 유기합성 염모제(산화 염모제, 알칼리 염모제)
• 제1액 알칼리제, 제2액 과산화수소로 구성되어 있다.
• 제1액과 제2액을 혼합해 사용한다(현재 가장 많이 사용).
• 탈색과 발색이 같이 이루어진다.
• 알레르기 반응을 일으킬 수 있다.

41 모발 염색 용어

원 터치 기법	모근에서 모발 끝까지 한 번에 도포하는 것
투 터치 기법	• 전체 길이가 25cm 미만인 모발을 두 번에 나누어 도포하는 것 • 모근에 새로 자라난 신생부와 기염부의 명도를 맞추는 경우에 사용
쓰리 터치 기법	• 전체 길이가 25cm 이상인 모발을 균일한 색상으로 밝게 염색할 때 도포 • 손상모에 사용 • 신생부와 기염부의 명도를 맞추면서 모발 끝부분이 색소의 과잉 침투로 인해 균일한 컬러 결과를 얻기 어려울 때 사용
다이 터치 업	• 염색 후 자란 모발 부분(모근)에 염색하는 것 • 리터치라고도 함

42 과산화수소 농도 3%(10볼륨)
• 손상모 염색 및 백모 커버 염색에 많이 사용
• 착색만 원할 때 사용
• 고명도의 모발을 저명도로 변화시킬 때 사용

43 전기 세트롤러
• 반드시 마른 모발에 사용
• 비교적 짧은 시간에 웨이브를 연출할 수 있음
• 감전과 화상에 유의

44 웨이브 클립
• 리지 간격을 고려하여 집게로 집듯 사용
• 웨이브의 리지를 강조할 때 효과적

45 ① 클립 고정법 : 가발 둘레에 클립을 부착하여 고객의 모발에 고정하는 방법
③ 특수 접착법 : 고객의 탈모 부분의 모발을 제거하고 그 부분에 특수 접착제를 이용하여 가발을 부착하는 방법
④ 결속식 고정법(반영구 부착법) : 가발과 고객의 모발을 미세하게 엮어서 부착하는 방법

46 실리콘
• 접착제(실리콘 단백질 글루)를 이용하여 헤어피스를 모발에 직접 부착하는 방법
• 모발이 자라면 접착 부분이 보일 수 있고 열에 녹을 수 있음

47 공중보건학의 범위

환경보건 분야	환경위생, 식품위생, 환경보전과 공해문제, 산업환경 등
질병관리 분야	역학, 감염병 관리, 기생충 질병관리, 성인병 관리 등
보건관리 분야	보건행정, 보건영양, 영유아 보건, 가족보건, 모자보건, 학교보건, 보건교육, 정신보건, 의료보장제도, 사고관리, 가족계획 등

48 소화기계 감염병 : 세균성 이질, 파라티푸스, 콜레라, 폴리오, 장티푸스 등

49 비타민의 결핍증
• 비타민 A : 야맹증
• 비타민 D : 구루병
• 비타민 E : 불임, 노화 촉진
• 비타민 K : 혈액응고 지연
• 비타민 F : 피부병, 성장 지연
• 비타민 B_1 : 각기병
• 비타민 B_2 : 구순염, 구각염
• 비타민 B_6 : 피부염, 빈혈
• 비타민 B_{12} : 악성빈혈
• 비타민 C : 괴혈병

50 동물 병원소

소	결핵, 탄저, 파상열, 살모넬라증, 브루셀라(파상열), 보툴리눔독소증, 광우병
돼지	렙토스피라증, 탄저, 일본뇌염, 살모넬라증, 브루셀라(파상열)
양	탄저, 브루셀라(파상열), 보툴리눔독소증
개	광견병, 톡소플라스마증
말	탄저, 유행성 뇌염, 살모넬라증
쥐	페스트, 발진열, 살모넬라증, 렙토스피라증, 유행성 출혈열
고양이	살모넬라증, 톡소플라스마증

51 영양소의 구성
• 구성영양소 : 신체조직을 구성(단백질, 지방, 무기질, 물)
• 열량영양소 : 에너지로 사용(탄수화물, 지방, 단백질)
• 조절영양소 : 대사조절과 생리기능 조절(비타민, 무기질, 물)

52 미생물의 크기
곰팡이 > 효모 > 세균 > 리케차 > 바이러스

53 살균(소독)기전
• 산화작용 : 과산화수소, 염소, 오존
• 탈수작용 : 설탕, 식염, 알코올
• 가수분해 작용 : 강알칼리, 강산
• 균체 단백질 응고작용 : 크레졸, 알코올, 석탄산
• 균체 효소의 불활성화 작용 : 석탄산, 알코올, 중금속

54 염소 : 살균력이 강하고 경제적이며 잔류효과가 크나, 냄새가 강하다. 상수 또는 하수의 소독에 주로 사용한다.

55 과산화수소는 3% 수용액을 사용하며 피부 상처 소독에 사용된다.

56 행정처분기준(규칙 [별표 7])

신고를 하지 않고 영업소의 소재지를 변경한
경우

- 1차 위반 : 영업정지 1월
- 2차 위반 : 영업정지 2월
- 3차 위반 : 영업장 폐쇄명령

57 행정처분기준(규칙 [별표 7])

시설 및 설비기준을 위반한 경우

- 1차 위반 : 개선명령
- 2차 위반 : 영업정지 15일
- 3차 위반 : 영업정지 1월
- 4차 이상 위반 : 영업장 폐쇄명령

58 공중위생감시원(법 제15조 제1항)

규정에 의한 관계공무원의 업무를 행하게 하기
위하여 특별시·광역시·도 및 시·군·구(자
치구에 한함)에 공중위생감시원을 둔다.

59 변경신고 대상(규칙 제3조의2 제1항)

- 영업소의 명칭 또는 상호
- 영업소의 주소
- 신고한 영업장 면적의 1/3 이상의 증감
- 대표자의 성명 또는 생년월일
- 미용업 업종 간 변경 또는 업종의 추가

60 행정처분기준(규칙 [별표 7])

불법카메라나 기계장치를 설치한 경우

- 1차 위반 : 영업정지 1월
- 2차 위반 : 영업정지 2월
- 3차 위반 : 영업장 폐쇄명령

모의고사 정답 및 해설

문제 165쪽

01	④	02	③	03	①	04	①	05	②	06	②	07	④	08	③	09	②	10	④
11	①	12	③	13	③	14	①	15	③	16	①	17	④	18	④	19	③	20	②
21	②	22	④	23	①	24	③	25	②	26	①	27	③	28	①	29	②	30	②
31	④	32	②	33	②	34	①	35	③	36	④	37	②	38	②	39	④	40	④
41	④	42	④	43	②	44	③	45	①	46	④	47	③	48	②	49	③	50	①
51	②	52	①	53	③	54	①	55	③	56	③	57	②	58	①	59	④	60	④

01 첩지는 조선시대 사대부의 예장 때 머리 위 가르마를 꾸미는 장식품이다. 첩지는 내명부나 외명부의 신분을 밝혀주는 중요한 표시로 왕비는 도금한 용첩지를, 비와 빈은 봉첩지를, 내외명부는 개구리첩지를 썼다.

02 미용 시 서서 작업을 하므로 근육의 부담이 적게 각 부분의 밸런스를 고려한다. 시술할 작업 대상의 위치는 미용사의 심장 높이 정도가 적당하고 다리는 어깨 넓이로 벌린다. 정상 시력을 가진 사람의 명시거리는 안구에서 약 25~30cm이다. 실내 조도는 75lx 이상을 유지한다.

03 로코코(18세기) 시대 여성은 퐁파두르형이라는 낮은 머리형에서 점차 머리 모양이 높아지고 거대해져 갔으며, 그 위에 생화, 깃털, 보석 등으로 장식하였다. 사치스러웠던 시대이다.

04 조선 중엽 분화장은 신부화장에 사용되었다. 이는 장분을 물에 개어서 얼굴에 바르는 것인데, 밑화장으로 참기름을 바른 후 닦아냈고 연지곤지를 찍었으며 눈썹은 밀어내고 따로 그렸다.

05 각질층
- 표피의 가장 바깥층
- 각화가 완전히 된 세포로 구성
- 납작한 무핵세포로 구성되며 10~20%의 수분을 함유
- 케라틴, 천연보습인자(NMF), 지질이 존재
- 외부 자극으로부터 피부를 보호하고 이물질의 침투를 막음

06 자외선 차단지수(SPF ; Sun Protection Factor)는 자외선 차단제가 UV-B를 차단하는 정도를 나타내는 지수이다.

07 투명층
- 2~3층의 무핵세포로 구성
- 손바닥과 발바닥에만 존재
- 엘라이딘이라는 단백질이 존재하는 투명한 세포층
- 수분 침투를 막는 방어막 역할

08
- 한진(땀띠) : 한선의 입구가 폐쇄되어 배출되지 못해 발생하는 증상
- 무한증 : 땀의 분비가 되지 않는 증상

09 기능성 화장품 성분
- 미백 : 알부틴, 코직산, 감초, 닥나무 추출물, 비타민 C, 하이드로퀴논, AHA
- 주름 개선 : 레티놀, 아데노신, 베타카로틴
- 자외선 차단
  - 자외선 산란제(물리적 차단제) : 산화아연(징크옥사이드), 이산화타이타늄(타이타늄다이옥사이드)
  - 자외선 흡수제(화학적 차단제) : 옥틸다이메틸파바, 옥틸메톡시신나메이트, 벤조페논유도체, 캄퍼유도체

10 UV-C(단파장)
- 파장 : 200~290nm
- 오존층에서 흡수
- 강력한 살균작용
- 피부암의 원인

11 ② 동물성 오일 : 냄새가 좋지 않기 때문에 정제한 것을 사용해야 한다.
③ 광물성 오일 : 무색, 무취, 투명하고 피부 흡수력이 좋다.
④ 합성 오일 : 화학적 합성 오일로 안정성이 높으며, 사용감이 좋고 촉촉함과 광택성이 우수하다.

12 에탄올
- 에탄올은 에틸알코올(ethyl alcohol)이라고도 한다.
- 수렴·살균·소독작용을 한다.
- 수렴화장수(아스트린젠트), 여드름성 제품 등에 사용된다.
- 건성·예민성 피부에는 자극이 될 수 있다.

13 아줄렌은 피부 진정, 소염 및 항염작용, 피부 장벽을 강화한다.

14 미용사는 작업의 능률과 안전을 고려하여 노출이 심한 의상, 굽이 높은 신발, 오염이 심한 의상 등은 피해야 한다.

15 예약업무 시 방문일시, 방문목적, 방문인원, 연락처, 담당 미용사 등을 확인하여 기록한다.

16 플레인 샴푸
- 일반적인 샴푸제
- 모발을 자극하지 않고, 두피를 마사지하듯 손가락 끝을 사용하여 시술

17 샴푸 시 사용하는 물의 온도는 38~40℃의 연수가 적당하다.

18 린스
- 샴푸제 사용 후 건조해진 모발에 유분과 수분을 공급
- 두발 표면을 보호하고 유연성 부여
- 린스의 pH는 3~5 정도로, 알칼리화된 모발을 약산성화시킴

19 ① 헤어 팩 : 손상모나 다공성모에 영양분을 흡수시키는 것
② 헤어 리컨디셔닝 : 손상된 모발을 손상 이전 상태로 회복시키는 것
④ 신징 : 갈라지고 손상된 모발에 영양분이 빠져나가는 것을 막고 온열자극으로 두피의 혈액순환을 촉진시키는 것

20 • 남성형 탈모 : 남성호르몬인 안드로겐의 과잉 분비가 원인이다.
• 여성형 탈모 : 여성호르몬인 에스트로겐의 수치가 감소하여 호르몬의 균형이 무너지면서 발생한다.

21 큐티클 사이사이에 필요한 유·수분과 단백질 등의 성분이 침투하여 모발을 보호할 수 있도록 두발 전체에 섬세하게 도포한다.

22 ① 싱글링 : 모발에 빗을 대고 위로 이동하면서 가위나 클리퍼를 이용하여 네이프 부분은 짧게 하는 쇼트 헤어커트 기법
② 트리밍 : 커트 후 형태가 이루어진 모발을 정돈하기 위해 최종적으로 가볍게 다듬는 방법
③ 클리핑 : 클리퍼나 가위로 삐져나온 모발을 제거하는 기법

23 프레 커트는 퍼머넌트 웨이브 시술 전에 원하는 스타일에 가깝게 하는 커트이므로 1~2mm 길게 커트해야 한다.

24 블런트 커트(blunt cut)는 특별한 기교 없이 직선으로 하는 커트이며 클럽 커트이다.

25 세임(유니폼) 레이어
• 모발 전체 길이를 모두 같게 커트하는 스타일
• 헤어커트를 할 때 두상 시술각 90°와 온 더 베이스가 적용
• 모발 길이와 관계없이 전반적으로 응용 범위가 넓음

26 헤어 클리퍼의 관리
클리퍼 마찰과 소음을 줄일 수 있도록 사용하기 전에 오일을 도포하여 작동한다. 클리퍼 커트가 끝나면 클리퍼의 날을 본체와 분리하고 클리퍼 전용 솔로 클리퍼 안쪽으로 들어간 모발을 제거하고 날에 클리퍼 전용 오일을 충분히 발라서 보관한다.

27 얼굴형에 따른 쇼트 헤어커트 디자인
• 둥근 얼굴형 : 윗머리는 볼륨을 살리고 옆머리는 볼륨을 최소화해야 둥근 얼굴형을 보완할 수 있다. 앞머리는 사이드로 가르마를 타서 페이스 라인으로 길게, 옆머리는 귀를 덮지 않도록 해야 얼굴이 길어 보이는 효과가 있다.
• 긴 얼굴형 : 앞머리로 이마를 가려주면 긴 얼굴형을 보완할 수 있다. 앞머리 길이가 눈을 덮을 정도로 길면 답답해 보이거나 긴 얼굴이 강조될 수 있으므로 주의해야 한다.
• 역삼각 얼굴형 : 양쪽 귀 사이의 폭이 넓어 보일 수 있어서 옆머리와 뒷머리를 짧게 올려 자르지 않도록 주의해야 한다.
• 사각 얼굴형 : 사각턱을 감추려고 하기보다는 이마 위쪽에 변화를 주어 시선을 분산시켜 주는 것이 효과적이다.

28 시스테인 퍼머넌트
• 모발을 구성하는 아미노산 일종인 시스테인이 들어가 있음
• 비휘발성으로 냄새는 적지만 모발에 잔류함
• 모발 손상은 적지만 환원력이 약함
• 자연스러운 웨이브 시술
• 손상모, 염색모에 사용

29 헤어펌제
• 1제의 환원제와 2제의 산화제(중화제)로 구분된다.
• 헤어펌 1제의 주성분은 티오글리콜산 및 시스테인으로, 모발의 시스틴 결합을 끊고 모발의 와인딩을 따라 새로운 형태를 만든다.
• 헤어펌 2제(중화제)는 브롬산나트륨 또는 과산화수소를 주성분으로 하는 산화제이며 1제의 환원작용으로 끊어진 시스틴 결합의 변형된 형태를 재결합시켜 고정하는 역할을 한다.

30 와인딩 기법

크로키놀식	• 모발 끝에서 모근 쪽을 향해 와인딩하는 방법 • 두발 끝에는 컬이 작고 두피 쪽으로 가면서 컬이 커지는 와인딩 • 롯드의 회전수대로 겹쳐진 모발의 두께만큼 웨이브의 형태가 커짐 • 1925년 독일의 조셉 메이어에 의해 창안됨
스파이럴식	• '소용돌이, 나선'이란 뜻으로 세로 섹션, 사선 섹션으로 와인딩 • 모근에서 모발 끝 쪽을 향해 와인딩하는 방법 • 모발 끝부터 모근까지 균일한 웨이브를 만드는 것이 특징 • 1905년 영국의 찰스 네슬러에 의해 창안됨

31 퍼머넌트 웨이브는 롯드라는 기구로 힘을 가해 모발을 감으면서 웨이브 형성이 되기 때문에 물리적인 작용도 이루어진다. 헤어펌 1제인 환원제는 모발의 시스틴 결합을 끊으며, 2제인 산화제(중화제)는 1제의 환원작용으로 끊어진 시스틴 결합의 변형된 형태를 재결합시켜 형성된 웨이브를 고정하는 역할을 한다.

32 매직 스트레이트 헤어펌 2제 도포 및 세척
• 매직 스트레이트펌 전용 2제(산화제)를 네이프 부분부터 섹션을 나눠가며 도포하여 중화
• 미온수로 세척(산성 린스 또는 트리트먼트를 사용)

33 컬 핀닝(curl pinning) : 컬을 완성해서 핀이나 클립으로 적당한 위치에 고정시키는 것이다.

사선 고정	• 핀을 사선으로 고정하는 방법(가장 일반적으로 사용) • 실핀, 싱글핀, W핀
수평 고정	• 핀을 수평으로 고정하는 방법 • 실핀, 싱글핀, W핀
교차 고정	• 핀을 교차로 고정하는 방법 • U핀

34 컬의 3요소로는 베이스(base), 스템(stem), 루프(loop)가 있으며, 기타 요소로 헤어 셰이핑, 텐션, 스템의 방향과 각도, 모발의 끝처리, 슬라이싱 등이 있다.

35 롤러 컬의 와인딩
• 롤러를 와인딩할 때 모발 끝을 넓혀서 만들어주고 콤 아웃할 때 모발 끝이 갈라지는 것을 방지한다.
• 모발 끝을 모아서 와인딩하고 볼륨을 만들거나 방향을 정할 때 사용한다.

36 헤어세팅

오리지널 세트	• 기초가 되는 세트 • 헤어 파팅, 셰이핑, 롤링, 웨이빙 등
리세트	• 오리지널 세트된 형태에서 다시 손질하여 원하는 형태로 다시 세트하는 것 • 브러싱, 콤 아웃, 백 코밍 등

37 손상모는 건강모보다 방치시간을 짧게 한다.

38 탈색 시술 전 브러싱을 하거나 과도한 샴푸를 하면 두피에 자극을 주므로 주의해야 한다.

39 염색과 탈색 시 일반적으로 과산화수소 농도 6%, 암모니아수(알칼리) 농도 28% 정도를 사용한다.

40 알칼리 산화 염모제의 pH는 9~10 정도이다.

41 사각형 얼굴형은 턱선에 각이 있으므로 웨이브(곡선적) 느낌을 주어 디자인하고, 헤어 파트는 라운드 사이드 파트를 한다.

42 ① 땋기 기법 : 가장 일반적인 방법은 '세 가닥
  땋기'로 세 가닥 중 가운데 가닥 위로 좌우
  가닥이 올라가며 땋는 형태
② 꼬기 기법 : 한 가닥의 스트랜드를 오른쪽
  또는 왼쪽의 한 방향으로 꼬는 기법
③ 매듭 기법 : 모발을 교차하여 묶기를 연속하
  여 반복하는 기법

43 가발 치수 측정
  • 머리 길이 : 이마의 헤어라인에서 정중선을 따
   라 네이프의 움푹 들어간 지점까지의 길이를
   잰다.
  • 머리 높이 : 좌측 이어 톱 부분의 헤어라인에서
   우측 이어 톱 헤어라인까지의 길이를 잰다.
  • 머리 둘레 : 페이스 라인을 거쳐 귀 뒤 1cm
   부분을 지나 네이프 미디엄 위치의 둘레를
   잰다.
  • 이마 폭 : 페이스 헤어라인의 양쪽 끝에서 끝까
   지의 길이를 잰다.
  • 네이프 폭 : 네이프 양쪽의 사이드 코너에서
   코너까지의 길이를 잰다.

44 ① 콘로 : 세 가닥 땋기 기법을 두피에 밀착하여
   표현하는 스타일
② 브레이즈 : 세 가닥 땋기를 기본으로 모발을
   교차하거나 가늘고 길게 여러 가닥으로 늘어
   뜨리는 헤어스타일
④ 트위스트 : 본 머리 또는 헤어피스를 연결하
   여 연출하는 스타일

45 ② 캐스케이드 : 긴 장방형 모양의 베이스에 긴
   모발이 부착된 부분 가발로, 모발을 풍성하
   게 표현하고자 할 때 사용
③ 폴 : 쇼트 헤어를 일시적으로 롱 헤어로 변화
   시키는 경우 사용
④ 스위치 : 1~3가닥의 긴 모발을 땋은 모발이
   나 묶은 모발의 형태로 제작

46 가발의 색상이 쉽게 퇴색되면 안 되고 세척 후에
  도 스타일의 변형이 없어야 한다.

47 공중보건사업의 최소 단위는 지역사회이다.

48 대한민국의 보건소는 지방자치단체가 설치하
  며, 지역의 공중보건 향상 및 증진을 도모하기
  위해 시·군·구 단위에 설치된 기관이다. 기본
  의료 업무도 보며, 각종 보건행정을 전담한다.

49 제3급 감염병
  • 그 발생을 계속 감시할 필요가 있어 발생 또는
   유행 시 24시간 이내에 신고하여야 하는 감
   염병
  • 파상풍, B형간염, 일본뇌염, C형간염, 말라리
   아, 레지오넬라증, 비브리오패혈증, 발진티푸
   스, 발진열, 쯔쯔가무시증, 렙토스피라증, 브
   루셀라증, 공수병, 신증후군출혈열, 후천성면
   역결핍증(AIDS) 등

50 • 무구조충 : 소
  • 유구조충 : 돼지
  • 선모충 : 개, 돼지

51 인공능동면역 : 예방접종 후 획득하는 면역
  • 생균백신 : 결핵, 탄저, 광견병, 황열, 폴리오,
   홍역
  • 사균백신 : 콜레라, 장티푸스, 파라티푸스, 이
   질, 일본뇌염, 백일해

52 ① 멸균 : 병원균이나 포자까지 완전히 사멸시
   켜 제거한다.
② 살균 : 미생물을 물리적, 화학적으로 급속히
   죽이는 것(내열성 포자 존재)이다.
③ 소독 : 유해한 병원균 증식과 감염의 위험성
   을 제거한다(포자는 제거되지 않음).
④ 방부 : 병원성 미생물의 발육을 정지시켜 음
   식의 부패나 발효를 방지한다.

53 살균(소독)기전
- 산화작용 : 과산화수소, 염소, 오존
- 탈수작용 : 설탕, 식염, 알코올
- 가수분해 작용 : 강알칼리, 강산
- 균체 단백질 응고작용 : 크레졸, 알코올, 석탄산, 포르말린
- 균체 효소의 불활성화 작용 : 석탄산, 알코올, 중금속

54 석탄산
- 고온일수록 효과가 높으며 살균력과 냄새가 강하고 독성이 있음(승홍수 1,000배 살균력)
- 3% 수용액을 사용, 금속을 부식시킴
- 포자나 바이러스에는 효과 없음
- 소독제의 살균력 평가 기준으로 사용

55 석탄산계수는 5% 농도의 석탄산을 사용하여 장티푸스균에 대한 살균력을 각종 소독제와 비교하여 효능을 표시한 것이다.

$$석탄산계수 = \frac{소독제의\ 희석배수}{석탄산의\ 희석배수}$$

56 변경신고(규칙 제3조의2)
영업신고사항 변경신고서에 영업신고증, 변경사항을 증명하는 서류를 첨부하여 시장·군수·구청장에게 제출하여야 한다.

57 청문(법 제12조)
보건복지부장관 또는 시장·군수·구청장은 다음의 어느 하나에 해당하는 처분을 하려면 청문을 하여야 한다.
- 이용사와 미용사의 면허취소 또는 면허정지
- 공중위생영업소의 영업정지명령, 일부 시설의 사용중지명령 또는 영업소 폐쇄명령

58 위생관리등급 공표 등(법 제14조 제1항)
시장·군수·구청장은 보건복지부령이 정하는 바에 의하여 위생서비스평가의 결과에 따른 위생관리등급을 해당 공중위생영업자에게 통보하고 이를 공표하여야 한다.

59 위생관리등급의 구분 등(규칙 제21조)
- 최우수업소 : 녹색등급
- 우수업소 : 황색등급
- 일반관리대상 업소 : 백색등급

60 공중위생영업소의 폐쇄 등(법 제11조 제5항)
시장·군수·구청장은 공중위생영업자가 영업소 폐쇄명령을 받고도 계속하여 영업을 하는 때에는 관계공무원으로 하여금 해당 영업소를 폐쇄하기 위하여 다음의 조치를 하게 할 수 있다. 공중위생영업의 신고를 하지 아니하고 공중위생영업을 하는 경우에도 또한 같다.
- 해당 영업소의 간판 기타 영업표지물의 제거
- 해당 영업소가 위법한 영업소임을 알리는 게시물 등의 부착
- 영업을 위하여 필수불가결한 기구 또는 시설물을 사용할 수 없게 하는 봉인

문제 176쪽

01	②	02	①	03	①	04	④	05	②	06	①	07	③	08	①	09	④	10	③
11	④	12	④	13	③	14	②	15	④	16	②	17	③	18	①	19	④	20	③
21	③	22	②	23	①	24	①	25	①	26	②	27	④	28	②	29	①	30	②
31	①	32	②	33	①	34	①	35	①	36	③	37	①	38	②	39	④	40	②
41	④	42	①	43	④	44	②	45	④	46	③	47	③	48	①	49	②	50	③
51	①	52	②	53	①	54	③	55	②	56	③	57	③	58	②	59	②	60	③

01 미용의 과정
- 소재 : 미용의 소재는 고객의 신체 일부로 제한적이다.
- 구상 : 고객 각자의 개성을 충분히 표현해 낼 수 있는 생각과 계획을 하는 단계이다.
- 제작 : 구상의 구체적인 표현이므로 제작과정은 미용인에게 가장 중요하다.
- 보정 : 제작 후 전체적인 스타일과 조화를 살펴보고 수정·보완하는 단계이다.

02 이집트
- 고대 문명의 발상지로, 최초로 화장을 시작
- 눈꺼풀에 흑색과 녹색을 사용(아이섀도)
- 눈가에 코올을 발라 흑색 아이라인을 넣음
- 샤프란으로 뺨을 붉게 하고 입술연지로 사용

03 조선 중엽 분화장은 신부화장에 사용되었다. 이는 장분을 물에 개어서 얼굴에 바르는 것인데, 밑화장으로 참기름을 바른 후 닦아냈고 연지곤지를 찍었으며 눈썹은 밀어내고 따로 그렸다.

04 삼한시대는 머리형에 따라 계급의 차이를 두었다. 수장급은 관모를 쓰고, 일반인은 상투를 틀었으며 노예는 머리를 깎았다.

05 미용사의 사명
- 미적 측면 : 고객이 만족할 수 있는 개성미를 연출해야 한다.
- 문화적 측면 : 미용의 유행과 문화를 건전하게 유도해야 한다.
- 위생적 측면 : 공중위생상 위생관리 및 안전 유지에 소홀해서는 안 된다.
- 지적 측면 : 손님에 대한 예절과 적절한 대인 관계를 위해 기본 교양을 갖추어야 한다.

06 ② 민감성 : 피부조직이 얇고 섬세하며, 모공이 작다. 화장품이나 약품 등의 자극에 피부 부작용을 일으키기 쉽다.
③ 복합성 : 한 얼굴에 두 가지 이상의 타입이 공존하는 타입으로, 피부 톤이 일정하지 않다. 화장품 성분에 민감하여, 피부에 맞는 화장품의 선택이 어렵다.
④ 건성 : 피부와 땀의 분비가 적어 건조하고 윤기가 없다. 피부가 거칠어 보이고 잔주름이 많이 나타난다. 세안 후 당김이 심하다. 화장이 잘 받지 않고 들뜨기 쉽다.

07 카로틴은 비타민 A의 전구체로서 프로비타민 A라고도 부르며, 귤, 당근, 수박, 토마토 등에 많이 함유되어 있다.

08 강한 자외선에 노출될 때 생길 수 있는 현상은 홍반, 색소침착, 노화, 일광화상, 피부암 등이 있다.

09 진균성 피부질환
- 조갑백선 : 손톱과 발톱이 백선균에 감염되어 일어나는 질환
- 족부백선(무좀) : 피부사상균이 발 피부의 각 질층에 감염을 일으켜 발생하는 표재성 곰팡이 질환
- 두부백선 : 머리의 뿌리에 곰팡이균이 기생하는 질환
- 칸디다증 : 진균의 일종인 칸디다에 의해 신체의 일부 또는 여러 부위가 감염되어 발생하는 감염질환

10 바이러스성 질환은 대상포진, 단순포진, 사마귀, 풍진, 홍역, 수두 등이 있다.

대상 포진	• 피로나 스트레스로 몸의 상태가 나빠지면서 몸속에 잠복해 있던 바이러스가 활성화되는 질병 • 피부발진이 생기기 전 통증이 선행되며 주로 몸통에서 발생
단순 포진	• 피곤하고 저항력이 저하되어 자주 발생 • 입술, 코, 눈, 생식기, 항문 주위에 주로 발생 • 신경을 따라 물집을 형성하고 감염 • 인간에게 면역력이 없으므로 재발 가능

11 천연보습인자(NMF) : 아미노산, 소듐PCA, 요소(urea), 젖산염 등

12 보습제가 갖추어야 할 조건
- 적절한 보습력이 있을 것
- 환경 변화에 흡습력이 영향을 받지 않을 것
- 피부 친화성이 높을 것
- 응고점이 낮고 휘발성이 없을 것
- 다른 성분과 잘 섞일 것

13 화장품의 분류

	세안·청결	클렌징 제품, 딥클렌징 제품
기초 화장품	피부정돈	화장수, 팩(마스크)
	피부보호·영양공급	로션, 에센스, 크림류, 마사지크림
보디 화장품	세정효과	보디클렌저, 보디스크럽, 입욕제
	신체보호·보습효과	보디로션, 보디오일
	체취 억제	데오도란트, 샤워 코롱
	제모제	제모왁스, 제모젤, 탈모제
모발 화장품	세정용	샴푸, 헤어 린스
	트리트먼트	헤어 트리트먼트, 헤어 로션, 헤어 팩
	염모제, 탈색제	염색약, 헤어 블리치
	양모제	헤어 토닉, 모발촉진제, 육모제

14 방부제
- 기능 : 화장품의 미생물 성장을 억제하고, 부패 방지와 변질을 막고 살균작용을 한다.
- 종류 : 파라벤류(파라옥시안식향산메틸, 파라옥시안식향산프로필), 이미다졸리디닐우레아, 페녹시에탄올, 이소티아졸리논

산화방지제
- 기능 : 산소를 흡수하여 산화되는 것을 방지한다.
- 종류 : 토코페롤아세테이트(비타민 E), BHT(부틸하이드록시톨루엔), BHA(부틸하이드록시아니솔)

15 미용업소 내의 모든 제품은 입고 당시의 용기 그대로 보관하는 것이 원칙이나, 다른 용기에 보관해야 할 경우 제품명과 구입 시기 등 유의 사항을 라벨로 표기해야 하며, 위험물은 반드시 별도로 보관해야 한다.

16 **샴푸제의 분류**
- 산성 샴푸 : pH 4.5~6 정도. 파마나 염색 후 알칼리성을 중화시킴
- 중성 샴푸 : pH 7 정도. 염색이나 파마 시술 전 모발의 자극을 최소화하기 위해 사용함
- 알칼리성 샴푸 : pH 7.5~8.5 정도. 일반적으로 사용하는 합성세제로 세정력 강함

17 **계면활성제의 종류**

종류	특징	제품
양이온성	살균과 소독작용이 우수하고, 정전기 발생을 억제한다.	헤어 린스, 헤어 트리트먼트
음이온성	세정작용과 기포작용이 우수하다.	비누, 샴푸, 클렌징폼
양쪽성	피부 자극이 적고 세정작용이 있다.	저자극 샴푸, 베이비 샴푸 등
비이온성	피부 자극이 가장 적고, 화장품에 널리 사용한다.	기초 화장품류, 화장수의 가용화제, 크림의 유화제, 클렌징 크림의 세정제

18 **프로테인 샴푸**
- 단백질(케라틴)을 원료로 만든 샴푸로 모발의 탄력과 강도를 높여줌
- 누에고치에서 추출한 성분과 난황성분을 함유한 샴푸제 → 모발에 영양 공급

19 **두피 영양제 성분**
- 혈행 촉진효과 : 달맞이꽃, 세파란틴, 비타민 E, 니코틴산 등
- 모근 영양효과 : 비타민 B, 비타민 E, 시스테인, 시스틴, 아미노산 진액 등
- 모근 세포 생성과 보습효과 : 글리세린, 하이론산, 세라마이드 등
- 항균과 피지 분비 조절효과 : 살리실산, 레졸신, 유황, 시트르산, 비타민 B6 등
- 가려움증 해소와 청량감 효과 : 멘톨, 페퍼민트, 에탄올

20 **두피·모발 관리기기**
- 미스트기 : 각질과 노폐물을 불려 주고 부족한 수분을 공급함
- 적외선 램프 : 모세혈관 확장, 혈액순환을 도와주고 두피 제품의 흡수를 도와줌
- pH 측정기 : 두피와 모발의 pH(산성, 알칼리)를 확인하기 위해 사용
- 스캘프 펀치(워터 펀치) : 두피와 모발에 붙어 있던 비듬, 각질 등 노폐물들을 제거

21
- 유멜라닌 : 흑색, 적갈색의 어두운 입자형 색소
- 페오멜라닌 : 적색, 황색의 분사형 색소

22
- ㉠ 패럴렐 보브형 커트(평행 보브)
- ㉡ 스파니엘 커트
- ㉢ 이사도라 커트
- ㉣ 머시룸 커트

23
- ② 틴닝 커트 : 틴닝 가위 이용해 모발의 길이는 짧게 하지 않으면서 숱을 감소시키는 기법
- ③ 스트로크 커트 : 가위를 이용한 테이퍼링을 말하며, 모발을 감소시키고 볼륨을 줌
- ④ 테이퍼 커트 : 레이저를 이용하여 가늘게 커트하는 기법으로, 모발 끝을 붓 끝처럼 점차 가늘게 긁어내는 커트 방법

24 **레이저(razor)**
- 면도날을 말하며 모발의 끝을 가볍게 만드는 기능
- 빠른 시간 내에 세밀한 시술이 가능
- 숙련자가 사용하여야 하며, 반드시 젖은 모발에 시술해야 함
- 오디너리(일상용) 레이저 : 숙련자가 사용하기에 적합하며 섬세한 작업이 가능함
- 셰이핑 레이저 : 초보자가 사용하기에 적합

25 ① 그래쥬에이션(그러데이션) 커트 형태
② 유니폼 레이어(세임 레이어) 커트 형태
③ 스퀘어 레이어 커트 형태
④ 인크리스 레이어 커트 형태

26 두부(head) 내 각부 명칭
• 전두부 : 프런트(front, 앞머리 부분)
• 두정부 : 크라운(crown, 정수리 부분)
• 후두부 : 네이프(nape, 목덜미 부분)
• 측두부 : 사이드(side, 머리 옆 양쪽 부분)

27 블런트 커트는 특별한 기교 없이 직선으로 하는 커트이며 모발에서 기장은 제거되지만 부피는 그대로 유지된다.

28 제1액(환원제, 프로세싱 솔루션)
• 모발의 시스틴 결합을 화학적으로 절단시키고 구조를 변화시켜 웨이브를 형성한다.
• 알칼리제가 모발을 팽윤, 연화시켜서 모표피를 열리게 하고 모피질 안에 침투하여 환원작용을 한다.

29 섹션 나누기
• 가로 섹션 : 볼륨이 크고 탄력 있는 웨이브 형성, 짧은 모발, 두상이 납작하고 숱이 적은 모발에 적당
• 세로 섹션 : 자연스러운 웨이브 형성, 숱이 많고 긴 모발에 적당
• 사선 섹션 : 불규칙하고 자연스러운 웨이브 형성

30 모발 부분에 따른 롯드의 크기
• 소형 : 네이프 부분
• 중형 : 크라운 뒷부분에서 양 사이드
• 대형 : 톱 부분에서 크라운 부분의 앞

31 • 사전 샴푸(프레 샴푸) : 모발 오염이나 잔류하는 스타일링 제품을 제거할 목적으로 가볍게 실시(두피를 자극하면 안 됨)
• 사전 커트(프레 커트) : 모발 길이와 디자인의 변화 또는 와인딩의 편리성

32 웨이브의 분류
• 버티컬 웨이브 : 웨이브의 리지가 수직으로 되어 있는 웨이브
• 섀도 웨이브 : 크레스트가 뚜렷하지 않고 리지가 잘 보이지 않는 웨이브
• 내로 웨이브 : 물결상(파장)이 극단적으로 많고 리지와 리지 사이의 폭이 좁은 웨이브
• 와이드 웨이브 : 크레스트가 가장 뚜렷한 웨이브

33 스컬프처 컬
• 모발 끝이 루프(원)의 중심이 된 컬
• 모발 끝으로 갈수록 웨이브가 좁아짐
• 스킵 웨이브나 플러프에 사용

34 스템(stem)

풀 스템 (full stem)	• 루프가 베이스에서 벗어난 형태 • 컬의 움직임이 가장 큼
하프 스템 (half stem)	• 루프가 베이스에 중간 정도 걸쳐 있는 형태 • 어느 정도 움직임을 갖고 있음
논 스템 (non stem)	• 루프가 베이스에 들어가 있는 형태 • 컬의 움직임이 가장 작으며 오래 지속됨

35 ② 롤 뱅 : 롤을 이용해 형성한 뱅
③ 프린지 뱅 : 가르마 가까이에 작게 낸 뱅
④ 프렌치 뱅 : 뱅 부분을 위로 빗질하고 모발 끝부분을 부풀리는 플러프 처리를 한 뱅

36 산화제 2제인 과산화수소는 멜라닌을 파괴하고 산소를 발생한다.

37 염모제의 종류
- 일시적 염모제 : 컬러 파우더, 컬러 크레용(컬러 스틱), 컬러 크림, 컬러 스프레이
- 반영구적 염모제 : 헤어 매니큐어, 산성산화염모제 등
- 영구적 염모제 : 식물성 염모제, 금속성 염모제, 유기합성 염모제

38 물감의 혼합(감산혼합, 색료혼합) : 보색을 혼합하면 명도가 낮아지므로 마이너스 혼합이라고 한다.

39 탈색제의 종류 : 액상 탈색제, 크림 탈색제, 분말 탈색제, 오일 탈색제

40 파마와 염색을 시술할 경우 파마를 먼저 한다.

41
- 에센스 타입 : 자연스러운 느낌을 연출할 때 사용한다.
- 스틱 타입 : 모발이 흘러내리지 않도록 두피에 밀착 고정하는 경우 사용한다.

42 업스타일용으로 사용되는 평면 돈모 브러시는 정전기가 발생하지 않으며, 모발을 일정한 방향으로 정리하는 데 용이하다.

43 인모가발은 가격이 비싸다.

44 착탈식은 주로 장년층이 많이 착용하는 방식으로 늘 가발을 착용하는 사람이 아니거나 제모에 대한 거부감이 강한 사람이 착용하게 된다.

45 아황산가스(SO_2)는 대기오염의 지표 및 대기오염의 주원인이다.

46 비타민 D
- 역할 : 칼슘과 인의 흡수 촉진, 뼈의 성장 촉진, 자외선에 의해 체내에 공급
- 결핍 증상 : 구루병, 골다공증
- 함유 식품 : 생선간유, 달걀, 우유 등

47 대장균수는 음용수 오염의 생물학적 지표이다.

48 곤충 병원소

모기	말라리아, 일본뇌염, 황열, 뎅기열
파리	장티푸스, 파라티푸스, 콜레라, 이질, 결핵, 디프테리아
바퀴벌레	장티푸스, 이질, 콜레라
이	발진티푸스, 재귀열, 참호열
벼룩	페스트, 발진열, 재귀열

49 ①, ③, ④는 제4급 감염병이다.

50
- 간흡충(간디스토마) : 제1중간숙주 – 우렁이, 제2중간숙주 – 민물고기
- 폐흡충(폐디스토마) : 제1중간숙주 – 다슬기, 제2중간숙주 – 게, 가재
- 횡천흡충(요코가와흡충) : 제1중간숙주 – 다슬기, 제2중간숙주 – 은어
- 긴촌충(광절열두조충) : 제1중간숙주 – 물벼룩, 제2중간숙주 – 송어, 연어

51 크레졸 원액 3%를 900mL로 만들기 위해
$900 \times 0.03 = 27mL$
따라서 크레졸 원액 27mL를 넣은 후 나머지를 물로 채우면 된다.

52 자비소독 시 물에 탄산나트륨을 가하여 끓이면 살균력이 높아지며, 동시에 금속이 녹스는 것을 방지한다.

53 소각소독법
- 미생물에 오염된 물체를 불에 태워 멸균하는 방법이다.
- 병원균에 오염된 휴지, 가운, 수건, 환자의 객담 등의 소독에 적합하다.

54 석탄산계수 $= \dfrac{\text{소독액의 희석배수}}{\text{석탄산의 희석배수}} = \dfrac{270}{90} = 3$

55 저온살균법
- 62~63℃의 낮은 온도에서 30분간 소독
- 파스퇴르가 발명
- 우유, 술, 주스 등에 사용

56 공중위생영업소의 폐쇄 등(법 제11조 제3항)
시장·군수·구청장은 다음의 어느 하나에 해당하는 경우에는 영업소 폐쇄를 명할 수 있다.
- 공중위생영업자가 정당한 사유 없이 6개월 이상 계속 휴업하는 경우
- 공중위생영업자가 관할 세무서장에게 폐업신고를 하거나 관할 세무서장이 사업자 등록을 말소한 경우
- 공중위생영업자가 영업을 하지 아니하기 위하여 영업시설의 전부를 철거한 경우

57 벌칙(법 제20조 제4항)
다음의 어느 하나에 해당하는 자는 300만 원 이하의 벌금에 처한다.
- 다른 사람에게 이용사 또는 미용사의 면허증을 빌려주거나 빌린 사람
- 이용사 또는 미용사의 면허증을 빌려주거나 빌리는 것을 알선한 사람
- 면허의 취소 또는 정지 중에 이용업 또는 미용업을 한 사람
- 면허를 받지 아니하고 이용업 또는 미용업을 개설하거나 그 업무에 종사한 사람

58 위생서비스수준의 평가(규칙 제20조)
공중위생영업소의 위생서비스수준 평가는 2년마다 실시하되, 공중위생영업소의 보건·위생관리를 위하여 특히 필요한 경우에는 보건복지부장관이 정하여 고시하는 바에 따라 공중위생영업의 종류 또는 위생관리등급별로 평가주기를 달리할 수 있다. 다만, 공중위생영업자가 휴업신고를 한 경우 해당 공중위생영업소에 대해서는 위생서비스평가를 실시하지 않을 수 있다.

59 이용사 또는 미용사의 면허를 받을 수 없는 자(법 제6조 제2항)
- 피성년후견인
- 정신질환자(전문의가 이용사 또는 미용사로서 적합하다고 인정하는 사람은 그러하지 아니함)
- 공중의 위생에 영향을 미칠 수 있는 감염병환자로서 보건복지부령이 정하는 자
- 마약 기타 대통령령으로 정하는 약물 중독자
- 면허가 취소된 후 1년이 경과되지 아니한 자

60 공중위생영업자는 그 이용자에게 건강상 위해요인이 발생하지 아니하도록 영업관련 시설 및 설비를 위생적이고 안전하게 관리하여야 한다(법 제4조 제1항).

교육이란 사람이 학교에서 배운 것을 잊어버린 후에 남은 것을 말한다.

– 알버트 아인슈타인 –

참 / 고 / 자 / 료

- 교육부(2022). NCS 학습모듈(세분류 : 헤어미용). 한국직업능력연구원.

좋은 책을 만드는 길, 독자님과 함께하겠습니다.

답만 외우는 **미용사 일반 필기 CBT기출문제 + 모의고사 14회**

개정1판1쇄 발행	2025년 01월 10일 (인쇄 2024년 11월 04일)
초 판 발 행	2024년 06월 20일 (인쇄 2024년 05월 03일)
발 행 인	박영일
책 임 편 집	이해욱
편 저	이진영
편 집 진 행	윤진영 · 김미애
표지디자인	권은경 · 길전홍선
편집디자인	정경일 · 조준영
발 행 처	(주)시대고시기획
출 판 등 록	제10-1521호
주 소	서울시 마포구 큰우물로 75 [도화동 538 성지 B/D] 9F
전 화	1600-3600
팩 스	02-701-8823
홈 페 이 지	www.sdedu.co.kr

I S B N	979-11-383-8237-3(13590)
정 가	23,000원

60점만 맞으면 합격!

'답'만 외우고 한 번에 합격하는

시대에듀
'답'만 외우는 시리즈

답만 외우는 한식조리기능사

190×260 | 17,000원

답만 외우는 양식조리기능사

190×260 | 15,000원

답만 외우는 제과기능사

190×260 | 17,000원

답만 외우는 제빵기능사

190×260 | 17,000원

답만 외우는 미용사 일반

190×260 | 23,000원

답만 외우는 미용사 네일

190×260 | 15,000원

답만 외우는 미용사 피부

190×260 | 20,000원

기출문제 + 모의고사 14회

- **빨리보는 간단한 키워드**
  합격 키워드만 정리한
  핵심요약집 빨간키

- **문제를 보면 답이 보이는 기출복원문제**
  문제 풀이와
  이론 정리를 동시에

- **해설 없이 풀어보는 모의고사**
  공부한 내용을
  한 번 더 확인

- **CBT 모의고사 무료 쿠폰**
  실제 시험처럼 풀어보는
  CBT 모의고사

답만 외우는 지게차운전기능사

190×260 | 14,000원

답만 외우는 기중기운전기능사

190×260 | 14,000원

답만 외우는 천공기운전기능사

190×260 | 15,000원

답만 외우는 로더운전기능사

190×260 | 14,000원

답만 외우는 롤러운전기능사

190×260 | 14,000원

답만 외우는 굴착기운전기능사

190×260 | 14,000원

※ 도서의 이미지와 가격은 변경될 수 있습니다.

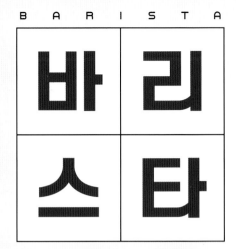

전문 바리스타를 꿈꾸는 당신을 위한
합격의 첫걸음

'답'만 외우는 바리스타 자격시험 시리즈는 여러 바리스타 자격시험 시행처의 출제범위를 꼼꼼히 분석하여 구성하였습니다. 이 한 권으로 다양한 커피협회 시험에 응시 가능하다는 사실! 쉽게 '답'만 외우고 필기시험 합격의 기쁨을 누리시길 바랍니다.

'답'만 외우는
바리스타 자격시험 1급
기출예상문제집
류중호 / 17,000원

'답'만 외우는
바리스타 자격시험 2급
기출예상문제집
류중호 / 17,000원

※ 표지 이미지와 가격은 변경될 수 있습니다.